Tableau（タブロー）ユーザーのための 伝わる！ わかる！ データ分析×ビジュアル表現トレーニング

～演習で身につく実践的な即戦力スキル～

松島 七衣 著

■ 本書内容に関するお問い合わせについて

このたびは翔泳社の書籍をお買い上げいただき、誠にありがとうございます。弊社では、読者の皆様からのお問い合わせに適切に対応させていただくため、以下のガイドラインへのご協力をお願い致しております。下記項目をお読みいただき、手順に従ってお問い合わせください。

●ご質問される前に

弊社Webサイトの「正誤表」をご参照ください。これまでに判明した正誤や追加情報を掲載しています。

正誤表　https://www.shoeisha.co.jp/book/errata/

●ご質問方法

弊社Webサイトの「書籍に関するお問い合わせ」をご利用ください。

書籍に関するお問い合わせ　https://www.shoeisha.co.jp/book/qa/

インターネットをご利用でない場合は、FAXまたは郵便にて、下記「翔泳社 愛読者サービスセンター」までお問い合わせください。

電話でのご質問は、お受けしておりません。

●回答について

回答は、ご質問いただいた手段によってご返事申し上げます。ご質問の内容によっては、回答に数日ないしはそれ以上の期間を要する場合があります。

●ご質問に際してのご注意

本書の対象を越えるもの、記述個所を特定されないもの、また読者固有の環境に起因するご質問等にはお答えできませんので、あらかじめご了承ください。

●郵便物送付先およびFAX番号

送付先住所　〒160-0006　東京都新宿区舟町5
FAX番号　03-5362-3818
宛先　（株）翔泳社 愛読者サービスセンター

※本書の内容は、本書執筆時点（2021年9月）の内容に基づいています。
※本書に記載されたURL等は予告なく変更される場合があります。
※本書の出版にあたっては正確な記述につとめましたが、著者や出版社などのいずれも、本書の内容に対してなんらかの保証をするものではなく、内容やサンプルに基づくいかなる運用結果に関してもいっさいの責任を負いません。
※本書に掲載されているサンプルプログラムやスクリプト、および実行結果を記した画面イメージなどは、特定の設定に基づいた環境にて再現される一例です。

はじめに

本書は、「Tableauを使える人を増やす」ことを目的に執筆しました。実務で役立つ演習を通して、Tableauの操作や考え方を習得し、Tableau脳を育成していきましょう。Tableauで図表を作成したことがあったり、基礎を学習して実践的な演習を求めていたりするユーザーを対象としており、ビジネスでの業務やTableau資格試験対策での用途を想定しています。本書を通じて、普段の分析で、思考を妨げず自然に操作できるレベルに到達することを目指します。一通り操作できるようになると、複数の使い方を組み合わせることができるようになるので、実現できる分析の範囲が一層広がります。

ソフトウエアの習得には、機能や考え方を学習するインプットだけでなく、考えながら実践するアウトプットが不可欠です。実務では分析課題とTableau操作を同時に考えることになるので、本書では、Tableauに集中して、スキル向上に努めてください。

効率良く勉強できるよう、さまざまなテクニックやTipsを1冊にまとめています。問題に対する解決方法をすぐに得られるので、素早いスキルアップを可能にします。ニーズの高い表現やつまずきやすい内容に加え、Tableau独特の発想を必要とするコンテンツも紹介しているので、分析の幅を広げ、総合的にTableau力を高められます。さらに、分析対象のデータには製品に同梱されているデータだけでなく外部データを多く用いているので、さまざまなデータへの対応力強化も可能です。一方、複雑な操作を要するものや、ある業界に特化しているもの、難易度の高いコンテンツは含めていません。

各演習の問題から、まずは自力で解答を考えましょう。わからなくても試行錯誤してから解答手順に取り組むことで、スキルが身につきやすくなります。レベルアップするには、集中できる時間を確保し、一気に取り組むのが効率的です。

各演習後、大枠の流れを振り返り、一歩引いて問題を抽象化することが大事です。各演習内に記載してあるPointを中心に、自分なりに解釈し、整理してみましょう。個別の演習問題をクリアするだけでなく、問題の根本を理解すると、応用が効きやすくなります。

Tableauを使えるようになるには、慣れと経験が必要です。覚えにくい問題を優先して繰り返し復習し、記憶を定着させ、思考のパターンを会得しましょう。たくさん練習すれば、量は質にも変わります。手順を眺めるのではなく、何度も手を動かすようにしましょう。続けて取り組むうちに、ある時ブレイクスルーした感覚が訪れると思います。

快適に使えるようになれば、短時間で質の高い分析ができるようになります。多くの方が、Tableauによるビジュアル分析の面白さや有益さを享受できることを願っています。

松島 七衣

目次

本書の使い方

本書の対象読者と必要なスキルについて

本書は、Tableauの基礎知識（用語や画面構成）や基本的な操作方法（データ接続、チャート・表・ダッシュボードの作成）をすでに身につけている方を対象に、演習を通してTableauをより使いこなし、日々の業務に生かすための内容を紹介しています。

このため、説明を省略している部分が多数ございます。あらかじめご了承ください。

基礎知識や基本的な操作方法について知りたい方は、下記タイトルをご覧ください。

・「Tableauによる最強・最速のデータ可視化テクニック ～データ加工からダッシュボード作成まで～」（翔泳社刊）

本書の執筆環境と本書をご利用いただく際の注意事項

本書の対応製品は、「Tableau Desktop」です。その他の製品を併用する際のポイントや注意事項については、本文中で簡単に述べています。

本書は次の環境で執筆、動作検証をしています。ディスプレイの解像度はご利用の環境によって異なるため、本書の画面ショットの様子とお客様がご利用の環境の様子が異なって見える場合がございます。あらかじめご了承ください。

＜執筆・動作確認環境＞
・Windows 10 Pro
・Tableau Desktop 2021.2

Tableauは日々アップデートされる製品です。本書は本書執筆時点の内容に基づいているため、記載した内容は、お客様が本書を利用される際には異なっている場合がございます。

紙面の要素、構成について

本書では演習を節単位で構成し、問題と解答を次の図にある要素と一緒に掲載しています。解答では問題にあるビジュアルの作成・改善、数値の算出に必要なステップの一例を紹介しています。まずはご自身で問題を解き、答え合わせの参考にしてください。

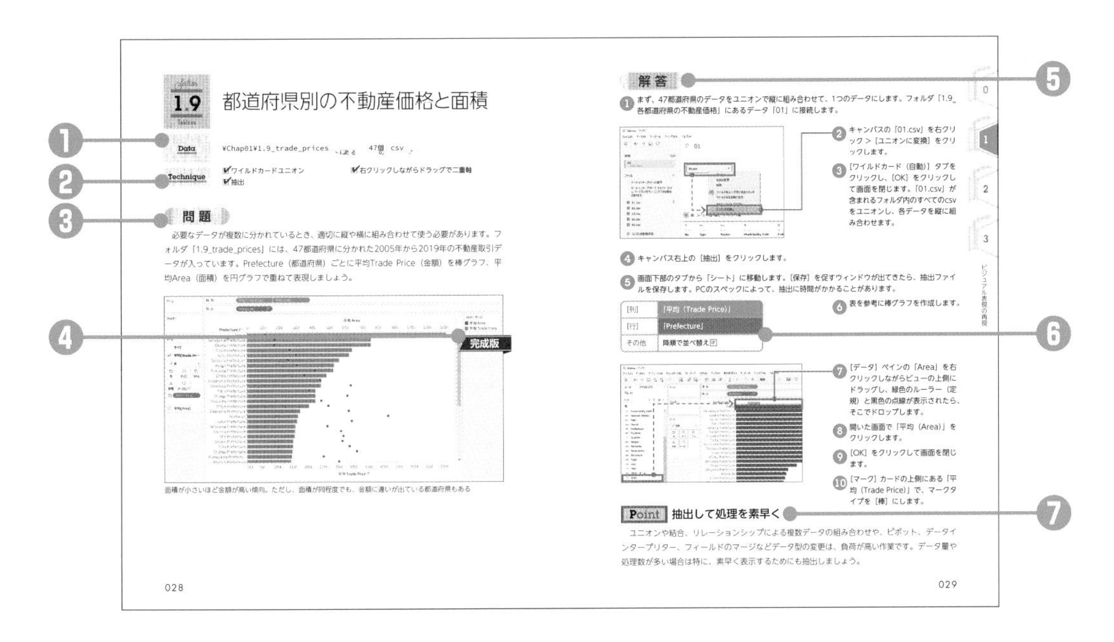

1.9 都道府県別の不動産価格と面積

Data ¥Chap01¥1.9_trade_prices にある47個のcsv

Technique
✔ワイルドカードユニオン
✔抽出
✔右クリックしながらドラッグで二重軸

問題

必要なデータが複数に分かれているとき、適切に縦や横に組み合わせて使う必要があります。フォルダ「1.9_trade_prices」には、47都道府県に分かれた2005年から2019年の不動産取引データが入っています。Prefecture（都道府県）ごとに平均Trade Price（金額）を棒グラフ、平均Area（面積）を円グラフで重ねて表現しましょう。

完成版

面積が小さいほど金額が高い傾向。ただし、面積が同程度でも、金額に違いが出ている都道府県もある

028

解答

1 まず、47都道府県のデータをユニオンで縦に組み合わせて、1つのデータにします。フォルダ「1.9_各都道府県の不動産価格」にあるデータ「01」に接続します。

2 キャンバスの「01.csv」を右クリック > [ユニオンに変換] をクリックします。

3 [ワイルドカード（自動）] タブをクリックし、[OK] をクリックして画面を閉じます。「01.csv」が含まれるフォルダ内のすべてのcsvをユニオンし、各データを縦に組み合わせます。

4 キャンバス右上の [抽出] をクリックします。

5 画面下部のタブから「シート」に移動します。[保存] を促すウィンドウが出てきたら、抽出ファイルを保存します。PCのスペックによって、抽出に時間がかかることがあります。

6 表を参考に棒グラフを作成します。

[列]	「平均（Trade Price）」
[行]	「Prefecture」
その他	降順で並べ替え

7 [データ] ペインの「Area」を右クリックしながらビューの上側にドラッグし、緑色のルーラー（定規）と黒色の点線が表示されたら、そこでドロップします。

8 開いた画面で「平均（Area）」をクリックします。

9 [OK] をクリックして画面を閉じます。

10 [マーク] カードの上側にある「平均（Trade Price）」で、マークタイプを [棒] にします。

Point 抽出して処理を素早く

ユニオンや結合、リレーションシップによる複数データの組み合わせや、ピボット、データインタープリター、フィールドのマージなどデータ型の変更は、負荷が高い作業です。データ量や処理数が多い場合は特に、素早く表示するためにも抽出しましょう。

029

❶ Data ：その演習で使用するデータについて掲載しています。問題に取り組む際には、必ず確認してください。詳しくは、後述する「本書で使用するデータについて」「付属データのご案内」をご覧ください。

❷ Technique ：その演習を行う上で使用するテクニックを掲載しています。問題を解くヒントにもなります。必要に応じて参考にしてください。

❸ 問題 ：演習として「Data」のデータを使って作成するビジュアルや算出する値について、述べています。ビジュアル表現に手を加えて改善していくChapter2では、問題のビジュアルをダウンロードし、ダウンロードしたデータを改善していくことも可能です。

❹ 完成版 ：Chapter0〜Chapter2では、問題や解答の中で完成させたビューを掲載しています。

❺ 解答 ：問題にあるビジュアルの作成・改善、数値の算出に必要なステップの一例を紹介しています。別解を「Point」で紹介していることもあります。

❻ ピルの連続・不連続：各ピル（シェルフにドロップしたフィールド）は、連続・不連続を次のように色分けして表示している場合があります。

連続のフィールド	緑色で表示

不連続のフィールド	青色で表示

❼ Point ：その演習でのポイントを簡単に説明しています。

本書の画面ショット、キー操作について

本書の画面ショットやキー操作は原則としてWindowsのものです。macOSをご利用のお客様は、下表を参考に必要に応じて読み替えてご利用ください。

Windows	[Ctrl] キーを押しながらクリック	macOS	[Command] キーを押しながらクリック
Windows	右クリックしながらドラッグ／ドロップ	macOS	[Option] キーを押しながらドラッグ／ドロップ

バージョンによる画面と操作の違い

バージョン2020.2以降で、製品画面と操作方法が一部変更になりました。バージョン2020.2より前のバージョンをお使いの方は次の内容をご覧いただき、必要に応じて読み替えて本書をご利用ください。

製品のバージョンを確認する方法

メニューバーから [ヘルプ] > [Tableauについて] をクリックすると、ご利用のバージョンを確認できます。

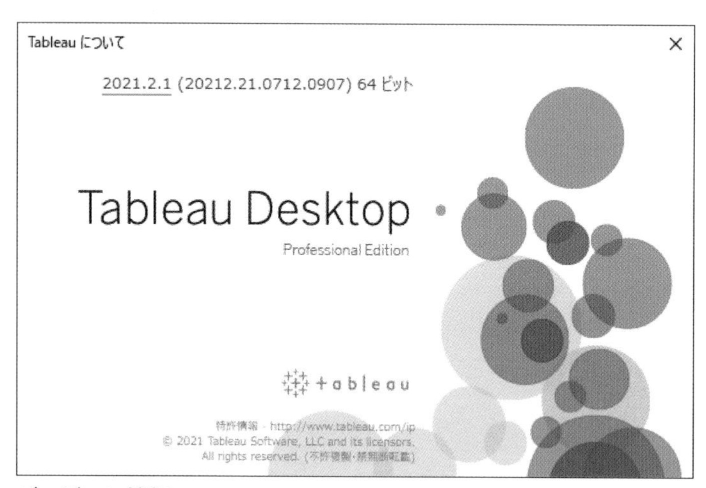

バージョン情報

バージョンによる複数のデータソースを組み合わせる動きの違い

［データソース］タブで2つ目以降のデータをキャンバスにドロップしたときのデフォルトの設定が、バージョンにより異なります。

・バージョン2020.2以降：リレーションシップ
・バージョン2020.1以前：結合

リレーションシップの画面でテーブルをダブルクリックすると、2020.1以前と同じ操作ができる画面になります。

バージョン20202.2以降

バージョン2020.1以前

バージョンによる［データ］ペインの表示の違い

バージョン2020.2以降の［シート］タブの［データ］ペインは、論理テーブル（データのかたまり）ごとに分け、論理テーブルごとに行数を「テーブル名（カウント）」と表示します。2020.1以前は、ディメンションとメジャーで分け、行数を「レコード数」と表示します。

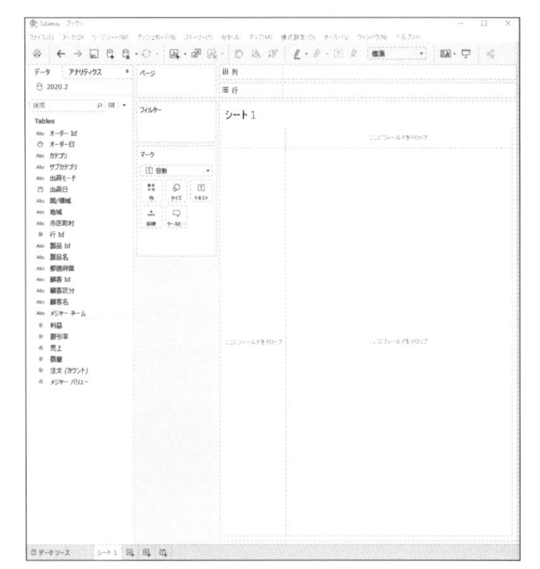

バージョン20202.2以降

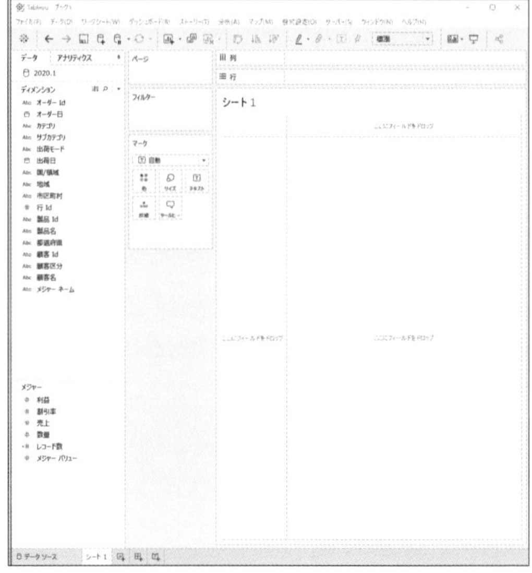

バージョン2020.1以前

覚えておきたい使い方、操作方法

先に述べたように、本書はTableauの基礎知識（用語や画面構成）や基本的な操作方法（データ接続、チャート・表・ダッシュボードの作成）をすでに身につけている方を対象としています。説明を省略している部分もありますが、ここで紹介する内容を覚えておくと、本書がより読み進めやすくなります。

■［シート］タブでの便利な画面の使い方

本書の多くは［シート］タブで操作を行い、演習に取り組みます。次の図を参考にすると、効率的に操作できます。

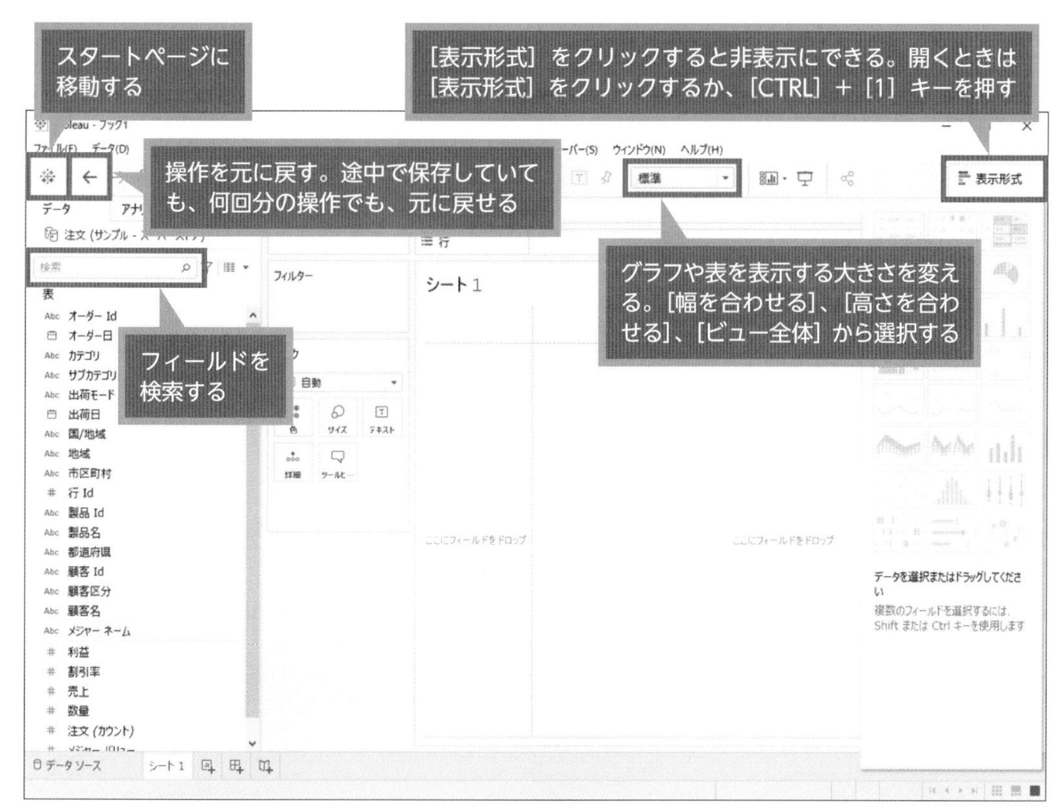

[シート] タブでの便利な画面の使い方

シェルフにフィールドをドロップした際に表示される警告画面について

シェルフにフィールドをドロップすると、次の図のような警告が表示されることがあります。ドロップしたシェルフに対してディメンションの値の種類が多すぎるときや、ビューで表示する図表が大きくなりすぎるときに表示されます。推奨される表示数を越えるので、パフォーマンスが低下することを知らせています。すべての値を使用して進めたい場合は、[すべてのメンバーを追加] を選択しましょう。

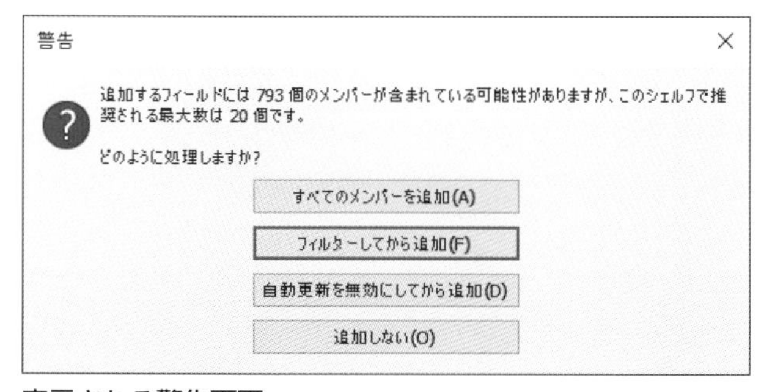

表示される警告画面

フィルターの表示方法

［フィルター］シェルフにフィルターをドロップした後、ビューの右側にフィルターを表示する方法を紹介しておきます。

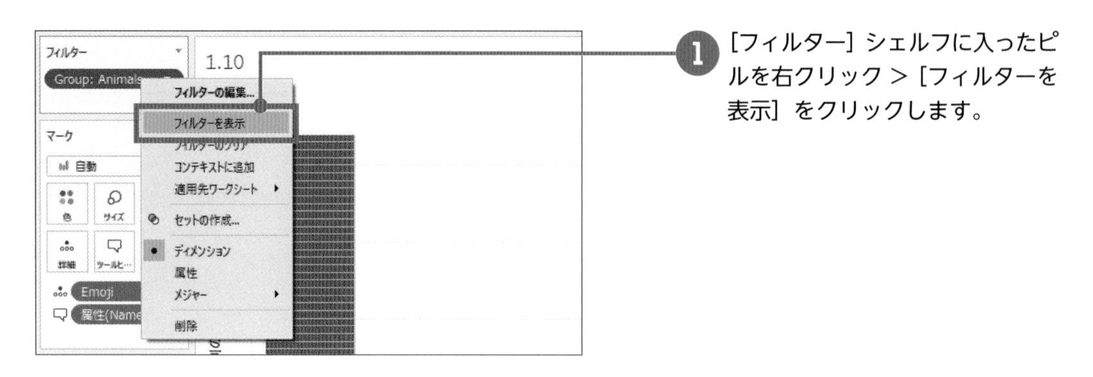

❶ ［フィルター］シェルフに入ったピルを右クリック > ［フィルターを表示］をクリックします。

❷ 画面右上にフィルターが表示されます。必要に応じてフィルターのドロップダウン矢印［▼］をクリックし、表示された画面からフィルターの形式を選択します。

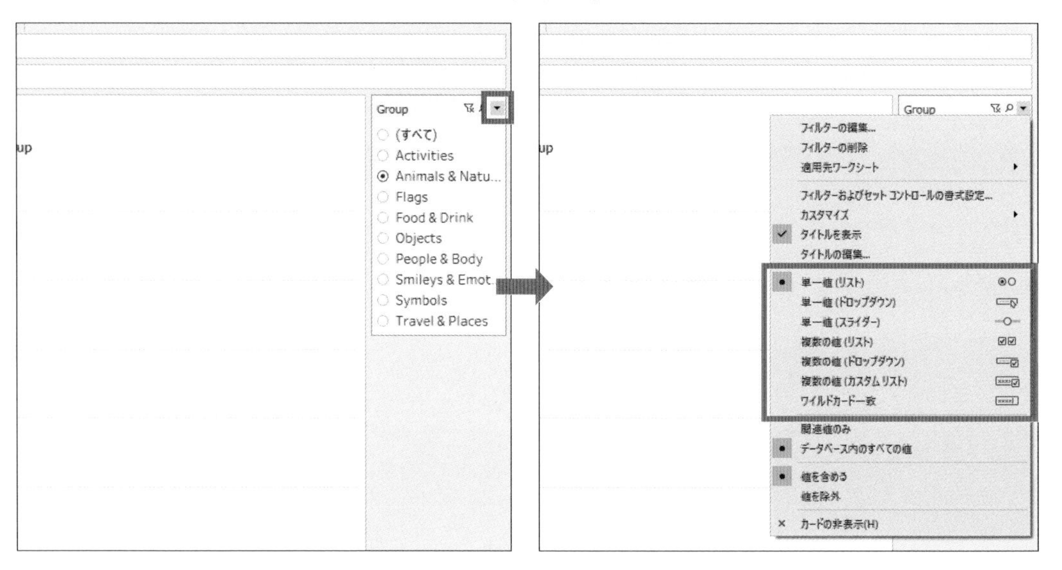

日付フィールドのドリルダウン

日付型のフィールドは、自動的に階層構造をもちます。そのため、シェルフに入ったピルをクリックするだけで、年 > 四半期 > 月 > 日とドリルダウンできます。

❶ 例えば、シェルフに入った「年」のピルの左側にある［+］マークをクリックすると、右側に「四半期」のピルが追加されます。同様に、「四半期」のピルの左側にある［+］マークをクリックすると「月」のピルが、「月」のピルの左側にある［+］マークをクリックすると「日」のピルが、右側に追加されます。

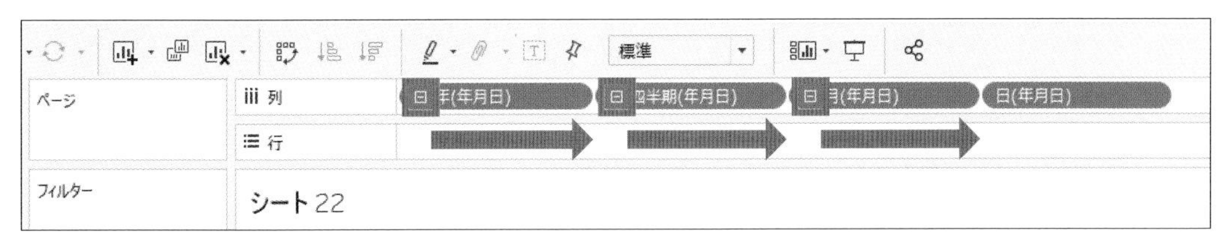

❷ 不要なピルを削除するには、対象のピルをドラッグしてビューの外に出すか、対象のピルを右クリック >［削除］をクリックします。

本書で使用するデータについて

本書では、Tableau Desktopに同梱されている「サンプル - スーパーストア.xls」と、翔泳社のWebサイトからダウンロードして利用できる「付属データ」のデータを使って演習を行っています。

サンプル - スーパーストア.xls

Chapter0と3.22では、作図や作表する際、Tableau Desktopのインストール時に含まれるExcelファイル「サンプル - スーパーストア.xls」という小売店の「注文」シートのデータを使っています。下記の情報を参考に、データ接続して使用してください。

¥マイ Tableau リポジトリ¥データ ソース¥<バージョン番号>¥ja_JP-Japan¥サンプル - スーパーストア.xls

※「マイ Tableauリポジトリ」フォルダーは、Windowsでは［ドキュメント］や［マイドキュメント］配下、macOSでは［書類］配下に生成されています。

なお、本書執筆時点でTableau Desktopに同梱されている「注文」シートのデータは、「オーダー日」が2018年から2021年の4年間になっています。ご利用のバージョンによってはこの期間が2017年から2020年などとなっていて、本書のものとは異なります。しかし、日付が違うだけでデータの値は同じです。ご利用の「注文」のデータの期間が異なる場合は、「何年目のデータなのか」に注目して適宜読み替えてください。

付属データ

Chapter1、Chapter2、Chapter3の多くは、本書の「付属データ」を使用して演習を行っています。「付属データ」は翔泳社のWebサイトからダウンロードしてご利用いただけます。「付属データ」には、[完成版] の図表を収録したファイル（.twbx）や、Chapter2の問題のビジュアル（＝改善前のビジュアル）も同梱しています。「付属データ」のダウンロード方法については、次の「付属データのご案内」をご覧ください。

なお、「付属データ」に収録したデータの出典やライセンスについては、巻末資料にまとめて掲載しています。

また、本書の手順に沿って作成した完成図をTableau Publicで公開しています。

https://public.tableau.com/app/profile/nanae.matsushima

付属データのご案内

本書の「付属データ」は、以下のWebサイトからダウンロードできます。

https://www.shoeisha.co.jp/book/download/9784798169910

※付属データのファイルは.zipで圧縮しています。ご利用の際は、必ずご利用のマシンの任意の場所に解凍してください。

◆注意

※付属データに関する権利は著者および株式会社翔泳社、またはそれぞれの権利者が所有しています。

※付属データの提供は予告なく終了することがあります。あらかじめご了承ください。

◆免責事項

※付属データの内容は、本書執筆時点の内容に基づいています。

※付属データの内容は、著者や出版社などのいずれも、その内容に対してなんらかの保証をするものではなく、内容やサンプルに基づくいかなる運用結果に関してもいっさいの責任を負いません。

ドラッグアンドドロップとクリックで作成

問題にあるビジュアル表現を作成してみましょう。本章では数回のドラッグアンドドロップとクリックで作成できる範囲に限定しています。本書を読み進めるうえで、ここで取り上げた課題はすぐに作成できるように練習しておくことが望ましいです。各操作によってなぜそのようなビジュアル変化が起きたのか、考えながら取り組んでみましょう。

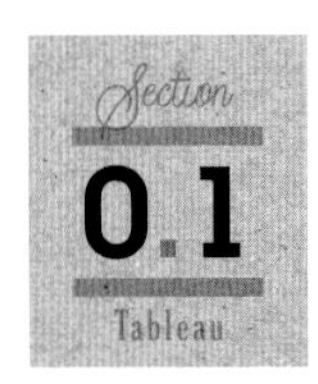

サブカテゴリごとに売上の棒グラフを作る

¥マイ Tableau リポジトリ¥データ ソース¥<バージョン番号>¥ja_JP-Japan¥サンプル - スーパーストア.xlsの「注文」シート

※「マイ Tableauリポジトリ」フォルダーは、Windowsでは［ドキュメント］や［マイドキュメント］配下、Macでは［書類］配下に生成されています。

問題

最も基本のビジュアル表現は棒グラフです。まずは簡単な棒グラフを作成することで製品の動きに慣れましょう。サブカテゴリごとに売上を降順に並べ、利益で色分けしてみましょう。

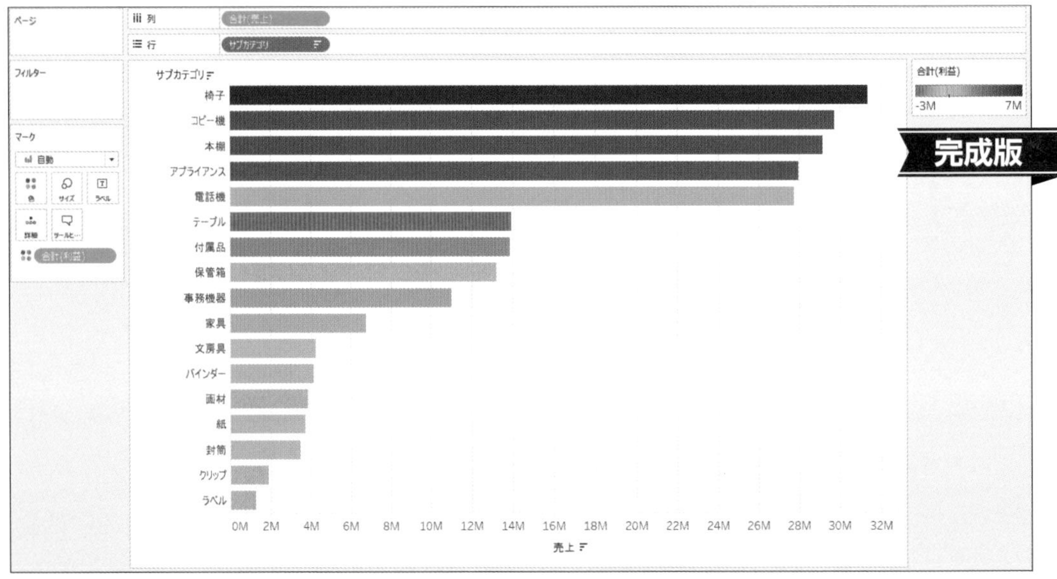

売上が最も高いのは、椅子。テーブルは、売上は低くないが、利益は赤字である

解答

[列]	「合計（売上）」
[行]	「サブカテゴリ」
[マーク] カードの [色]	「合計（利益）」
その他	降順で並べ替え

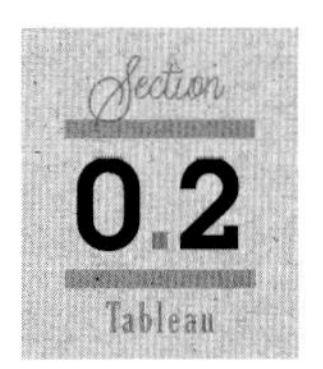

地域ごとにカテゴリ別売上の積み上げ棒グラフを作る

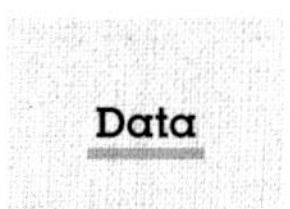

¥マイ Tableau リポジトリ¥データ ソース¥<バージョン番号>¥ja_JP-Japan¥サンプル - スーパーストア.xlsの「注文」シート

※「マイ Tableauリポジトリ」フォルダーは、Windowsでは［ドキュメント］や［マイドキュメント］配下、Macでは［書類］配下に生成されています。

問題

棒グラフの内訳を色で分けてみます。地域ごとに売上を降順に並べ、カテゴリで色分けしてみましょう。

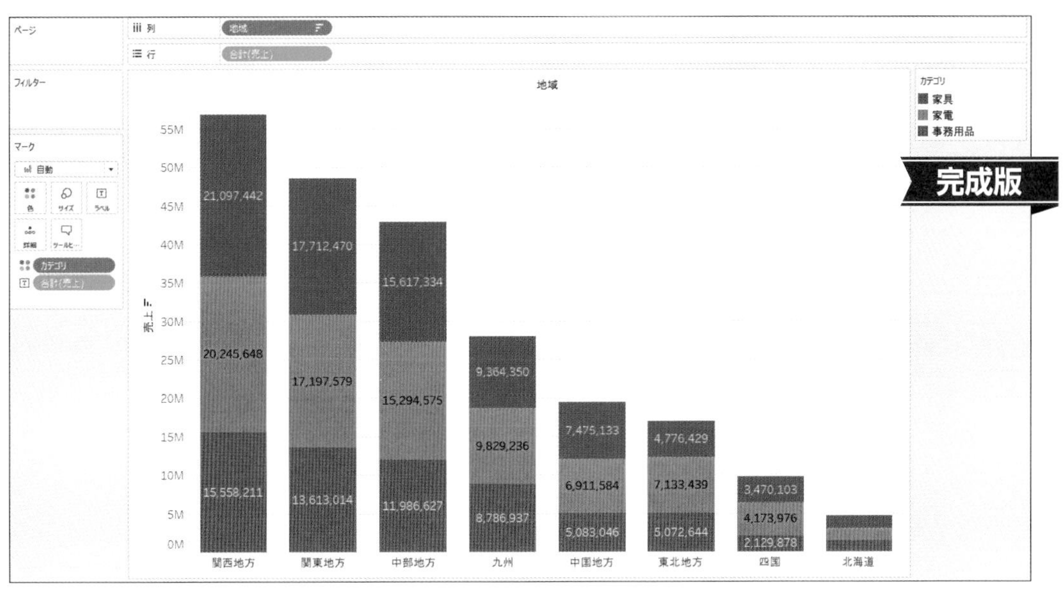

関西地方、関東地方の順で売上が高い。地域によるカテゴリの売上割合に大きな傾向はなさそう

解答

[列]	「地域」
[行]	「合計（売上)」
[マーク] カードの［色］	「カテゴリ」

[マーク] カードの［ラベル］	「合計（売上)」
その他	降順で並べ替え

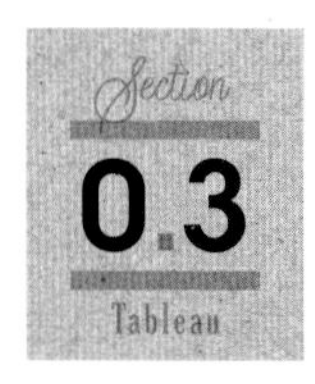

サブカテゴリごとに利益と割引率を並べた棒グラフを作る

¥マイ Tableau リポジトリ¥データ ソース¥<バージョン番号>¥ja_JP-Japan¥サンプル - スーパーストア.xlsの「注文」シート

※「マイ Tableauリポジトリ」フォルダーは、Windowsでは［ドキュメント］や［マイドキュメント］配下、Macでは［書類］配下に生成されています。

問題

1つのビューに、複数のグラフを並べることもできます。サブカテゴリごとに利益と平均割引率を表示し、利益で降順に並べてみましょう。

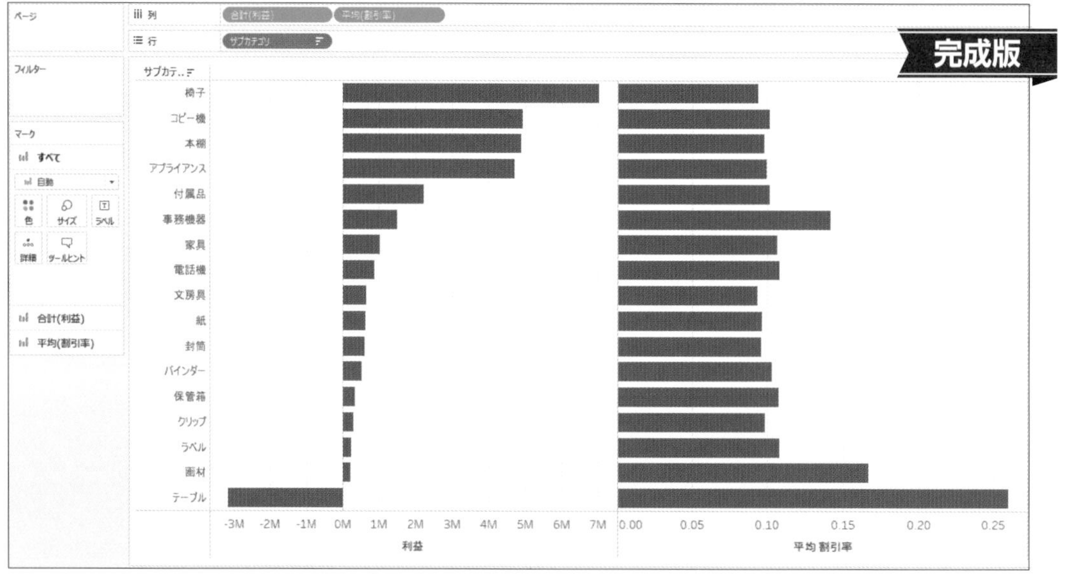

利益が出ていないテーブルや利益が低い画材は、割引率が大きい

解答

［列］	**「合計（利益）」、「平均（割引率）」** ※ （※「平均（割引率）」は「割引率」を［列］にドロップしてから、右クリック＞［メジャー（合計）］＞［平均］をクリック）
［行］	**「サブカテゴリ」**
その他	**降順で並べ替え**

年月単位でカテゴリ別売上の折れ線グラフを作る

¥マイ Tableau リポジトリ¥データ ソース¥<バージョン番号>¥ja_JP-Japan¥サンプル - スーパーストア.xlsの「注文」シート

※「マイ Tableauリポジトリ」フォルダーは、Windowsでは［ドキュメント］や［マイドキュメント］配下、Macでは［書類］配下に生成されています。

問題

日付型のフィールドとメジャーでグラフを表すと、自動で折れ線グラフになります。オーダー日の年、月で売上の推移を折れ線グラフで表し、カテゴリで色分けしてみましょう。

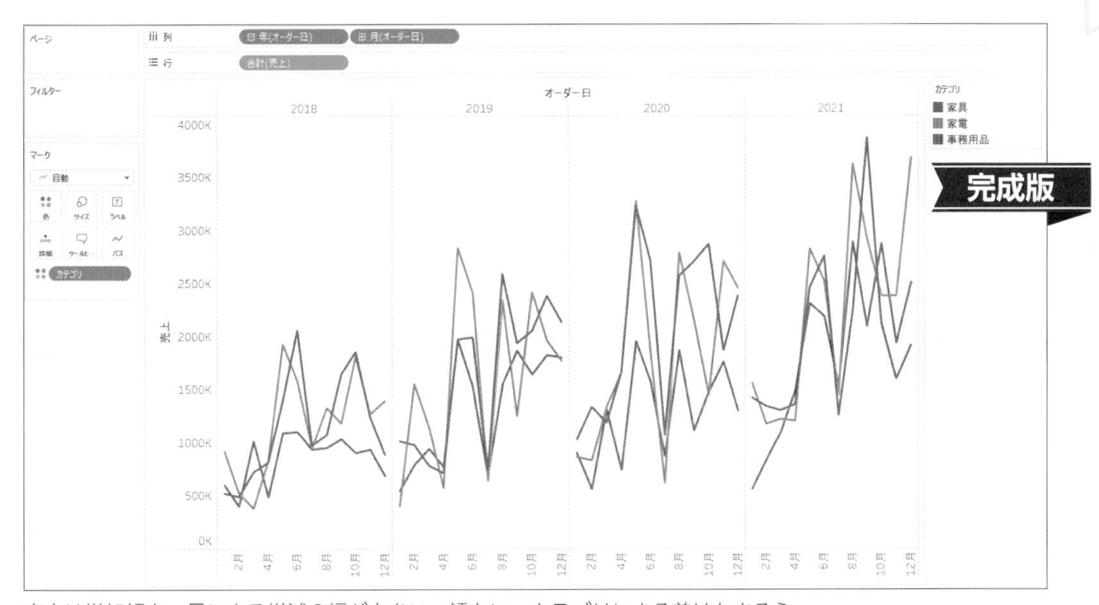

売上は増加傾向。月による増減の幅が大きい。傾向に、カテゴリによる差はなさそう

解答

［列］	「年（オーダー日）」、「月（オーダー日）」
［行］	「合計（売上）」
［マーク］カードの［色］	「カテゴリ」

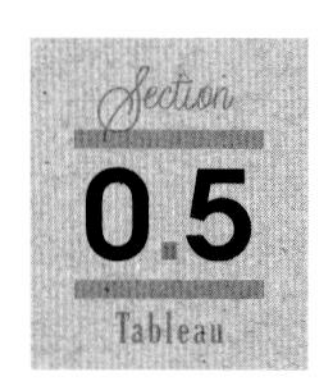

月単位で年別売上の折れ線グラフを作る

¥マイ Tableau リポジトリ¥データ ソース¥<バージョン番号>¥ja_JP-Japan¥サンプル - スーパーストア.xlsの「注文」シート

※「マイ Tableauリポジトリ」フォルダーは、Windowsでは［ドキュメント］や［マイドキュメント］配下、Macでは［書類］配下に生成されています。

問題

日付型のフィールドは、日付単位を変えて見方を変えると、気づきが増えます。オーダー日の月別売上を折れ線グラフで表し、年で色分けして、年のラベルをつけてみましょう。

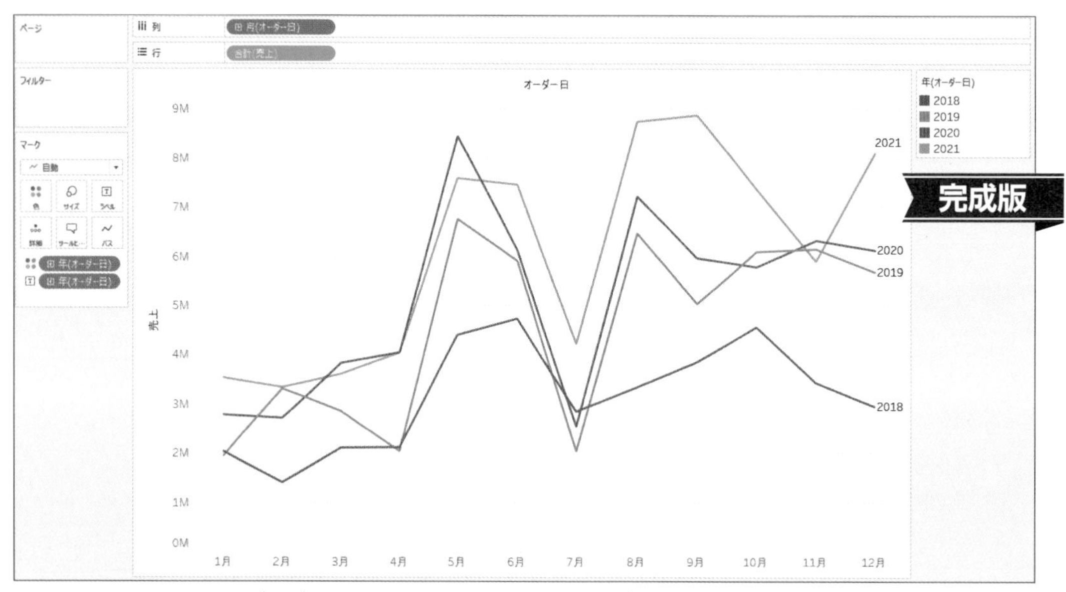

7月は、すべての年で売上が下がっている。各線は似た動きをしているので、季節変動がありそう

解答

[列]	「月（オーダー日）」
[行]	「合計（売上）」
[マーク] カードの［色］	「年（オーダー日）」
[マーク] カードの［ラベル］	「年（オーダー日）」

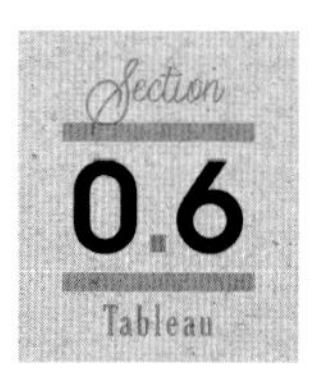

サブカテゴリと地域ごとに数量のクロス集計を作る

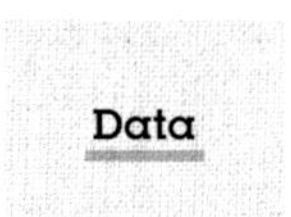

¥マイ Tableau リポジトリ¥データ ソース¥<バージョン番号>¥ja_JP-Japan¥サンプル - スーパーストア.xlsの「注文」シート

※「マイ Tableauリポジトリ」フォルダーは、Windowsでは［ドキュメント］や［マイドキュメント］配下、Macでは［書類］配下に生成されています。

問題

クロス集計の作成方法も抑えておきましょう。メジャーを、行や列にドロップするとグラフになりますが、ラベルにドロップすると集計表になります。カテゴリとサブカテゴリを、地域ごとに分けた、数量のクロス集計を表示させてみましょう。

ページ　フィルター　マーク　自動　色　サイズ　テキスト　詳細　ツールヒ…　合計(数量)

列：地域　行：カテゴリ　サブカテゴリ

完成版

カテゴリ	サブカテゴリ	関西地方	関東地方	九州	四国	中国地方	中部地方	東北地方	北海道
家具	テーブル	164	125	35	13	53	121	46	21
	椅子	695	718	442	116	292	626	206	98
	家具	534	418	276	98	148	486	154	99
	本棚	529	521	206	61	198	402	134	71
家電	コピー機	474	369	237	104	193	527	142	59
	事務機器	294	280	141	35	83	211	79	40
	電話機	530	557	225	106	151	387	197	91
	付属品	518	467	339	110	233	406	197	56
事務用品	アプライアンス	400	351	220	43	138	339	154	49
	クリップ	538	482	270	65	197	442	189	77
	バインダー	722	908	324	149	276	634	217	67
	ラベル	485	551	209	113	171	441	196	83
	画材	525	561	202	93	196	402	236	95
	紙	557	508	223	144	169	427	156	101
	封筒	519	434	222	94	180	478	143	91
	文房具	534	540	244	95	196	411	167	57

正確な数字を知るにはクロス集計で良いが、傾向を把握したり発見したりするにはグラフで見るか、背景を色づけしたハイライト表で表現するほうが良い

解答

[列]	「地域」
[行]	「カテゴリ」、「サブカテゴリ」
［マーク］カードの［テキスト］	「合計（数量）」

カテゴリごとに製品名別で売上と利益の散布図を作る

¥マイ Tableau リポジトリ¥データ ソース¥<バージョン番号>¥ja_JP-Japan¥サンプル - スーパーストア.xlsの「注文」シート

※「マイ Tableauリポジトリ」フォルダーは、Windowsでは［ドキュメント］や［マイドキュメント］配下、Macでは［書類］配下に生成されています。

問題

散布図は、2つのメジャーの関係性を表すことができます。売上を横軸、利益を縦軸とした製品名別の散布図を作成し、さらに製品名を表示し、カテゴリで色分けしてみましょう。

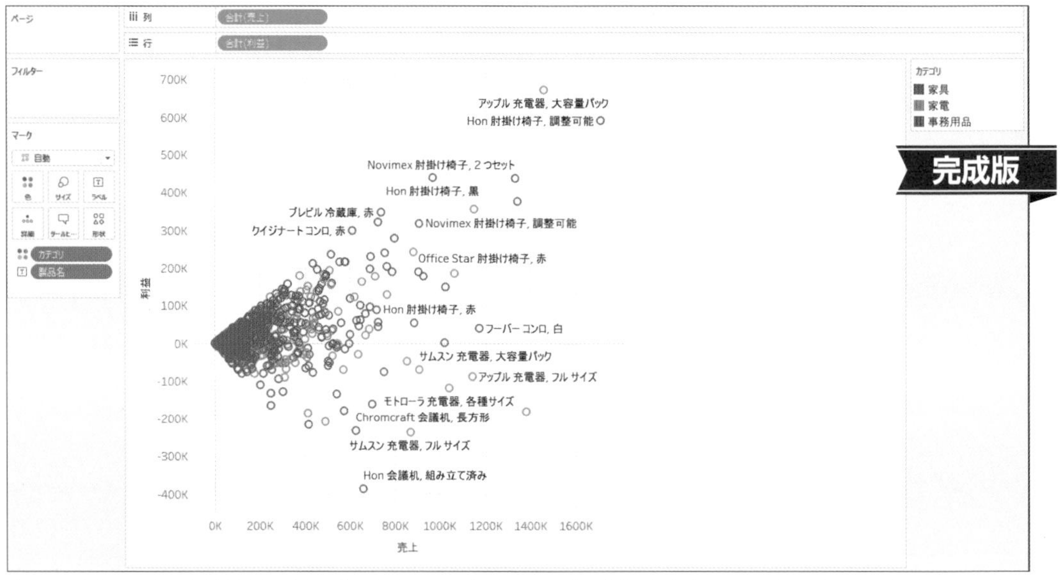

売上も利益も大きい優良製品もあれば、赤字を生み出す問題のある製品も存在する。カテゴリ別の傾向は読み取れない

解答

［列］	「合計（売上）」
［行］	「合計（利益）」

［マーク］カードの［色］	「カテゴリ」
［マーク］カードの［ラベル］	「製品名」

都道府県ごとに利益のマップを作る

¥マイ Tableau リポジトリ¥データ ソース¥<バージョン番号>¥ja_JP-Japan¥サンプル - スーパーストア.xlsの「注文」シート

※「マイ Tableauリポジトリ」フォルダーは、Windowsでは［ドキュメント］や［マイドキュメント］配下、Macでは［書類］配下に生成されています。

問題

地理関係を考慮して値を把握するには、地図上に示すとわかりやすいです。都道府県ごとに利益で色分けしてみましょう。

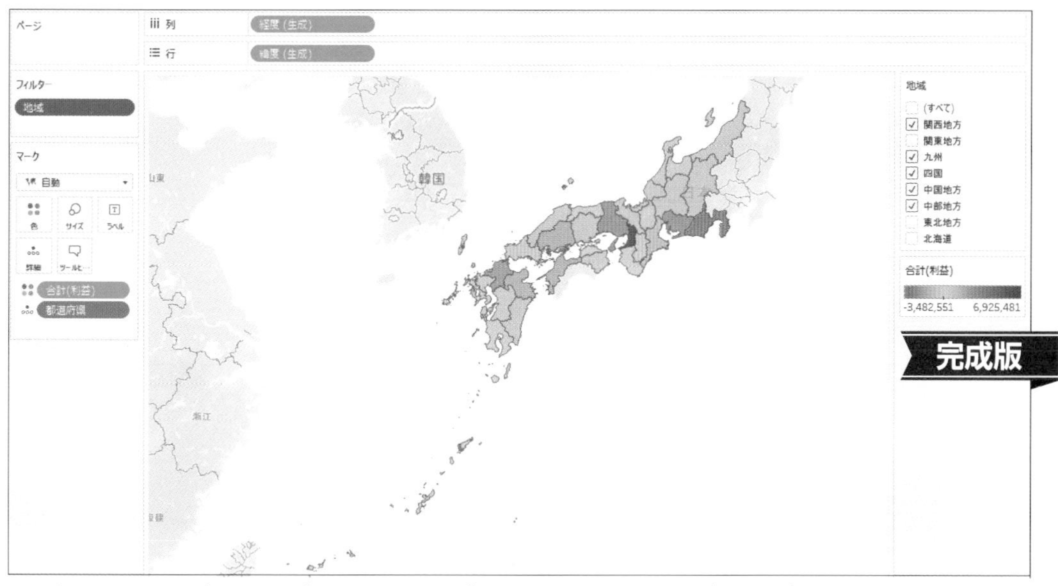

西日本では、静岡県が最も利益が出ていないことがわかる。赤字の県の周辺が、利益が出ていないわけではない

解答

［マーク］カードの［詳細］	**「都道府県」※** （※［データ］ペインで右クリック＞［地理的役割］＞［都道府県/州］をクリックして付与しておく）
［列］	**「経度（生成）」**
［行］	**「緯度（生成）」**

[マーク] カードの [色]	「合計（利益)」
[フィルター]	「地域」※ (※関西地方、九州、四国、中国地方、中部地方を選択)

COLUMN

ファイルのデータソースへの接続

Tableau Desktopからファイルのデータソースへの接続は、簡単で便利に使えるショートカット機能が用意されています。

Tableau Desktopのアイコンに、接続したいデータをドロップするだけで、そのデータに接続したワークブックが開きます。

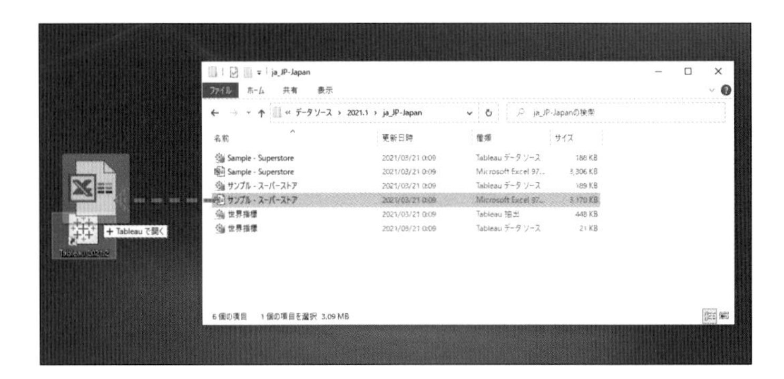

開いたワークブックのスタート画面やシート上に、接続したいデータをドロップすることでも、そのデータに接続できます。

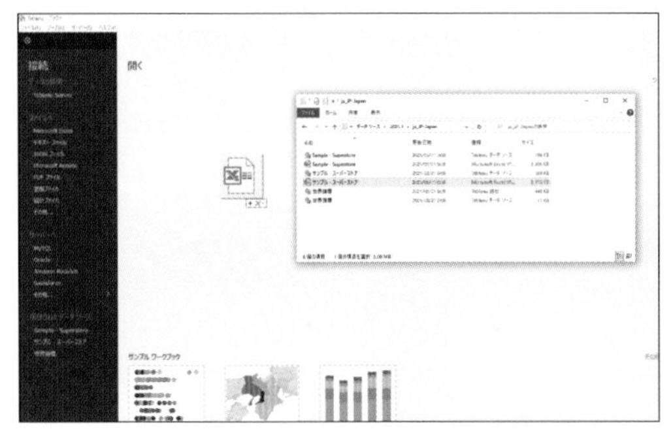

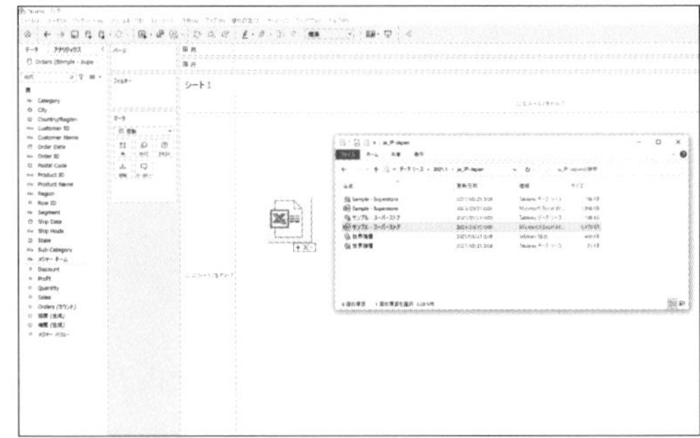

[データソース] ページで接続したいデータをドロップすると、すでに接続しているデータソースに「追加」するデータとして接続します。それらのデータは、リレーションシップや結合で組み合わせられるようになります。

ビジュアル表現の再現

問題にあるビジュアル表現を作成してみましょう。すぐに作成できなくても試行錯誤することが大事です。何度も操作し、その都度変化するビジュアルを見ているうちに、Tableauの操作に慣れ、動きを掴めるようになります。戸惑うことなく素早く再現できたときには、確実にスキルが身についています。

過去12カ月の月別降水量

¥Chap01¥1.1_rainfall_tokyo(2000_2021).csv

Technique

☑平均線
☑フィルター（相対日付）

問題

棒グラフは、値の比較に適した表現です。東京都の日別降水量データを使って、2021年4月末まで含まれるデータがもつ最新12カ月における各月の降水量と、その平均値を表す線を表示してみましょう。

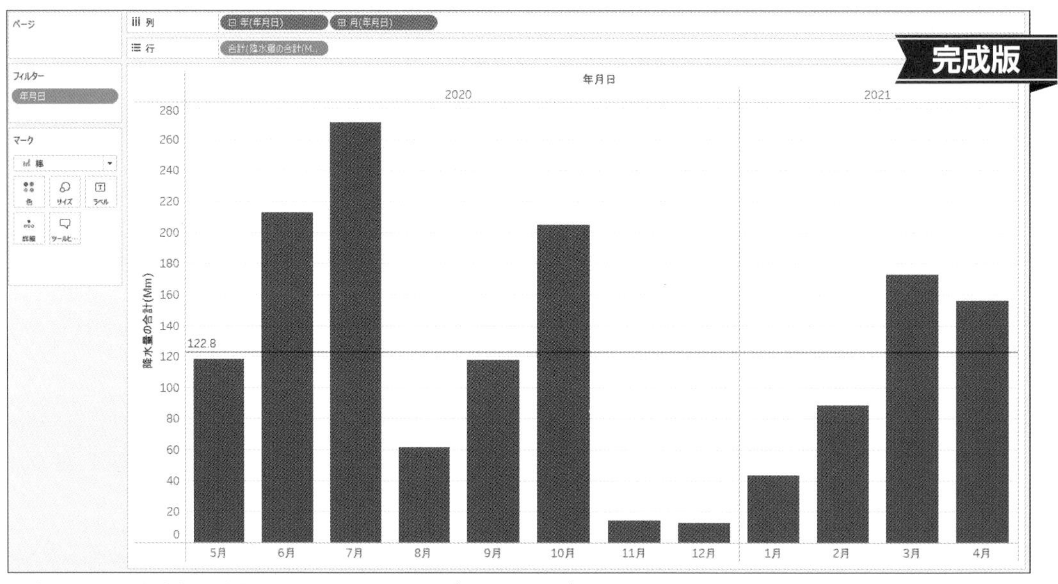

過去12カ月の東京都の降水量は、5月と9月はほぼ平均。7月が最も多く、11月と12月は非常に少なかった

解答

[列]	「年（年月日）」、「月（年月日）」
[行]	「合計（降水量の合計(Mm)）」

❶ まず棒グラフを作成します。表を参考にビューを作成します。

❷ ［マーク］カードのマークタイプを［棒］にします。

3 ［データ］ペインから「年月日」を［フィルター］シェルフにドロップします。

4 ［相対日付］をクリックします。

5 ［次へ］をクリックします。

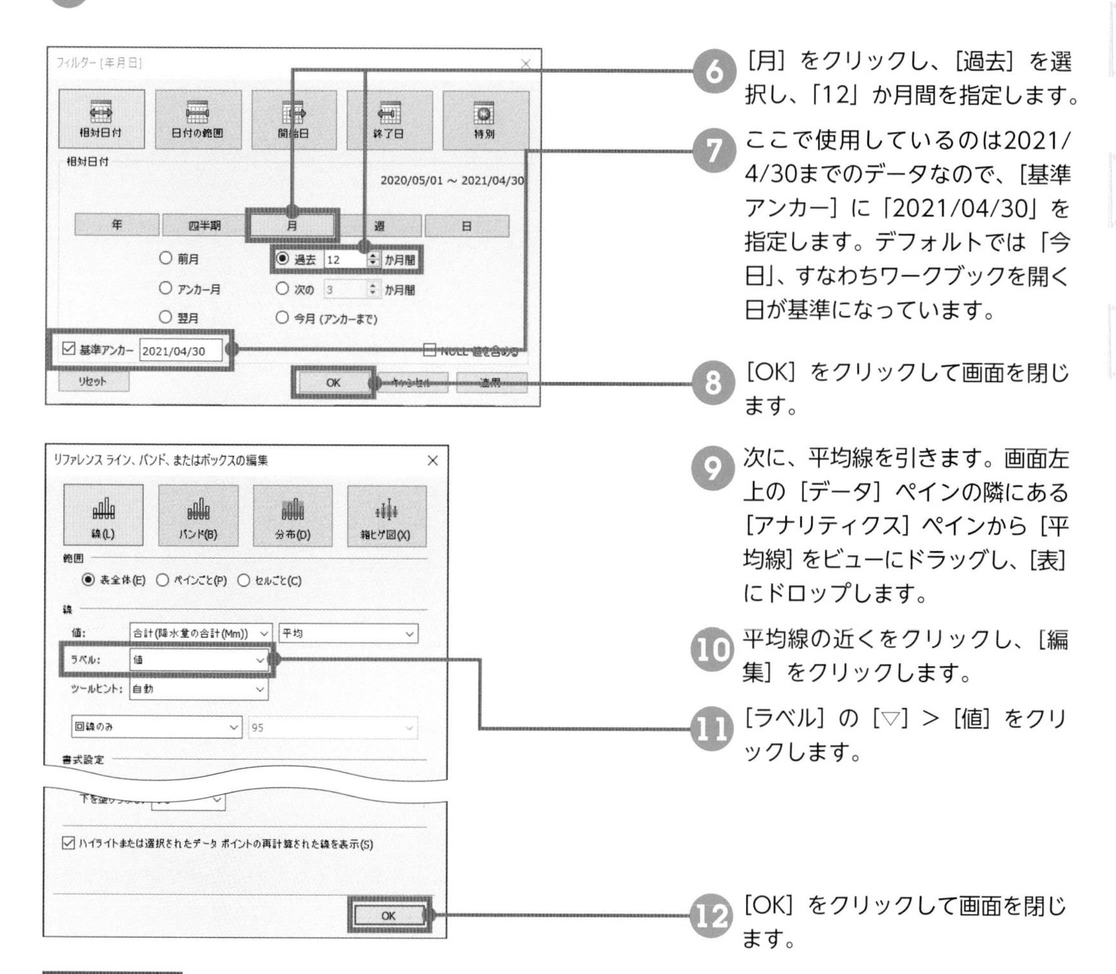

6 ［月］をクリックし、［過去］を選択し、「12」か月間を指定します。

7 ここで使用しているのは2021/4/30までのデータなので、［基準アンカー］に「2021/04/30」を指定します。デフォルトでは「今日」、すなわちワークブックを開く日が基準になっています。

8 ［OK］をクリックして画面を閉じます。

9 次に、平均線を引きます。画面左上の［データ］ペインの隣にある［アナリティクス］ペインから［平均線］をビューにドラッグし、［表］にドロップします。

10 平均線の近くをクリックし、［編集］をクリックします。

11 ［ラベル］の［▽］＞［値］をクリックします。

12 ［OK］をクリックして画面を閉じます。

Point 相対日付フィルターの設定

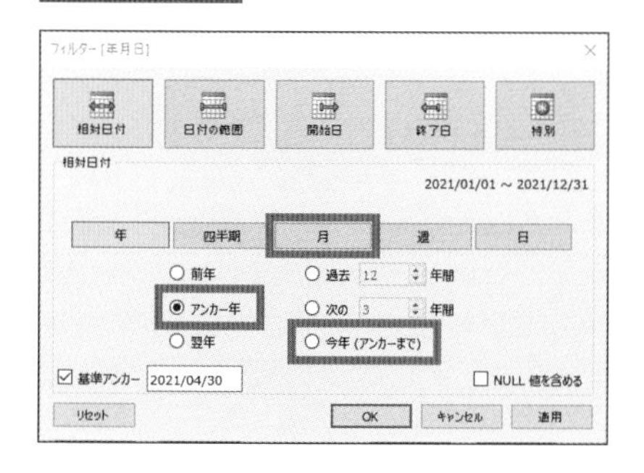

2021/4/30を基準にしたとき、相対日付の過去12カ月間とアンカー年と今年で、指定する期間の違いを比べてみましょう。［フィルター］ダイアログボックスの右上から、フィルターする期間を確認できます。

- 過去12カ月：2020/5/1～2021/4/30
- アンカー年：2021/1/1～2021/12/31
- 今年：2021/1/1～2021/4/30

キャンセル数と宿泊数の月別推移

¥Chap01¥1.2_hotel_bookings.csv

Technique

- ☑日付フィールドの作成
- ☑メジャーとディメンション
- ☑別名
- ☑右クリックしながらドロップして集計指定

問題

時間経過による2つのメジャーの推移を比べるとき、同じグラフに2つの折れ線グラフを表示すると比較しやすいです。各行に各予約情報を含むデータを使い、City Hotel（シティホテル）とResort Hotel（リゾートホテル）に分けて、Is Canceled（キャンセルしたか）で色づけして、予約数の月別推移を表しましょう。日付を表す年月日のフィールドはそれぞれ、Arrival Date Year、Arrival Date Month、Arrival Date Day of Monthを使います。

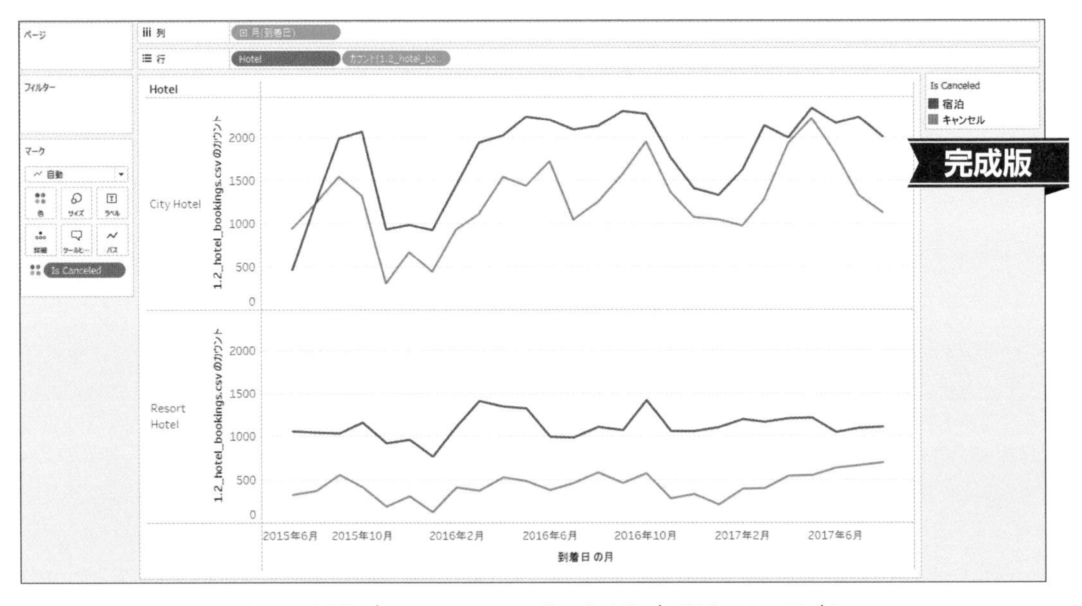

シティホテルは、冬に減少する季節性があり、キャンセル数と宿泊数が同程度になる月がある

解答

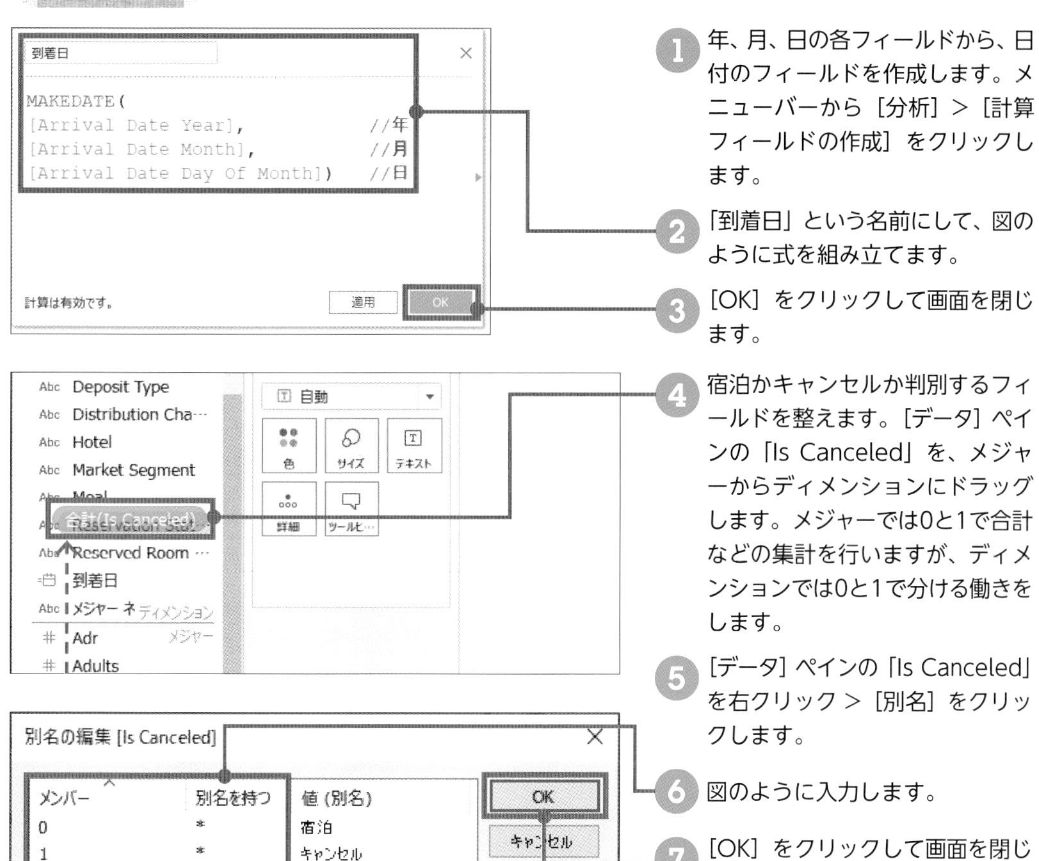

1. 年、月、日の各フィールドから、日付のフィールドを作成します。メニューバーから［分析］＞［計算フィールドの作成］をクリックします。
2. 「到着日」という名前にして、図のように式を組み立てます。
3. ［OK］をクリックして画面を閉じます。
4. 宿泊かキャンセルか判別するフィールドを整えます。［データ］ペインの「Is Canceled」を、メジャーからディメンションにドラッグします。メジャーでは0と1で合計などの集計を行いますが、ディメンションでは0と1で分ける働きをします。
5. ［データ］ペインの「Is Canceled」を右クリック＞［別名］をクリックします。
6. 図のように入力します。
7. ［OK］をクリックして画面を閉じます。

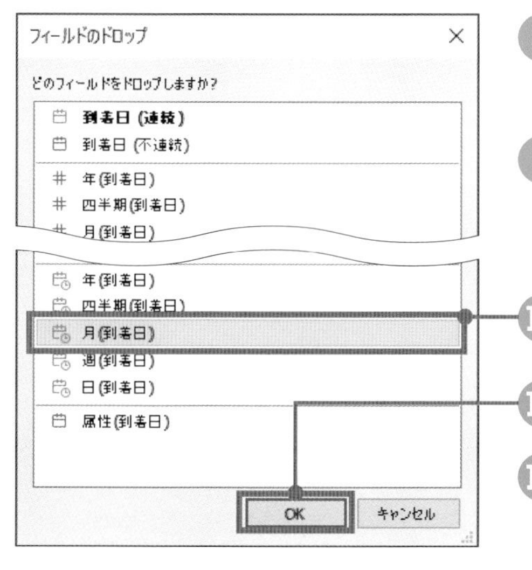

8. 折れ線グラフを作成します。［データ］ペインから「1.2_hotel_bookings.csv（カウント）」を［行］にドロップします。
9. ［データ］ペインから「到着日」を右クリックしながら［列］にドロップします。右クリックしながらシェルフにドロップすると、集計の種類を指定して配置できます。
10. 開いた画面で下にある連続の「月（到着日）」をクリックします。
11. ［OK］をクリックして画面を閉じます。
12. ［データ］ペインから「Hotel」を［行］に、「Is Canceled」を［マーク］カードの［色］にドロップします。

市区町村別のAirbnbホスト数とその評価

¥Chap01¥1.3_airbnb_listings.csv

Technique

- ✔個別のカウント
- ✔色の編集
- ✔右クリックしながらドロップして集計指定

問題

棒グラフは、長さと色で異なる情報をもたせることができます。少ないマーク数（描画される要素の数）でシンプルに表現することを心がけましょう。Airbnbの東京都における宿泊施設ごとのデータがあります。市区町村ごとに、宿泊施設を提供するHost ID（ホストID）が何人いるか調べ、平均評価を表してみます。Neighbourhood Cleansed（市区町村）をHost Id数で降順に並べ、平均Review Scores Rating（評価）で色をつけてみましょう。なお、30以上のHost Idが存在するNeighbourhood Cleansedのみを表示します。

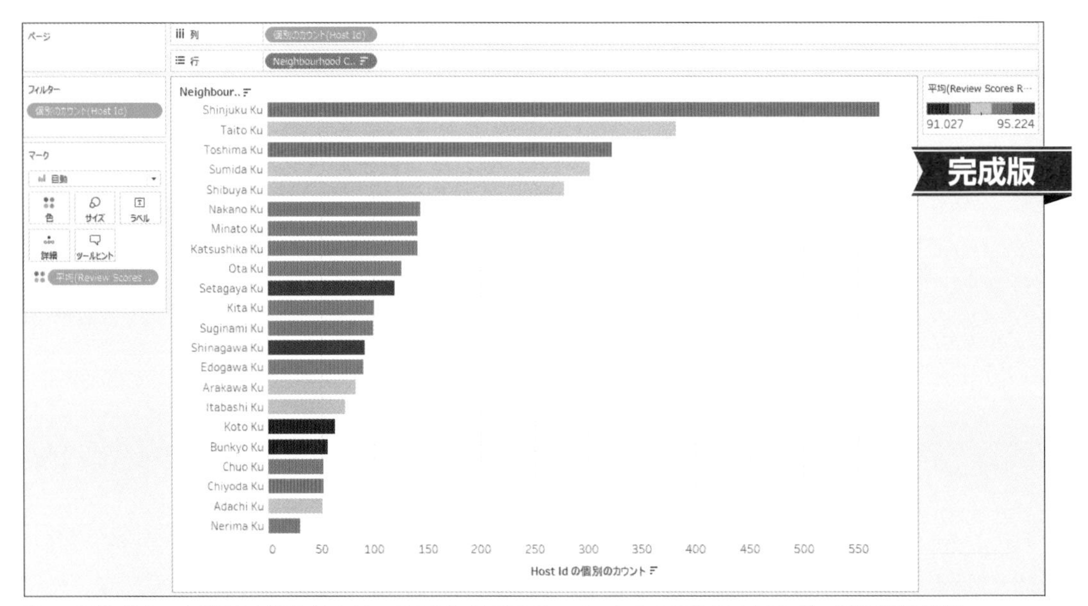

Host ID数が多い上位5の市区町村より、その下に位置するいくつかの市区町村のほうが、平均評価が高い

解答

1. まず棒グラフを作成します。[データ] ペインから「Neighbourhood Cleansed」を [行] にドロップします。

2. [データ] ペインから「Host Id」を右クリックしながらドラッグして、[列] にドロップします。

3. 開いた画面で「個別のカウント (Host Id)」をクリックします。

4. [OK] をクリックして画面を閉じます。

5. ツールバーで、降順で並べ替えるボタンをクリックします。

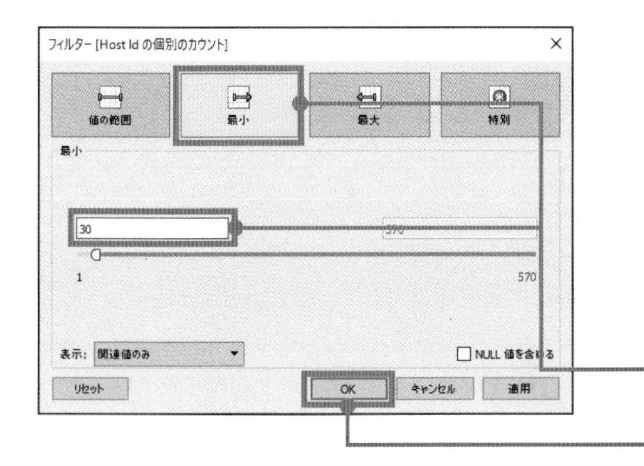

6. Host Id数を30以上でフィルターします。[データ] ペインから「Host Id」を右クリックしながらドラッグして、[フィルター] シェルフにドロップします。

7. 開いた画面で「カウント (個別)」をクリックして、[次へ] をクリックします。

8. 最小を「30」にします。

9. [OK] をクリックして画面を閉じます。

10. 色を変更します。[データ] ペインから「Review Scores Rating」を右クリックしながらドラッグして [マーク] カードの [色] にドロップし、「平均 (Review Scores Rating)」をクリックします。

11. [OK] をクリックして画面を閉じます。

12. [マーク] カードの [色] > [色の編集] から、[パレット] を [オレンジ - 青の分化] に変更し、[ステップドカラー] にチェックを入れて「5」ステップにします。

13. [OK] をクリックして画面を閉じます。

幸福度スコア7項目の国別一覧

¥Chap01¥1.4_world_hapiness(2020).csv

Technique

- ✔複数メジャーのクロス集計
- ✔ハイライト表の作成
- ✔色の開始と終了の固定
- ✔指定メジャーの並べ替え

問題

値そのものを一覧で知りたいときは、クロス集計で数字を出すことが多いです。クロス集計では、背景もしくは文字の色で大きさを表すと、直感的に把握しやすくなります。世界幸福度報告にある国別の幸福度データを使ってRegional indicator（地域）でフィルターし、Country name（国）ごとにLadder score（幸福度）とそれを構成するExplainedから始まる6つのフィールドの値を表示し、Ladder scoreで色分けしましょう。

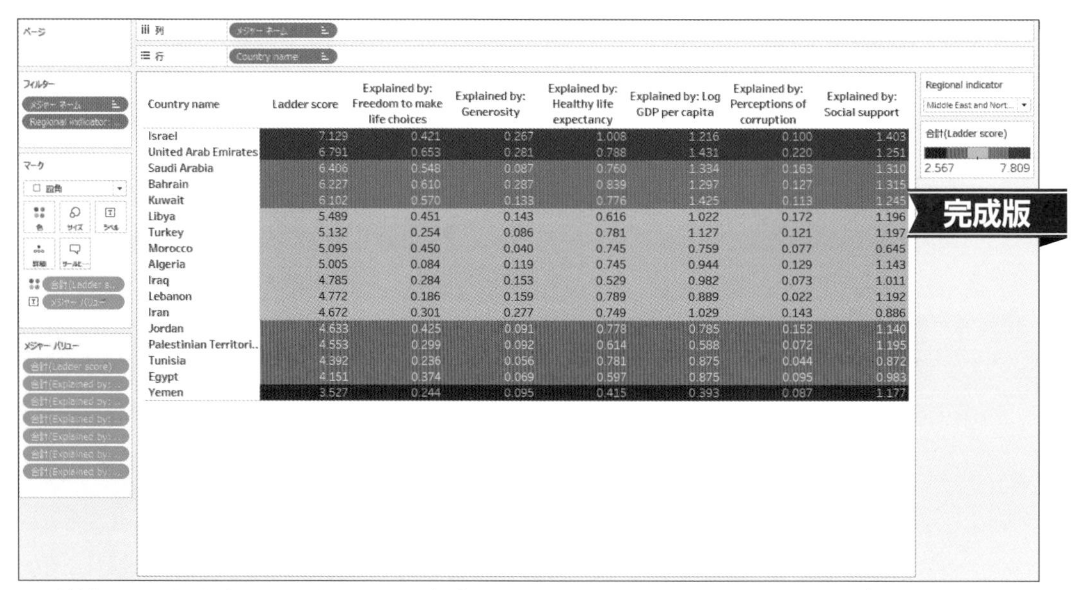

Country name	Ladder score	Explained by: Freedom to make life choices	Explained by: Generosity	Explained by: Healthy life expectancy	Explained by: Log GDP per capita	Explained by: Perceptions of corruption	Explained by: Social support
Israel	7.129	0.421	0.267	1.008	1.216	0.100	1.403
United Arab Emirates	6.791	0.653	0.281	0.788	1.431	0.220	1.251
Saudi Arabia	6.406	0.548	0.087	0.760	1.334	0.163	1.310
Bahrain	6.227	0.610	0.287	0.839	1.297	0.127	1.315
Kuwait	6.102	0.570	0.133	0.776	1.425	0.113	1.245
Libya	5.489	0.451	0.143	0.616	1.022	0.172	1.196
Turkey	5.132	0.254	0.086	0.781	1.127	0.121	1.197
Morocco	5.095	0.450	0.040	0.745	0.759	0.077	0.645
Algeria	5.005	0.084	0.119	0.745	0.944	0.129	1.143
Iraq	4.785	0.284	0.153	0.529	0.982	0.073	1.011
Lebanon	4.772	0.186	0.159	0.789	0.889	0.022	1.192
Iran	4.672	0.301	0.277	0.749	1.029	0.143	0.886
Jordan	4.633	0.425	0.091	0.778	0.785	0.152	1.140
Palestinian Territori..	4.553	0.299	0.092	0.614	0.588	0.072	1.195
Tunisia	4.392	0.236	0.056	0.781	0.875	0.044	0.872
Egypt	4.151	0.374	0.069	0.597	0.875	0.095	0.983
Yemen	3.527	0.244	0.095	0.415	0.393	0.087	1.177

同じ地域の国は近い色合いを示す傾向にあるが、「中東と北アフリカ」の幸福度は国による差が大きい

解答

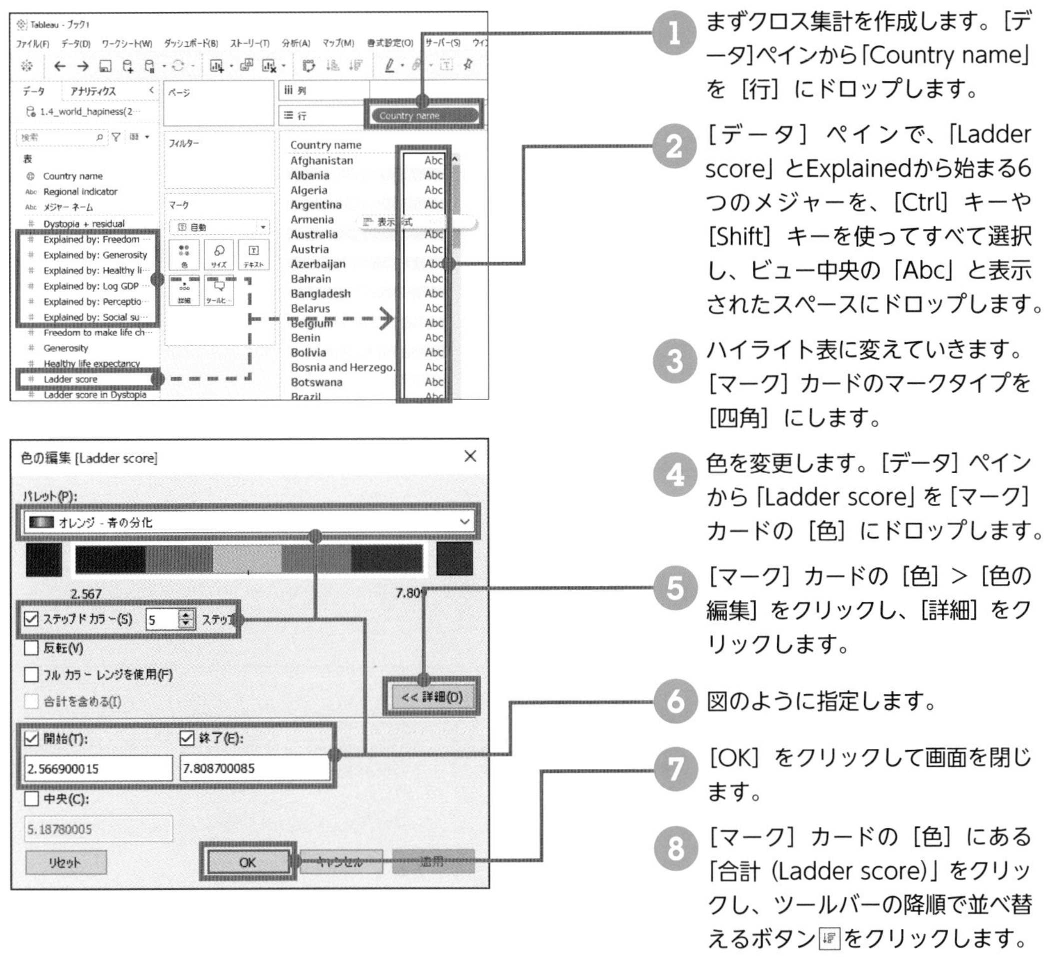

1. まずクロス集計を作成します。[データ]ペインから「Country name」を［行］にドロップします。
2. ［データ］ペインで、「Ladder score」とExplainedから始まる6つのメジャーを、［Ctrl］キーや［Shift］キーを使ってすべて選択し、ビュー中央の「Abc」と表示されたスペースにドロップします。
3. ハイライト表に変えていきます。［マーク］カードのマークタイプを［四角］にします。
4. 色を変更します。［データ］ペインから「Ladder score」を［マーク］カードの［色］にドロップします。
5. ［マーク］カードの［色］＞［色の編集］をクリックし、［詳細］をクリックします。
6. 図のように指定します。
7. ［OK］をクリックして画面を閉じます。
8. ［マーク］カードの［色］にある「合計（Ladder score）」をクリックし、ツールバーの降順で並べ替えるボタンをクリックします。
9. ［データ］ペインの［Regional indicator］を右クリック＞［フィルターを表示］をクリックします。
10. 画面右側に表示されたフィルターのドロップダウン矢印［▼］＞［単一値（ドロップダウン）］をクリックします。
11. ヘッダーの「Ladder score」をドラッグして一番左に移動します。

Point 長いヘッダーのテキストを折り返して表示する

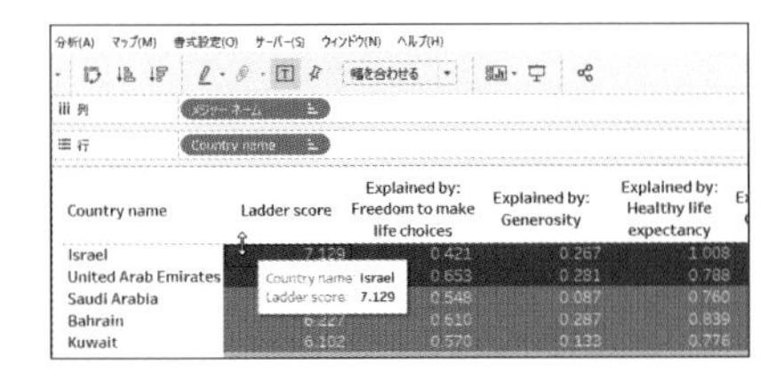

文字列が長いと、ヘッダーには省略記号（...）が表示されます。文字列にスペースが含まれていれば、ヘッダーに高さを出すと改行して表示されます。スペースが含まれていない日本語も、別名でスペースを入れると、改行できます。

年代・地域別の投票率

Data ¥Chap01¥1.5_election_shugiin_h29.csv

Technique
- ☑ピボット
- ☑定数線
- ☑計算式

問題

目標値がある場合は、目標値を達成しているかを色分けして、目標値の線を表示すると判別しやすくなります。東京都では地域区分別・年代別の衆議院選挙の投票率を公開しています。目標投票率を50%として、年代別の棒グラフの棒を50%に到達しているかで色分けし、50%ラインに線を引き、区分別に結果を表してみましょう。

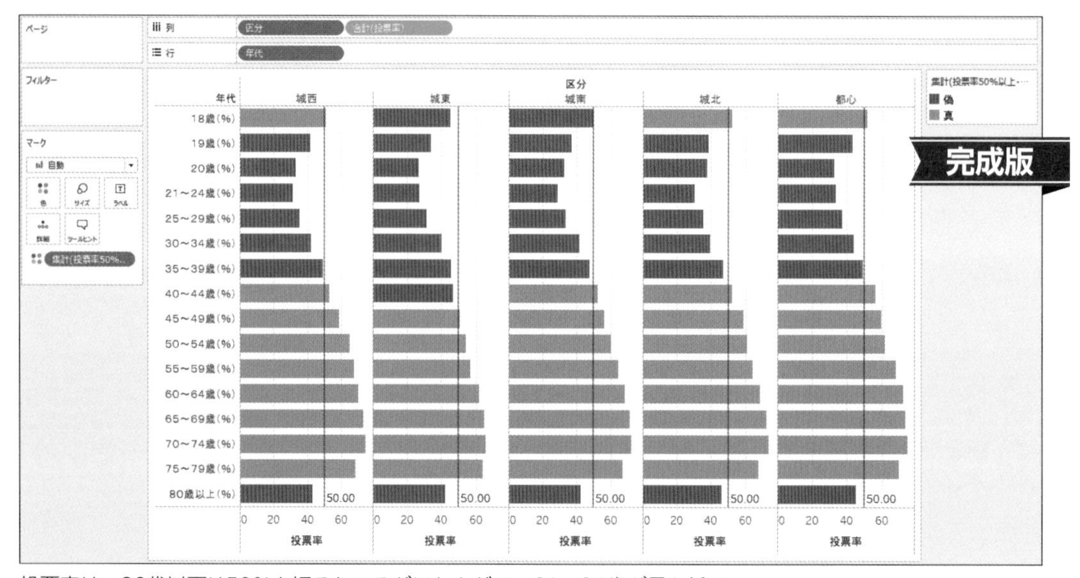

投票率は、30代以下は50%を切るところがほとんどで、21～24歳が最も低い

解答

1. まずデータを、横方向に広がる形から縦方向に広がる形に変換します。[データソース] ページで、「18歳（%）」から「80歳以上（%）」までを [Ctrl] キーや [Shift] キーを押しながらすべて選択します。

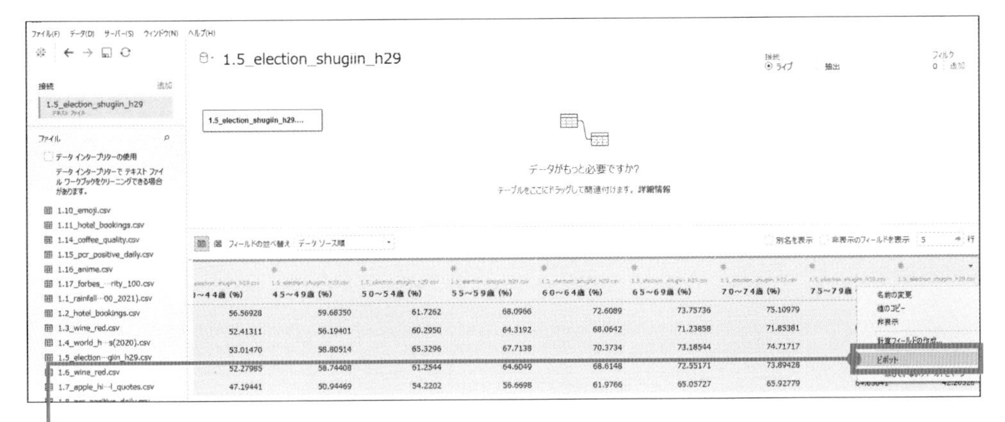

2. 複数のフィールドが選択された状態で右クリック > ［ピボット］をクリックします。

3. 「ピボットのフィールド名」のフィールド名をダブルクリックして「年代」に、「ピボットのフィールド値」のフィールド名をダブルクリックして「投票率」に名前を変更します。

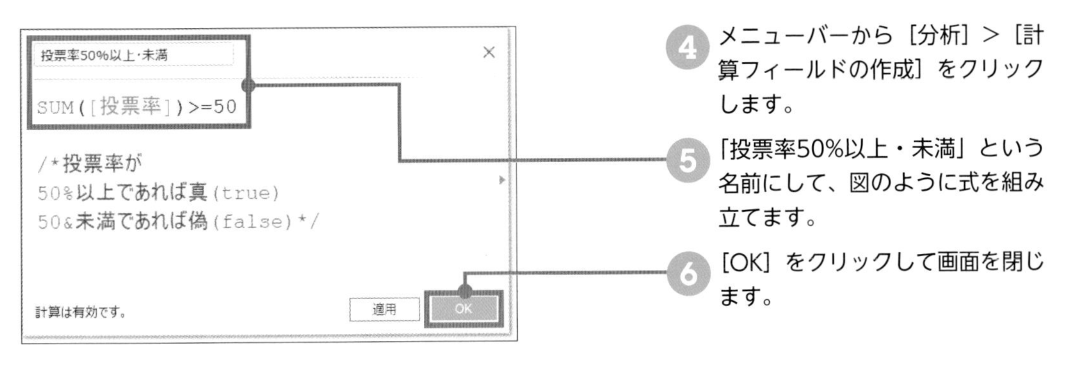

4. メニューバーから［分析］>［計算フィールドの作成］をクリックします。

5. 「投票率50%以上・未満」という名前にして、図のように式を組み立てます。

6. ［OK］をクリックして画面を閉じます。

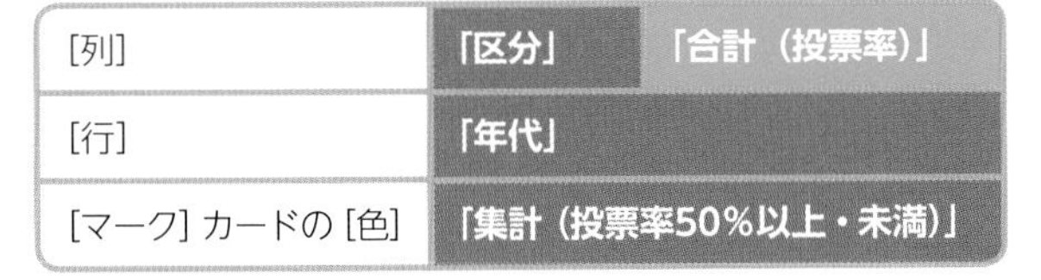

［列］	「区分」	「合計（投票率）」
［行］	「年代」	
［マーク］カードの［色］	「集計（投票率50%以上・未満）」	

7. 表を参考に棒グラフを作成します。

8. ［マーク］カードの［色］>［色の編集］をクリックして、色を変更します。

9. 線を表示します。［アナリティクス］ペインから［定数線］をビューにドラッグし、［表］にドロップします。

10. 「50」と入力します。

Point 別名をつけられるかどうか

別名は、不連続のディメンションのときに付与できます。データ型のアイコンが青色で、［データ］ペインで上側にある状態です。例えば、本節の計算フィールド「投票率50%以上・未満」は不連続ですが、SUMで集計しているメジャーなので、別名はつけられません。**1.2**で扱った計算フィールド「Is Canceled」は不連続のディメンションなので、別名がつけられます。

東京都の平均不動産価格と65歳以上の人口割合の関係

¥Chap01¥1.6_trade_price¥1.6_trade_prices_tokyo(2020).csv
¥Chap01¥1.6_trade_price¥1.6_population_tokyo(2020).csv

Technique

- ✔リレーションシップ
- ✔ゼロを含まない軸の表示
- ✔色の不透明度と枠線
- ✔傾向線

問題

散布図は、新たな気づきを得やすいグラフの1つです。サイズでもう1つのメジャー情報を含めることができ、傾向線を示せば分布の傾向を理解しやすくなります。東京都の不動産取引データ「1.6_trade_prices_tokyo(2020).csv」と東京都の人口データ「1.6_population_tokyo(2020).csv」は、それぞれ市区町村コードと地域コードで紐づきます。それらのデータから、今後の利用目的が住宅の取引に関して、市区町村名ごとの平均取引価格（総額）と65歳以上人口の割合（%）の関係を表した散布図を作成してみましょう。取引数を円の大きさにして、傾向線を加えます。

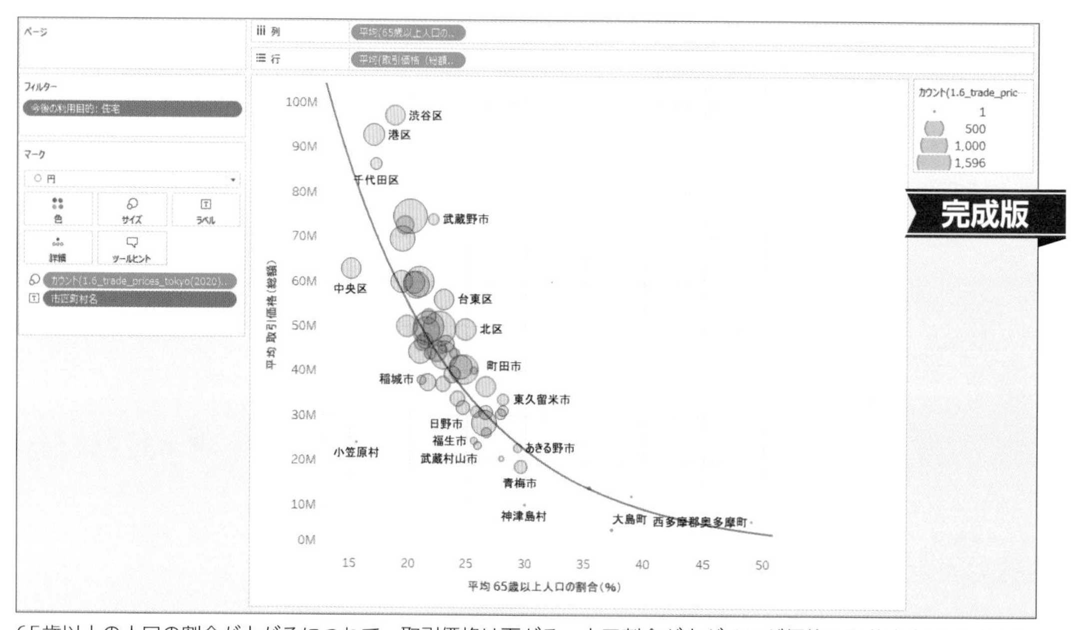

65歳以上の人口の割合が上がるにつれて、取引価格は下がる。人口割合が上がるほど価格の下落度合いは穏やか

解答

1. まず、2つのデータを組み合わせます。「1.6_trade_prices_tokyo(2020).csv」に接続します。

2. 左側のペインから「1.6_population_tokyo(2020).csv」をキャンバスにドロップします。

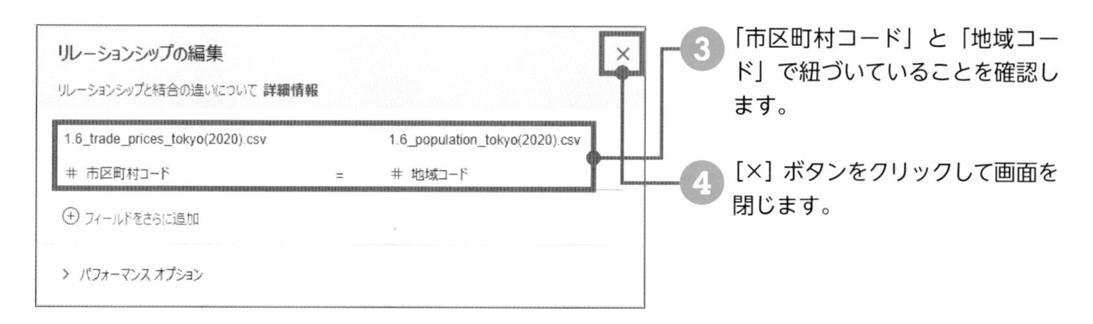

3. 「市区町村コード」と「地域コード」で紐づいていることを確認します。

4. [×] ボタンをクリックして画面を閉じます。

5. 散布図を作成します。表を参考に散布図を作成します。

[列]	「平均（65歳以上人口の割合（%））」
[行]	「平均（取引価格（総額））」
[マーク] カードの [ラベル]	「市区町村名」
[マーク] タイプ	「円」
[マーク] カードの [サイズ]	「カウント（1.6_trade_prices_tokyo(2020).csv）」
[フィルター]	「今後の利用目的」※ [住宅] を選択

6. 横軸の範囲を変更します。横軸を右クリック > [軸の編集] をクリックします。

7. [ゼロを含める] のチェックを外して、画面を閉じます。

8. [マーク] カードの [サイズ] をクリックして、スライダーでサイズを調整します。

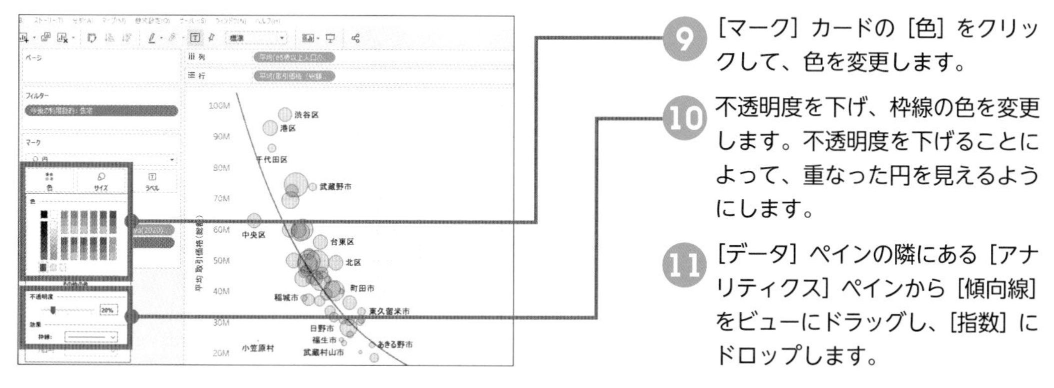

9. [マーク] カードの [色] をクリックして、色を変更します。

10. 不透明度を下げ、枠線の色を変更します。不透明度を下げることによって、重なった円を見えるようにします。

11. [データ] ペインの隣にある [アナリティクス] ペインから [傾向線] をビューにドラッグし、[指数] にドロップします。

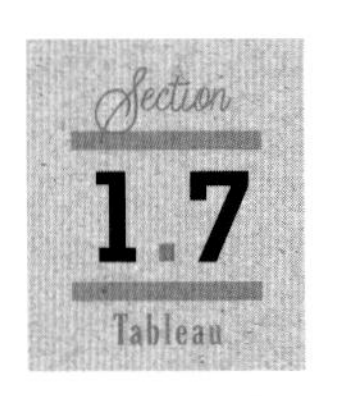

日別の売買株数と株価

Data ¥Chap01¥1.7_apple_historical_quotes.csv

Technique
- ✔最新の日付値でフィルター
- ✔2つ目の軸にドラッグして二重軸
- ✔マークの色に揃えた軸の網掛け色

問題

2つのメジャーの値を同時に知りたいとき、2つのグラフを重ねると、メジャー間の関係を同時に発見できることがあります。Apple株の日別データから、データがもつ最新月を日単位で、売買が成立したVolume（株数）を棒グラフ、Close/Last（株価）を折れ線グラフにして、重ねて表示しましょう。

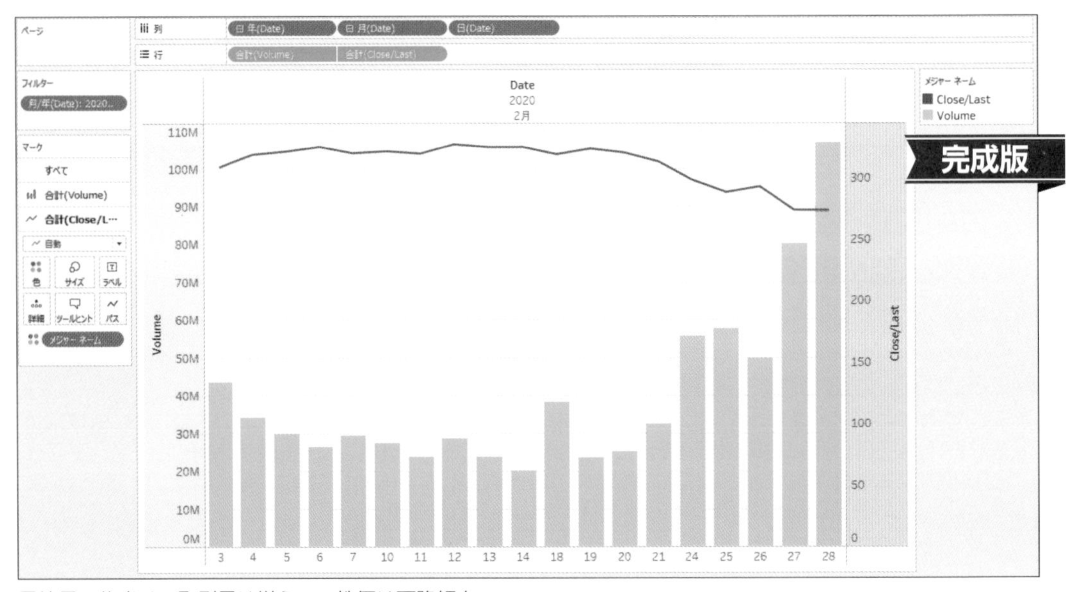

最終月の後半は、取引量は増えて、株価は下降傾向

解答

[列]	「年 (Date)」、「月 (Date)」、「日 (Date)」
[行]	「合計（Volume)」

❶ 表を参考にビューを作成します。

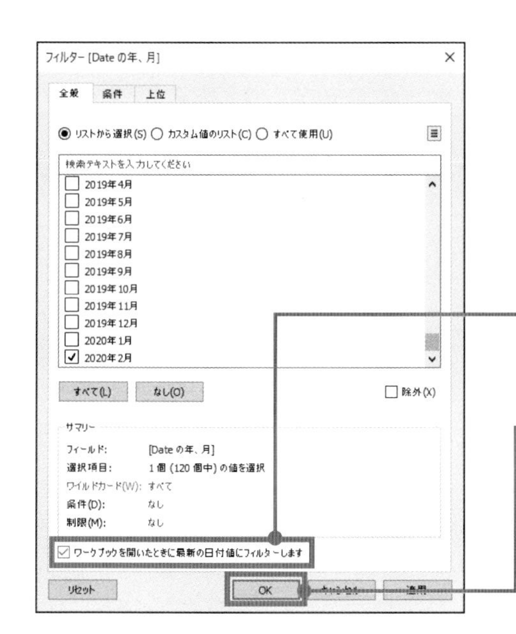

❷ ［データ］ペインから「Date」を［フィルター］シェルフにドロップします。

❸ 「年/月」をクリックします。

❹ ［次へ］をクリックします。

❺ ［ワークブックを開いたときに最新の日付値にフィルターします］にチェックを入れます。

❻ ［OK］をクリックして画面を閉じます。

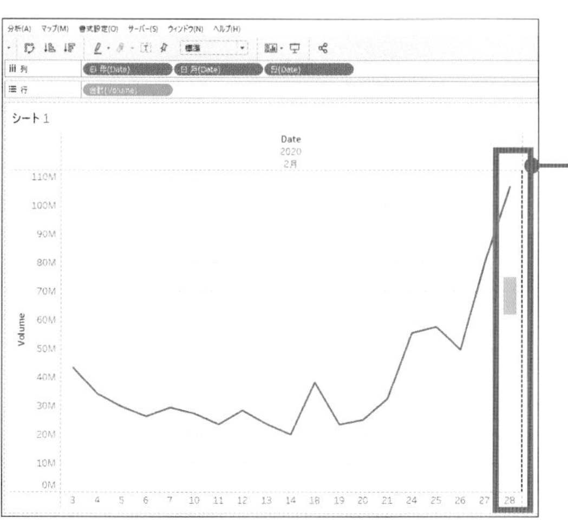

❼ 折れ線グラフを重ねます。［データ］ペインから「Close/Last」をビューの右側にドラッグします。

❽ 緑色のルーラー（定規）と黒色の点線が表示されたら、そこでドロップします。

❾ ［マーク］カードの上側にある「合計（Volume）」で、マークタイプを［棒］にします。

❿ ［マーク］カード［色］をクリックして、棒グラフの色を変更します。

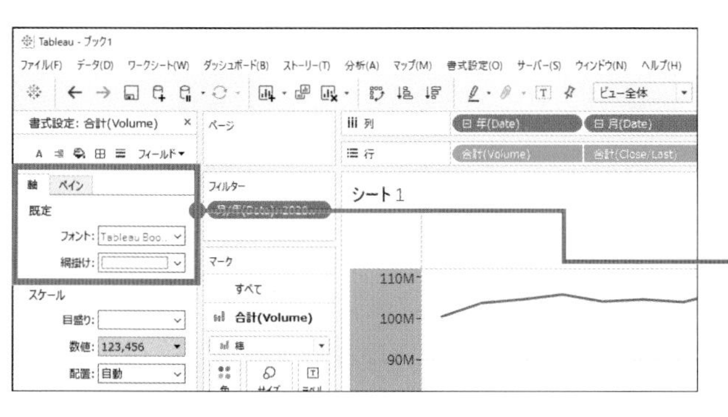

⓫ 左右の軸が棒グラフと折れ線グラフのどちらを表すかがわかるように、グラフに合わせて軸に色をつけます。左の軸を右クリック > ［書式設定］をクリックします。

⓬ ［軸］タブにある［既定］の［網掛け］で色を変更します。

⓭ 右の軸も同様に、⓫と⓬を繰り返します。

前週との人数増減

Data　¥Chap01¥1.8_pcr_positive_daily.csv

Technique
- ✔連続と不連続
- ✔アドホック計算
- ✔簡易表計算の編集
- ✔[Ctrl] キーを押しながら複製

問題

一定期間前との差や比を見るとき、色や形状を使って高いか低いかを示すとわかりやすいです。COVID-19の日本の陽性者数データから、Pcr検査陽性者数(単日)とその増減を、最新の日付ほど上部に並べて週単位で示しましょう。

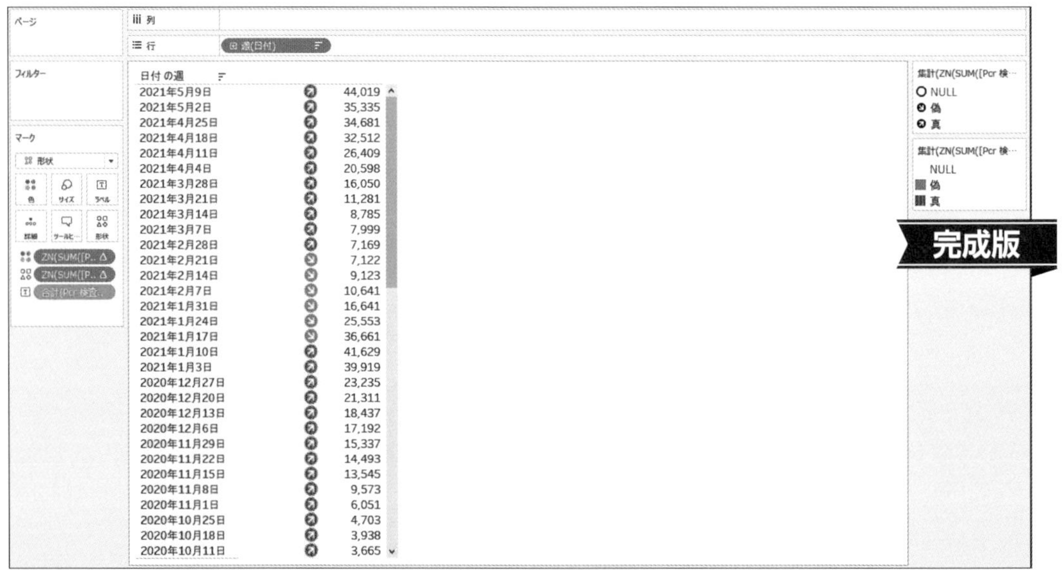

増加もしくは減少の傾向は数週間連続しており、増加と減少を繰り返している

解答

1. まず、週ごとに日付を表示します。[データ] ペインから「日付」を右クリックしながらドラッグして、[行] にドロップします。
2. 連続を表す緑色の「週 (日付)」をクリックします。

3 「OK」をクリックして画面を閉じます。

4 [行] の「週（日付)」を右クリック > [不連続] をクリックします。

5 [行] の「週（日付)」を右クリック > [並べ替え] をクリックします。

6 [降順] を選択し、[×] ボタンをクリックして画面を閉じます。

7 前週と比べた陽性者数の増減を判定します。[データ] ペインから「Pcr 検査陽性者数(単日)」を [マーク] カードの [テキスト] にドロップします。

8 [マーク] カードの [テキスト] の「合計 (Pcr 検査陽性者数(単日))」を右クリック > [簡易表計算] > [差] をクリックします。

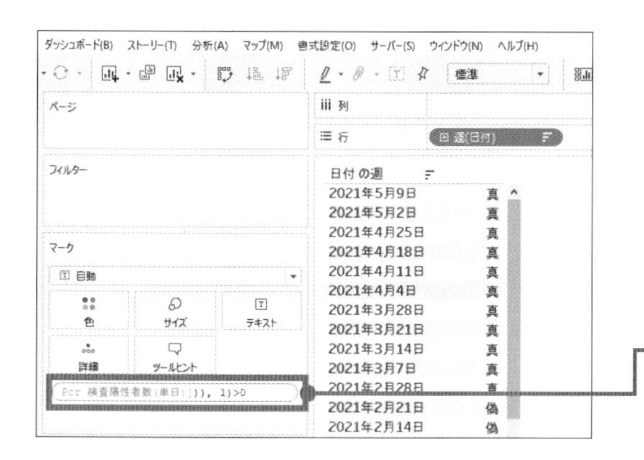

9 [マーク] カードの [テキスト] の「合計 (Pcr 検査陽性者数(単日))」を右クリック > [基準] > [次の値] をクリックします。

10 [マーク] カードの [テキスト] の「合計 (Pcr 検査陽性者数(単日))」をダブルクリックします。

11 式の一番右に「>0」を加えます。

12 増減を形状と色で表します。[マーク] カードのマークタイプを [形状] にします。

13 [マーク] カードの [テキスト] にある⓫の青色のピルを、[マーク] カードの [形状] にドロップします。

14 [マーク] カードの [形状] にある青色のピルを、[Ctrl] キーを押しながら [マーク] カードの [色] にドロップします。これで [形状] に青色のピルを残したまま、複製して [色] に配置できます。

15 [マーク] カードの [色] [形状] [サイズ] をそれぞれクリックして、色と形状を変更し、サイズを調整します。「NULL」の色は、文字の上をダブルクリックして白にします。

16 [データ] ペインから「Pcr 検査陽性者数(単日)」を [マーク] カードの [ラベル] にドロップします。

17 表示幅をビュー上で広げるか、ツールバーで [標準] から [幅を合わせる] に変更して、ラベルを見えるようにします。

Point アドホック計算を計算フィールドへ

簡易表計算や、⓫で行ったような「アドホック計算」は、そのピルを [データ] ペインにドロップすると、1つの計算フィールドとして名前をつけて保存できます。

都道府県別の不動産価格と面積

¥Chap01¥1.9_trade_prices以下にある、47個のcsvファイル

Technique

- ✔ワイルドカードユニオン
- ✔右クリックしながらドラッグで二重軸
- ✔抽出

必要なデータが複数に分かれているとき、適切に縦や横に組み合わせて使う必要があります。フォルダ「1.9_trade_prices」には、47都道府県に分かれた2005年から2019年の不動産取引データが入っています。Prefecture（都道府県）ごとに平均Trade Price（金額）を棒グラフ、平均Area（面積）を円グラフで重ねて表現しましょう。

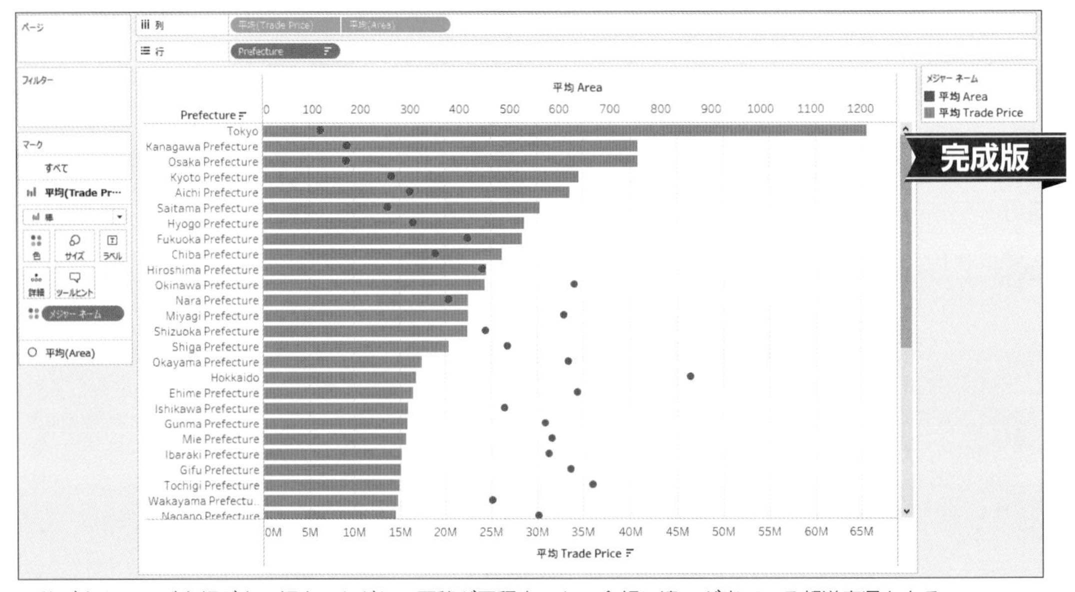

面積が小さいほど金額が高い傾向。ただし、面積が同程度でも、金額に違いが出ている都道府県もある

解答

❶ まず、47都道府県のデータをユニオンで縦に組み合わせて、1つのデータにします。フォルダ「1.9_trade_prices」にあるデータ「01」に接続します。

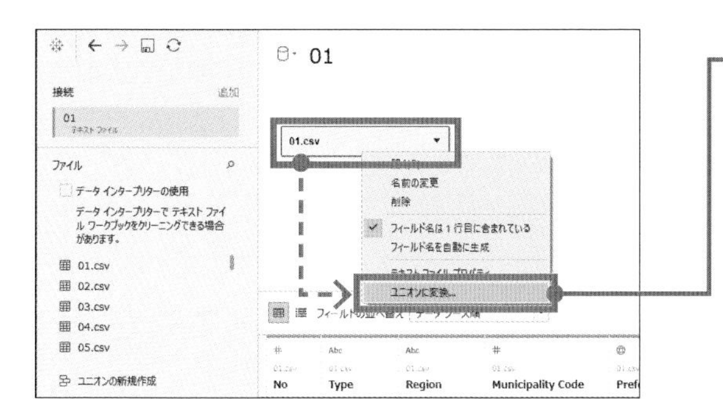

❷ キャンバスの「01.csv」を右クリック > [ユニオンに変換] をクリックします。

❸ [ワイルドカード（自動）] タブをクリックし、[OK] をクリックして画面を閉じます。「01.csv」が含まれるフォルダ内のすべてのcsvをユニオンし、各データを縦に組み合わせます。

❹ キャンバス右上の [抽出] をクリックします。

❺ 画面下部のタブから「シート」に移動します。[保存] を促すウィンドウが出てきたら、抽出ファイルを保存します。PCのスペックによって、抽出に時間がかかることがあります。

[列]	「平均（Trade Price)」
[行]	「Prefecture」
その他	降順で並べ替え

❻ 表を参考に棒グラフを作成します。

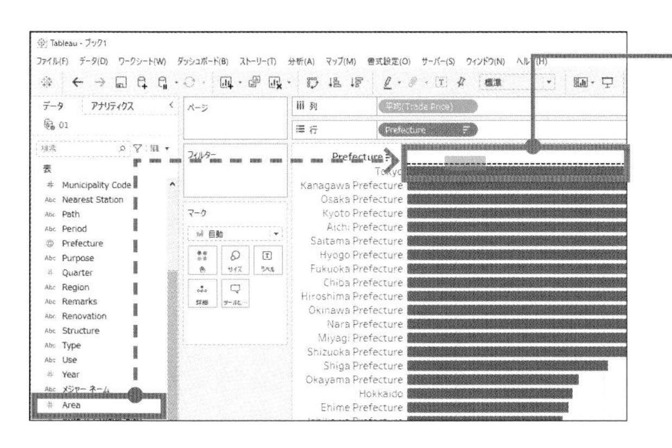

❼ [データ] ペインの「Area」を右クリックしながらビューの上側にドラッグし、緑色のルーラー（定規）と黒色の点線が表示されたら、そこでドロップします。

❽ 開いた画面で「平均（Area)」をクリックします。

❾ [OK] をクリックして画面を閉じます。

❿ [マーク] カードの上側にある「平均（Trade Price)」で、マークタイプを [棒] にします。

Point 抽出して処理を素早く

ユニオンや結合、リレーションシップによる複数データの組み合わせや、ピボット、データインタープリター、フィールドのマージなどデータ型の変更は、負荷が高い作業です。データ量や処理数が多い場合は特に、素早く表示するためにも抽出しましょう。

棒グラフによる絵文字一覧

Data ¥Chap01¥1.10_emoji.csv

Technique
✔マークカードの詳細
✔ツールヒントの整理

問題

ビューに示したグラフを構成する項目の値を簡単に見せたいとき、ツールヒントを活用できます。絵文字一覧データから、Group（グループ）でフィルターをかけたSub Group（サブグループ）ごとにEmoji（絵文字）の種類数（一意の数）を棒グラフで表し、棒をマウスオーバーすることでどのような絵文字が含まれるかが見えるように作成しましょう。

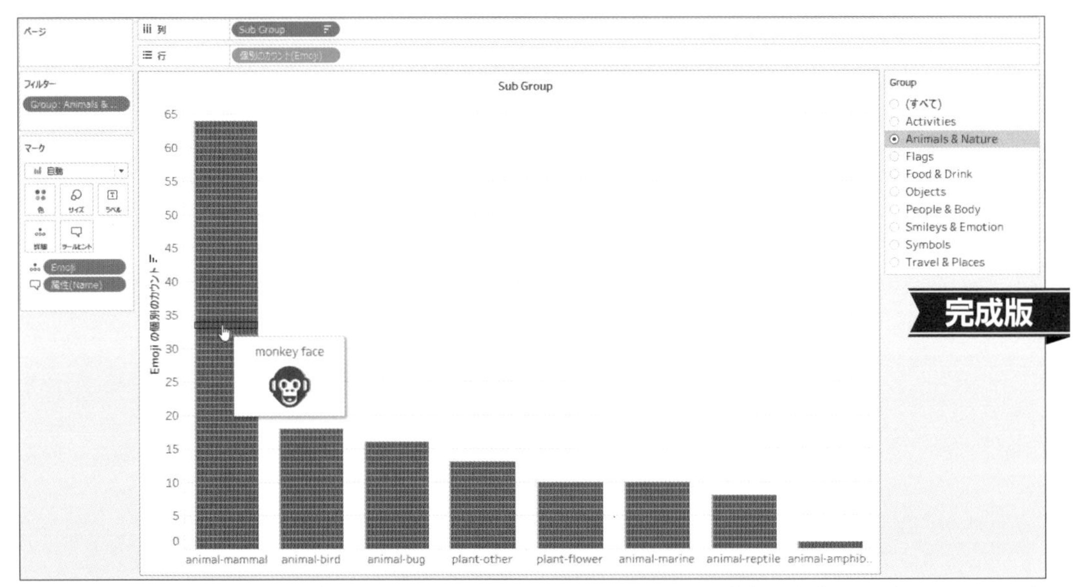

棒を構成する1件1件の詳細をビュー上で確認できる。Anime ＆ Nature(動物と自然)での中では、animal-mammal(動物-哺乳類)が最も多い

解答

[列]	「Sub Group」
[行]	「個別のカウント（Emoji）」
その他	降順で並べ替え

1. 表を参考に棒グラフを作成します。
2. [データ] ペインの [Group] を右クリック > [フィルターを表示] をクリックします。
3. 画面右側に表示されたフィルターのドロップダウン矢印 [▼] をクリックし、「単一値（リスト）」をクリックします。
4. [データ] ペインから「Emoji」を [マーク] カードの [詳細] にドロップします。棒を構成する1件1件が積み重なって見えるようになりました。

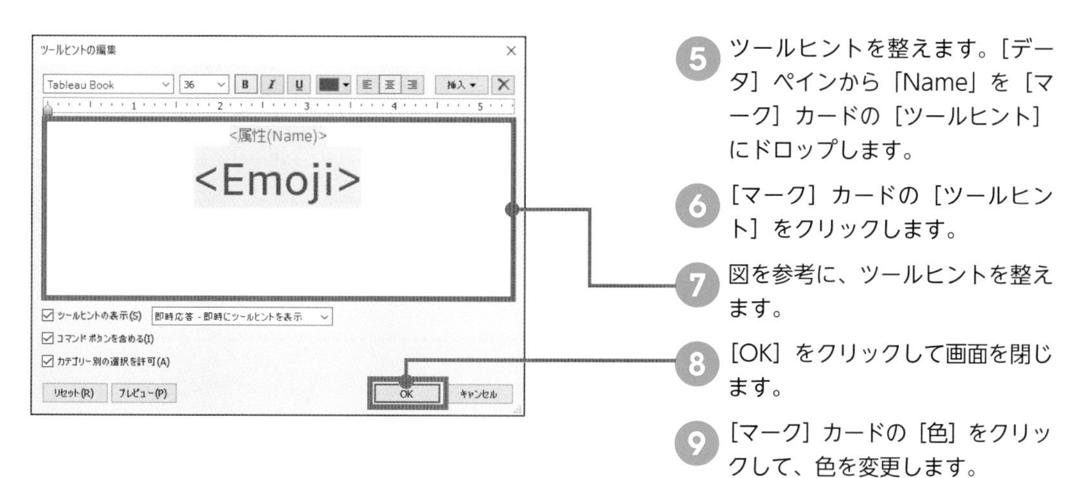

5. ツールヒントを整えます。[データ] ペインから「Name」を [マーク] カードの [ツールヒント] にドロップします。
6. [マーク] カードの [ツールヒント] をクリックします。
7. 図を参考に、ツールヒントを整えます。
8. [OK] をクリックして画面を閉じます。
9. [マーク] カードの [色] をクリックして、色を変更します。

Point ツールヒントの整理整頓

ビジュアル表現を完成させたら、必ずツールヒントを整理しましょう。表示する必要がなければ、[ツールヒントの編集] ダイアログボックスの左下にある [ツールヒントの表示] のチェックを外すとすっきりします。[ツールヒントの編集] ダイアログボックスの右上にある [挿入] から、シェルフに入った別のフィールドやパラメーターを表示したり、別のシートを入れてビジュアル表現を含めたりすることもできます。

Point カウントと個別のカウントの違い

カウントと個別のカウントの違いを理解しましょう。カウントは件数、個別のカウントは一意の数です。1種類のEmojiの情報が2行ある場合、Emojiのカウントは2、個別のカウントは1です。

ホテルの種類ごとの月別宿泊率

¥Chap01¥1.11_hotel_bookings.csv

Technique

- ✔簡易表計算での計算の方向
- ✔色の並べ替え
- ✔色の表現方法
- ✔[Ctrl] キーを押しながら複製

問題

数値同士を比較するとき、割合で表すと比較しやすくなります。あるホテルの各予約情報が含まれるデータから、Arrival Date Month（到着月）別にIs Canceled（キャンセルしたか）を用いた宿泊率を、Hotel（ホテル種類）ごとに並べてみましょう。

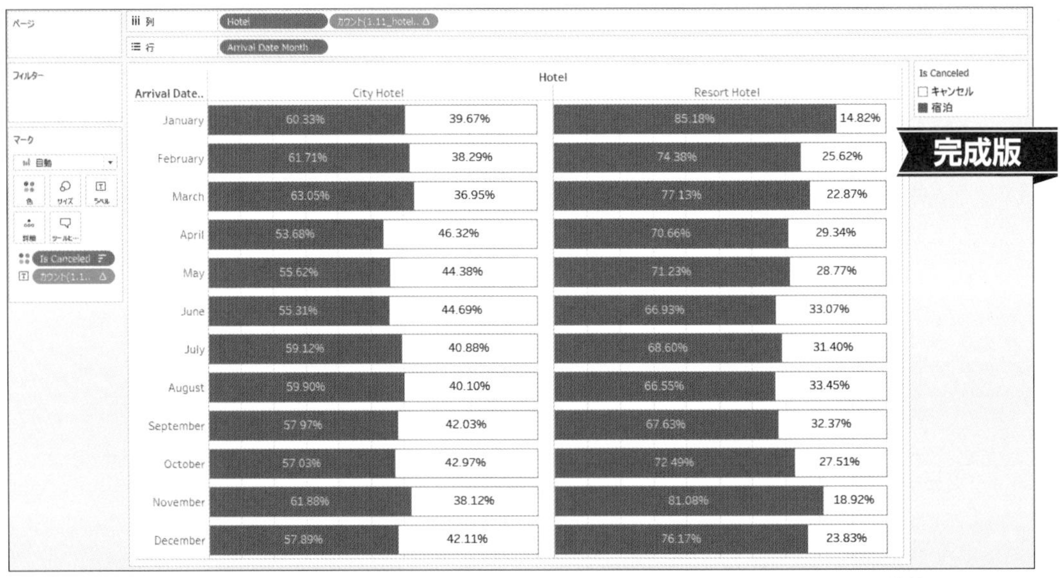

リゾートホテルのほうが宿泊率は高い。シティホテルのほうは、年間を通して宿泊率は55～60％前後

解答

❶ まず、棒グラフを作成します。表を参考にグラフを作成します。

[列]	「Hotel」	「カウント（1.11_hotel_bookings.csv）」
[行]	「Arrival Date Month」	
[マーク] カードの [色]	「Is Canceled」※1.2の❹～❼参照	

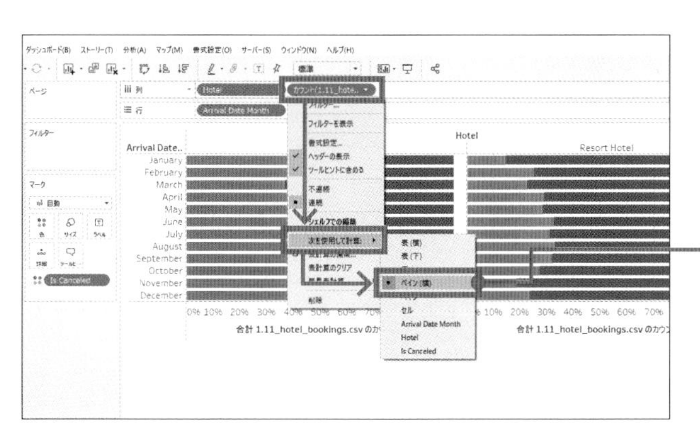

❷ 次に、100%帯グラフに変更します。[列] の「カウント（1.11_hotel_bookings.csv）」を右クリック > [簡易表計算] > [合計に対する割合] をクリックします。

❸ [列] の「カウント（1.11_hotel_bookings.csv）」を右クリック > [次を使用して計算] > [ペイン（横）] をクリックします。

❹ 横軸を非表示にします。[列] の「カウント（1.11_hotel_bookings.csv）」を右クリック > [ヘッダーの表示] をクリックしてチェックを外します。

❺ [マーク] カードの [色] の [Is Canceled] を右クリック > [並べ替え] をクリックします。

❻ [降順] をクリックして、[×] ボタンをクリックして画面を閉じます。

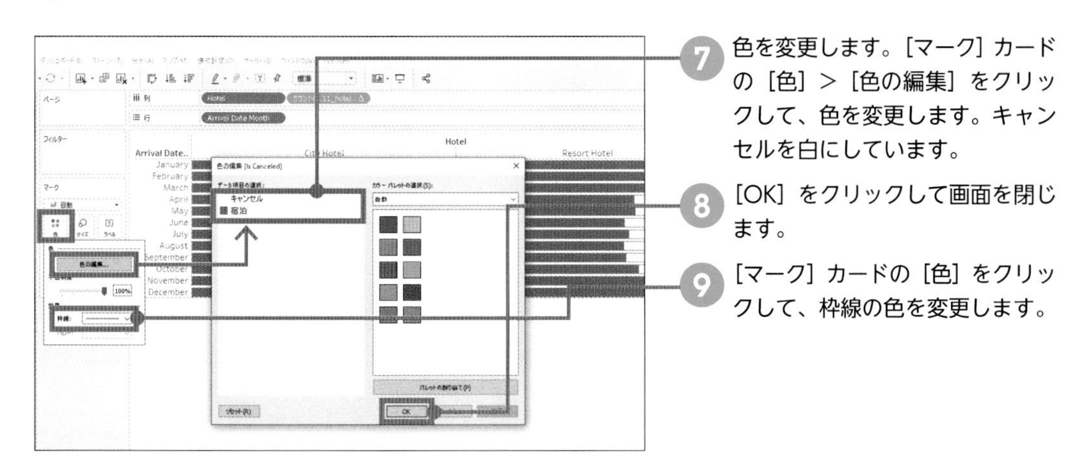

❼ 色を変更します。[マーク] カードの [色] > [色の編集] をクリックして、色を変更します。キャンセルを白にしています。

❽ [OK] をクリックして画面を閉じます。

❾ [マーク] カードの [色] をクリックして、枠線の色を変更します。

❿ 割合を表示します。[列] の「カウント（1.11_hotel_bookings.csv）」を [Ctrl] キーを押しながら、[マーク] カードの [ラベル] に移動します。

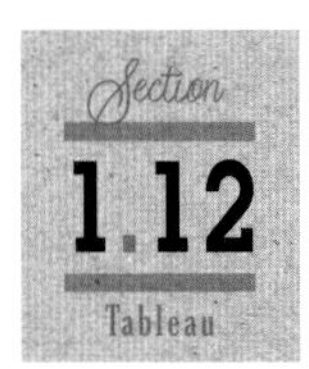

ブルースとヒップホップの音楽作品における人気の分布

¥Chap01¥1.12_spotify_music¥1.12_blues_music.csv
¥Chap01¥1.12_spotify_music¥1.12_hiphop_music.csv

Technique

- ✔ユニオン
- ✔ビン
- ✔簡易表計算
- ✔分割
- ✔スタックマークのオフ

問題

グループ間で分布を比較したいとき、折れ線グラフの下部を塗りつぶしたエリアチャートを重ねると、データの傾向が見やすくなることがあります。Spotifyで曲ごとに集計されたデータがあり、ジャンルごとにファイルが分かれています。各曲に対して100点満点で評価されたPopularity（人気スコア）の分布を、blues（ブルース）とhiphop（ヒップホップ）の2つの音楽種類で比較してみます。bluesとhiphopは作品数が異なるので、曲の数ではなく割合にして、5%ごとにビンでまとめて、エリアチャートで重ねて表しましょう。

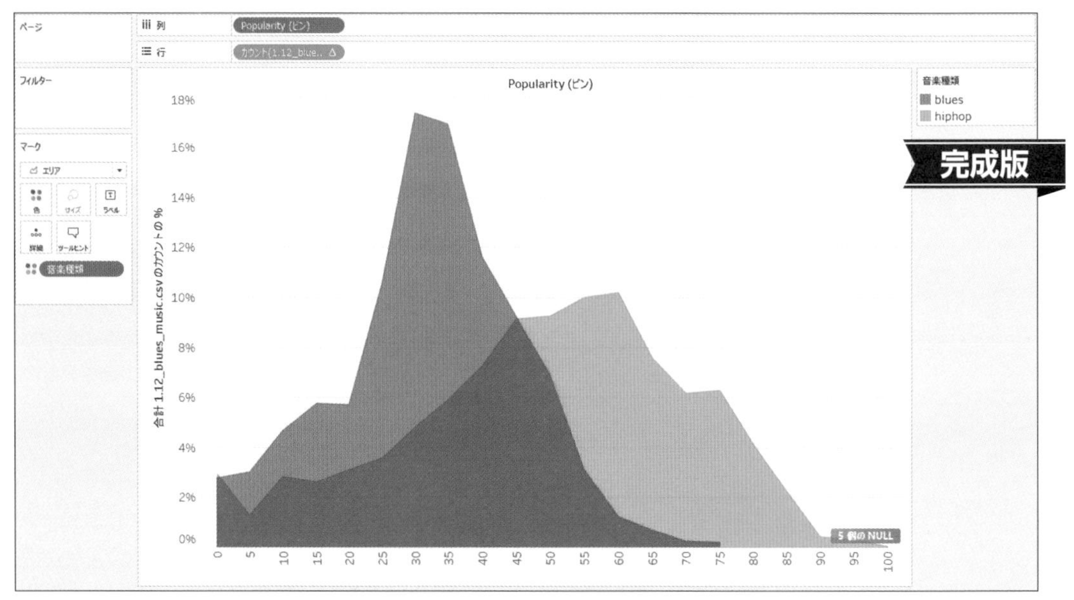

ヒップホップのほうが、人気が高い曲が多い。ヒップホップは低い評価の曲もあるが、ブルースは高い評価の曲がない

解答

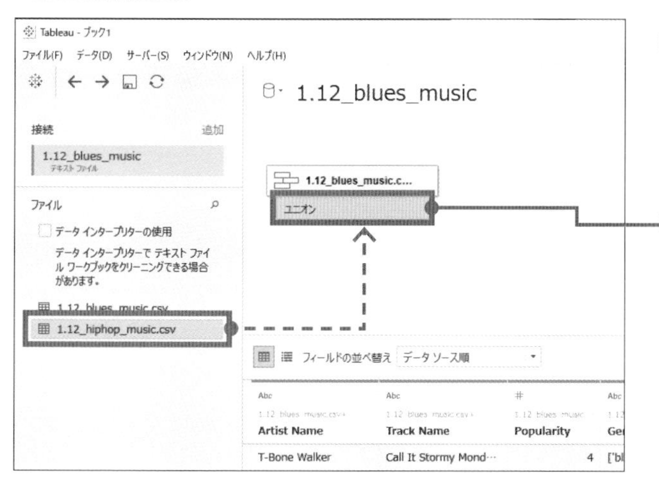

1. まず、2つのデータを縦に組み合わせて1つのデータにします。フォルダ「1.12_spotify_music」にある「1.12_blues_music .csv」に接続します。
2. 左側のペインから「1.12_hiphop_music.csv」をキャンバスの「1.12_blues_music .csv」の下にドラッグし、「ユニオン」が表示されたら、その上にドロップします。
3. ファイル名から音楽種類の文字を抜き出します。「表名」を右クリック > [分割] をクリックします。この「表名」フィールドは、ユニオンしたことで自動的に追加されました。
4. 「表名 - 分割済み 1」のフィールド名をダブルクリックして、「音楽種類」に名前を変更します。
5. Popularity を5ずつにビンでまとめます。[データ] ペインの [Popularity] を右クリック > [作成] > [ビン] をクリックします。
6. [ビンのサイズ] に「5」を入力します。
7. [OK] をクリックして画面を閉じます。
8. 表を参考にビューを作成します。

[列]	「Popularity (ビン)」
[行]	「カウント (1.12_blues_music .csv)」
[マーク] タイプ	「エリア」
[マーク] カードの [色]	「音楽種類」

9. 次に、割合に変更します。[行] の「カウント (1.12_blues_music .csv)」を右クリック > [簡易表計算] > [合計に対する割合] をクリックします。
10. 音楽種類ごとに100%とした割合を計算するよう、計算する範囲を変更します。[行] の「カウント (1.12_blues_music .csv)」を右クリック > [次を使用して計算] > [Popularity (ビン)] をクリックします。
11. 2つのグラフの積み上げを解除します。メニューバーから [分析] > [スタックマーク] > [オフ] をクリックします。

都道府県別の市区町村ごとの不動産取引価格

¥Chap01¥1.13_trade_prices¥1.13_trade_prices(2019).csv
¥Chap01¥1.13_trade_prices¥1.13_prefecture_code.csv

Technique

✔リレーションシップで一括別名表示　✔フィルター値の並べ替え
✔結合済みフィールド

問題

分析対象のデータは揃っていても、さらに見やすく表示したり、追加情報を入れたりするために、別のデータと組み合わせることがあります。不動産価格データ「1.13_trade_prices(2019).csv」から、Prefecture（都道府県）でフィルターし、Municipality（市区町村）ごとに平均Trade Price（不動産価格）を棒グラフで示しましょう。その際、都道府県データ「1.13_prefecture_code.csv」を使って、都道府県名のフィルターを日本語で表示し、Code（コード）順に北海道から並べてみましょう。不動産価格データの「Municipality Code」と、都道府県データの「Code」が対応します。

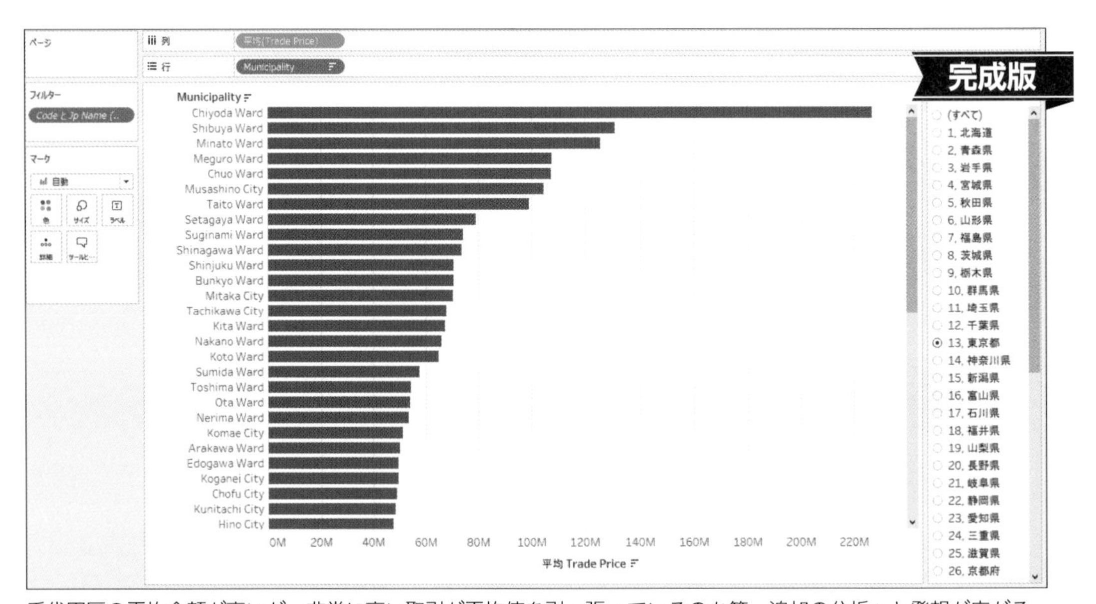

千代田区の平均金額が高いが、非常に高い取引が平均値を引っ張っているのか等、追加の分析へと発想が広がる

解答

1. まず、2つのデータを組み合わせて、不動産価格データに日本語の都道府県名を含めたデータを作成します。「1.13_trade_prices(2019).csv」に接続します。
2. [データソース] ページで左側のペインから「1.13_prefecture_code.csv」をキャンバスにドロップします。
3. 不動産価格データの「Prefecture Code」と都道府県データの「Code」を選択して、画面を閉じます。これで、ローマ字の「Prefecture」の代わりに、日本語の「JP Name」を使うことができるようになりました。

[列]	「平均（Trade Price)」
[行]	「Municipality」
その他	降順で並べ替え

4. 表を参考に棒グラフを作成します。
5. フィルターを表示したとき、都道府県名が北海道から順に並ぶよう、「Code」と「JP Name」を組み合わせたフィールドを作成します。[データ] ペインで、「Code」と「JP Name」を [Ctrl] キーを押しながらクリックして選択します。
6. 選択したフィールドを右クリック > [作成] > [結合済みフィールド] をクリックします。
7. [データ] ペインの [Code と Jp Name (結合)] を右クリック > [フィルターを表示] をクリックします。
8. 画面右側に表示されたフィルターのドロップダウン矢印 [▼] >「単一値（リスト)」をクリックします。

Point 対応表の利用

都道府県データと組み合わせたように、市区町村名など他のフィールドも日本語と英語の対応表を用意すると、データ自体の修正や別名の付与が必要なく、一括で値を変換できます。対応表は、他のデータに再利用できる点でも便利です。

Point フィルターの表示順

[フィルターを表示] からフィルターを画面上に表示すると、フィルターで使用しているフィールドの値が並びます。その値は、各フィールドの「既定の並べ替え」の順番です。既定の並べ替えは、[データ] ペインのフィールドを右クリック > [既定のプロパティ] > [並べ替え] で変更できます。フィールドがもつ値の数が多いとき、指定の順番で表示させるには、本問題のように順番列を含むデータと組み合わせると、手動で並べ替え順を指定する手間が省けます。

原産国ごとのコーヒー評価

¥Chap01¥1.14_coffee_quality.csv

Technique

- ✔限定の集計タイプの変更
- ✔複合軸
- ✔ハイライター
- ✔二重軸
- ✔軸の範囲の変更

問題

複数のメジャーを同時に表示するには、両側の軸を使う二重軸や、1つの軸で複数フィールドを表現する複合軸で表現します。コーヒーの商品別評価データから、Country.of.Origin（原産国）ごとに、Total.Cup.Points（総合評価）を棒グラフ、メジャーにある評価フィールド9つを円にして分布を調べてみましょう。商品数が50件以上あるCountry.of.Originだけを表示し、9つの評価の分布を確認しやすくするために、評価フィールドでハイライターも表示しましょう。

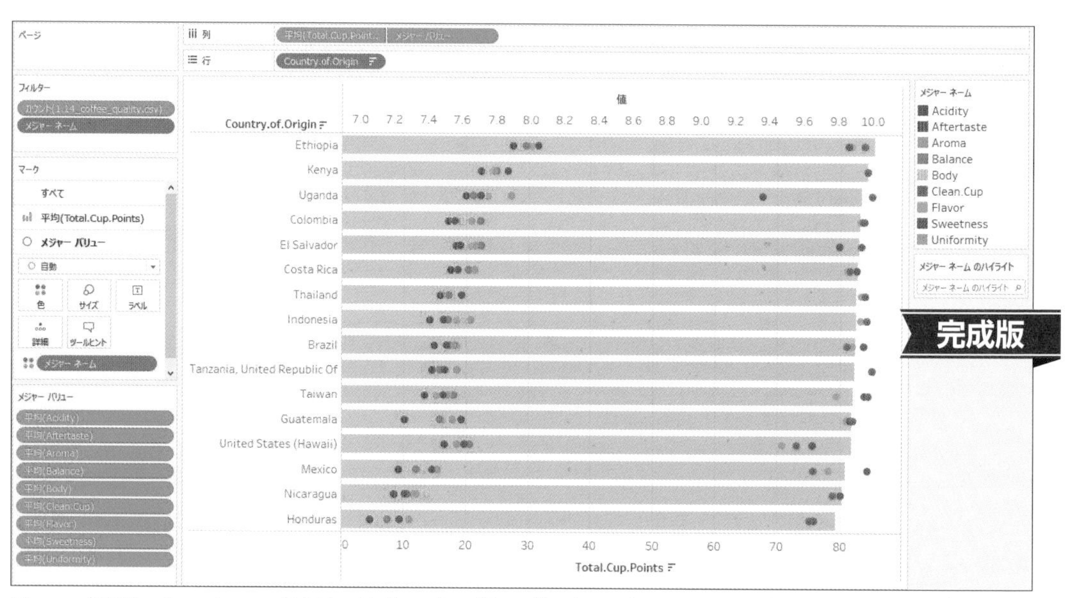

Flavor（香り）、Sweetness（甘み）、Uniformity（統一感）はTotal.Cup.Pointsと相関はあまりないが、それ以外の評価項目はTotal.Cup.Pointsと相関がある

解答

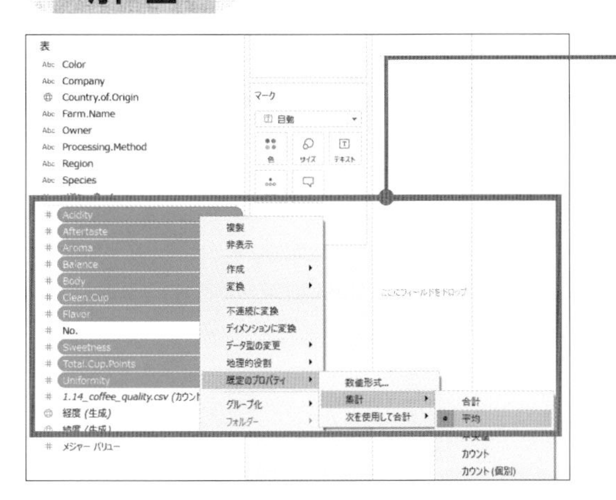

❶ フィールドをシェルフにドロップしたとき、合計でなく平均で集計されるように変更します。[データ] ペインで、[Ctrl] キーと [Shift] キーを押しながら、評価項目のすべてを図のように選択します。フィールドを右クリック > [既定のプロパティ] > [集計] > [平均] をクリックします。

[列]	「平均（Total.Cup.Points)」
[行]	「Country.of.Origin」
その他	降順で並べ替え
[フィルター]	「カウント（1.14_coffee_quality.csv)」 ※ [最小] に「20」を入力

❷ 表を参考に棒グラフを作成します。

❸ 二重軸にします。[データ] ペインの「Acidity」をビューの上側にドロップします。

❹ 上の軸を複合軸にします。[データ] ペインにある、「Total.Cup.Points」と「Acidity」以外の評価フィールドをすべて選択します。

❺ ビューの上側にある「Acidity」の軸にドロップします。

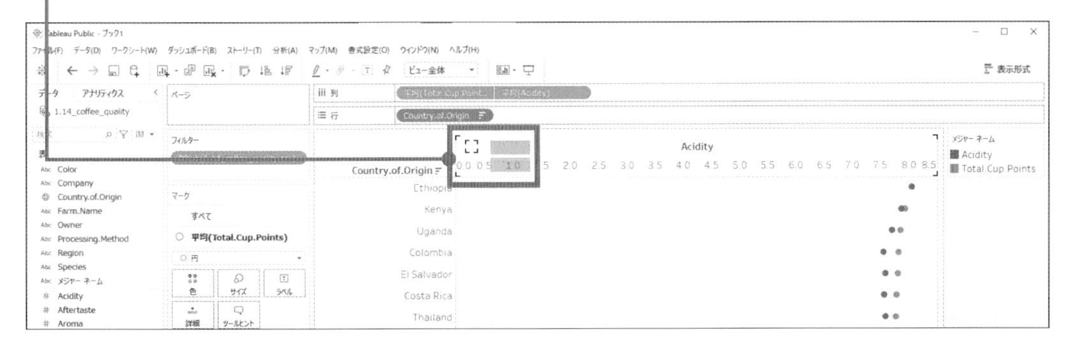

❻ [マーク] カードの上側にある「平均（Total.Cup.Points)」で、マークタイプを [棒] にし、[色] の [メジャーネーム] を削除します。

❼ マークをビュー全体に見せるために、上の軸の範囲を変更します。上の軸を右クリック > [軸の編集] をクリックして、[ゼロを含める] のチェックを外します。

❽ [フィルター] の「メジャーネーム」を右クリック > [ハイライターを表示] をクリックします。ハイライターで値にカーソルを合わせて動かすと、各評価を確認しやすいです。

最大・最小の陽性者数をカレンダー形式で表示

¥Chap01¥1.15_pcr_positive_daily.csv

- ✔日付単位
- ✔表計算
- ✔ハイライト表は連続にして色分け

問題

日付データはビジュアルを工夫すると、思わぬ季節変動があることに気づくことがあります。特にカレンダー形式は見慣れているので親しみやすく、月ごとで確認するデータと親和性が高いです。ダッシュボードで日付選択するシートとしても使えます。COVID-19の日本の陽性者数データから、Pcr 検査陽性者数（単日）を日付を使用したカレンダー形式で表し、年と月をフィルターで選択できるようにして、週ごとの最大と最小の日を色分けしてみましょう。

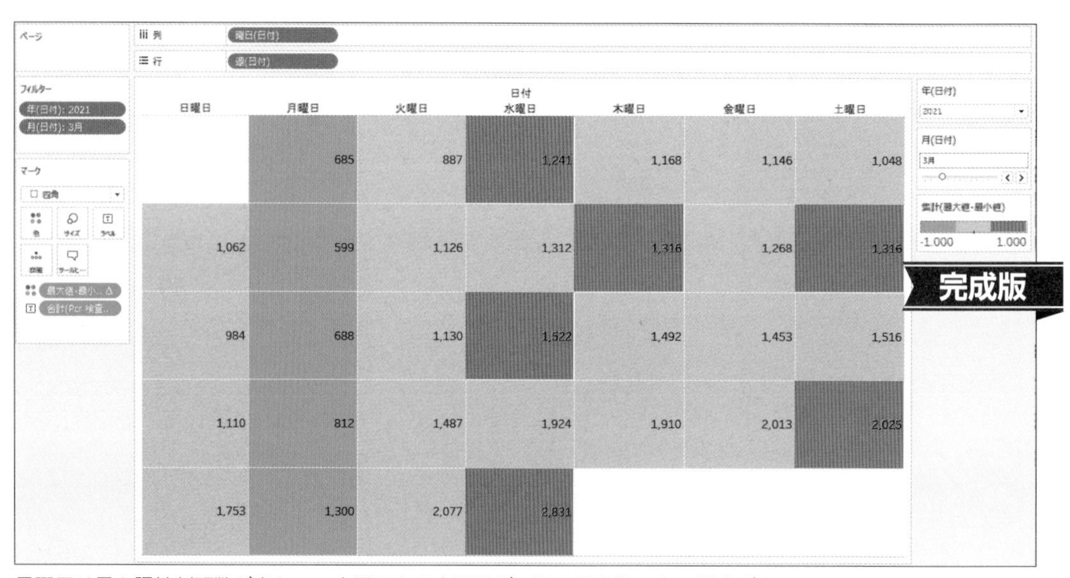

月曜日は最も陽性判明数が少ない。水曜日から土曜日が、週の最大数になる場合が多い

解答

1 表を参考にカレンダー形式のビューを作成します。

[列]	「曜日（日付）」	[行]	「週（日付）」
[フィルター]	「年（日付）」 ※「2021」を選択。「単一値（ドロップダウン）」でフィルターを表示 「月（日付）」※「3月」を選択。「単一値（スライダー）」でフィルターを表示		
[マーク] カードの [テキスト]	「合計（Pcr 検査陽性者数(単日))」		
[マーク] タイプ	「四角」		

2 [行] の「週（日付）」を右クリック > [ヘッダーの表示] をクリックしてチェックを外します。

3 最大値・最小値で色をつけます。メニューバーから [分析] > [計算フィールドの作成] をクリックします。

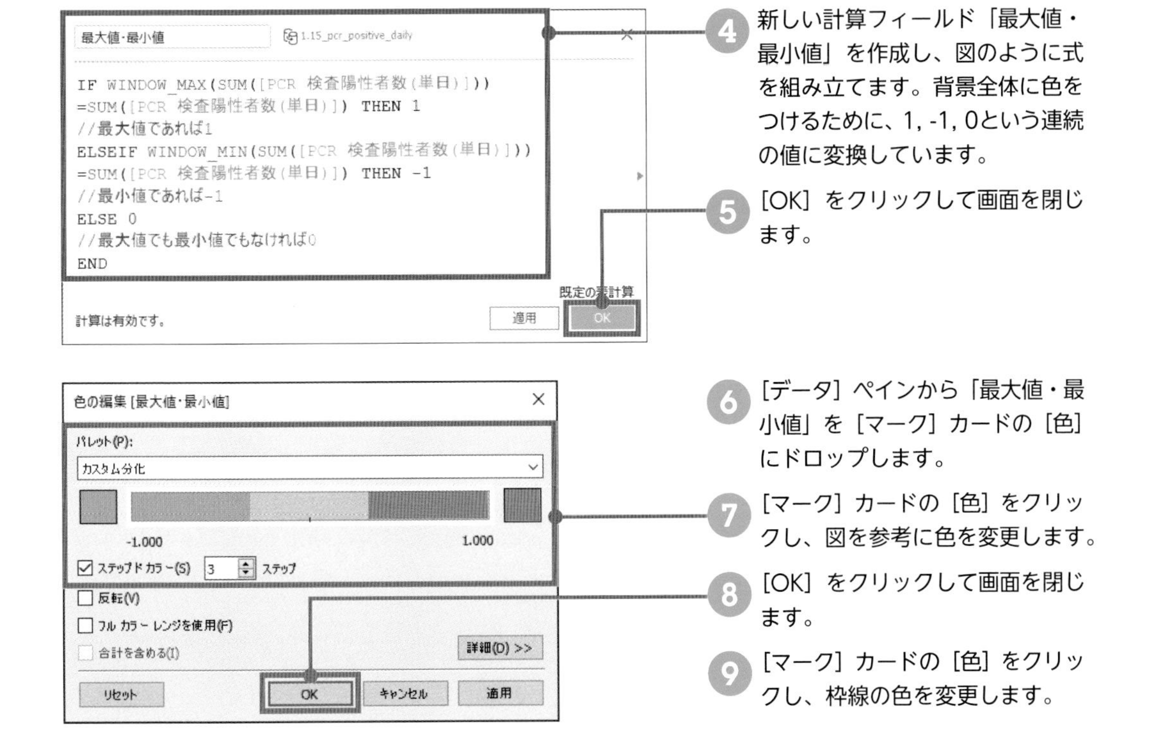

4 新しい計算フィールド「最大値・最小値」を作成し、図のように式を組み立てます。背景全体に色をつけるために、1, -1, 0という連続の値に変換しています。

5 [OK] をクリックして画面を閉じます。

6 [データ] ペインから「最大値・最小値」を [マーク] カードの [色] にドロップします。

7 [マーク] カードの [色] をクリックし、図を参考に色を変更します。

8 [OK] をクリックして画面を閉じます。

9 [マーク] カードの [色] をクリックし、枠線の色を変更します。

Point 週の初めの曜日を変更する

週の開始の曜日は、変更できます。[データ] ペイン上部のデータソース名を右クリック > [日付のプロパティ] をクリックして、[週の開始] から曜日を指定できます。

アニメの種類別評価分布

Data ¥Chap01¥1.16_anime.csv

Technique
- ✔ビン
- ✔独立した軸範囲
- ✔連続と不連続
- ✔ヒストグラムの作成

問題

あるメジャーの分布を知りたいとき、ヒストグラムを使うと分布の形でばらつきを把握できます。アニメのName（作品）ごとにRating（評価）が含まれるデータから、Ratingを0.2のビンに分け、Type（種類）別にNameの出現数を表すヒストグラムを作成してみましょう。

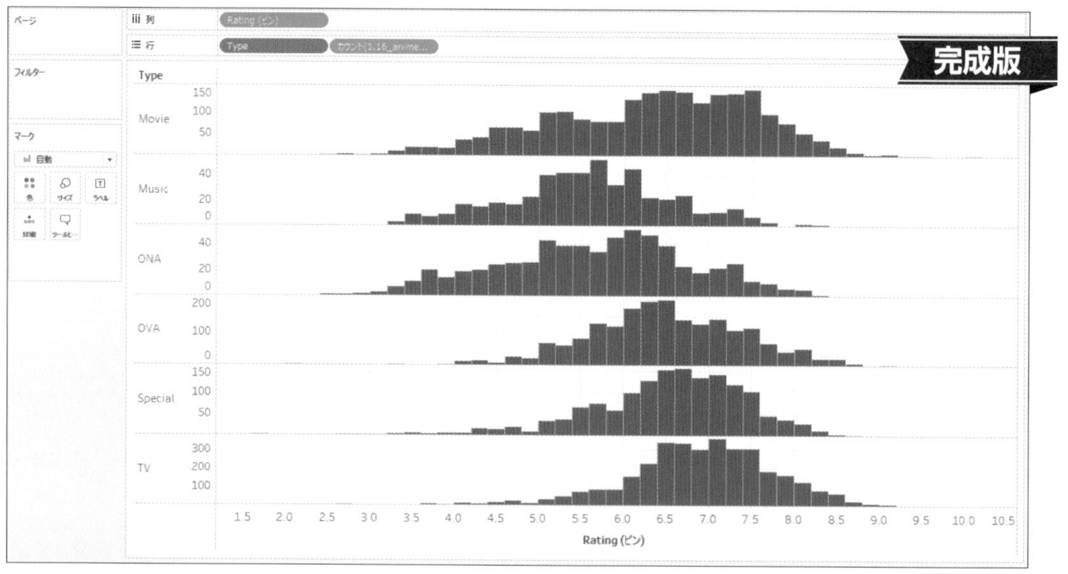

Movieは最も広く評価が分布している。全体的に、OVA、Special、TVは高い傾向、Music、ONAは低い傾向

解答

❶ ビンを作成します。[データ] ペインの [Rating] を右クリック > [作成] > [ビン] をクリックします。

❷ [ビンのサイズ] に「0.2」を入力し、[OK] をクリックして画面を閉じます。

[列]	「Rating（ビン）」	
[行]	「Type」	「カウント（1.16_anime.csv）」

❸ 棒グラフを作成します。表を参考にビューを作成します。

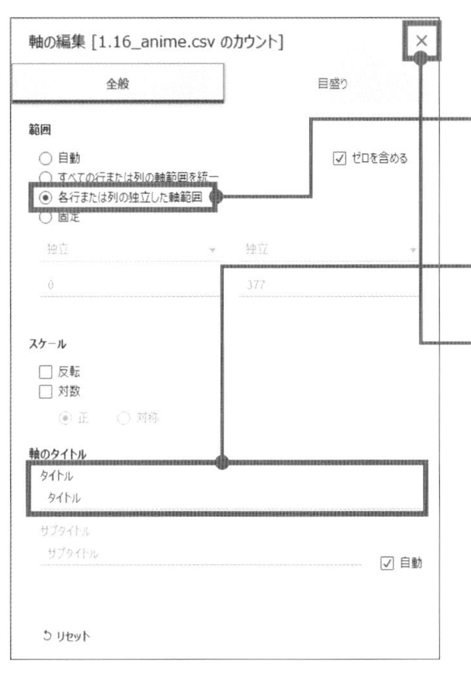

❹ 縦軸を調整します。縦軸を右クリック > [軸の編集] をクリックします。

❺ [範囲] は [各行または列の独立した軸範囲] をクリックします。それぞれの棒グラフで、棒の長さに合った軸の範囲になり、分布の形を比べやすくなります。

❻ [軸のタイトル] は何も表示しないよう、文字を削除します。

❼ [×] ボタンをクリックして、[軸の編集] ダイアログボックスを閉じます。

❽ [列] の「Rating（ビン）」を右クリック > [連続] をクリックします。

❾ ツールバーから [標準] > [ビュー全体] をクリックします。

Point [ビュー全体] にして全体を俯瞰

スクロールが出る大きなビューでも、ツールバーで [標準] から [ビュー全体] に変更してみると、全体を俯瞰できます。❽を終えたときスクロールが出ていましたが、問題の図のように [ビュー全体] にすると、Typeの値同士を比較しやすくなります。**1.9**のようにヘッダーがつぶれてしまうビューでも同様です。**1.9**の完成図では、垂直方向のスクロールが表示されて、図の全体が見えていません。[ビュー全体] にするとラベルが小さくなって見えにくくなることがありますが、その一方、スクロールを出さずにビュー全体を表示させると、全体の分布や傾向が見やすくなります。

ビューの見せ方を変えるだけで新たな気づきを得られるのは、ビジュアル分析の魅力です。

セレブリティの年収ランキング

¥Chap01¥1.17_forbes_celebrity_100.csv

Technique

✔簡易表計算での計算の方向
✔連続と不連続

問題

年や分野など複数のカテゴリで、ランキング表を見せたいことがあります。セレブリティの年収データから、2018年～2020年のName（セレブリティ名）でランキング表を作成し、Category（カテゴリ）で色分けしてみましょう。

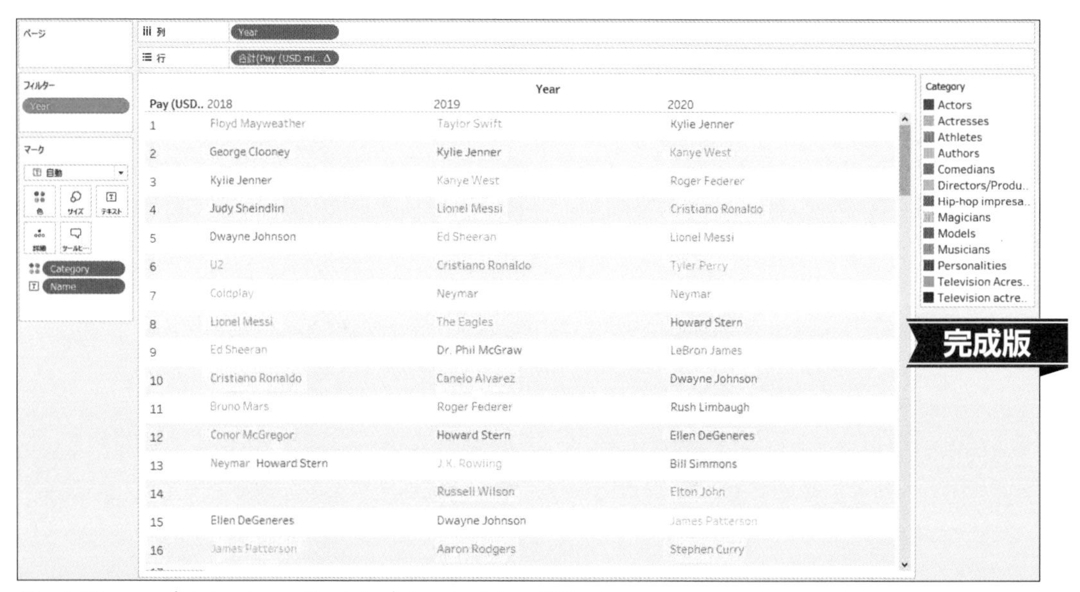

年収上位のセレブリティは、一部のカテゴリに偏っている様子

解答

[列]	「Year」※不連続
[フィルター]	「Year」※2018年以降を選択
[マーク] カードの [テキスト]	「Name」
[マーク] カードの [色]	「Category」

1 表を参考にビューを作成します。

2 表にランキングの数字をつけて、ランキング表の枠を作成します。[データ] ペインから「Pay (USD millions)」を [行] にドロップします。

3 [行] の「合計 (Pay (USD millions))」を右クリック > [簡易表計算] > [ランク] をクリックします。

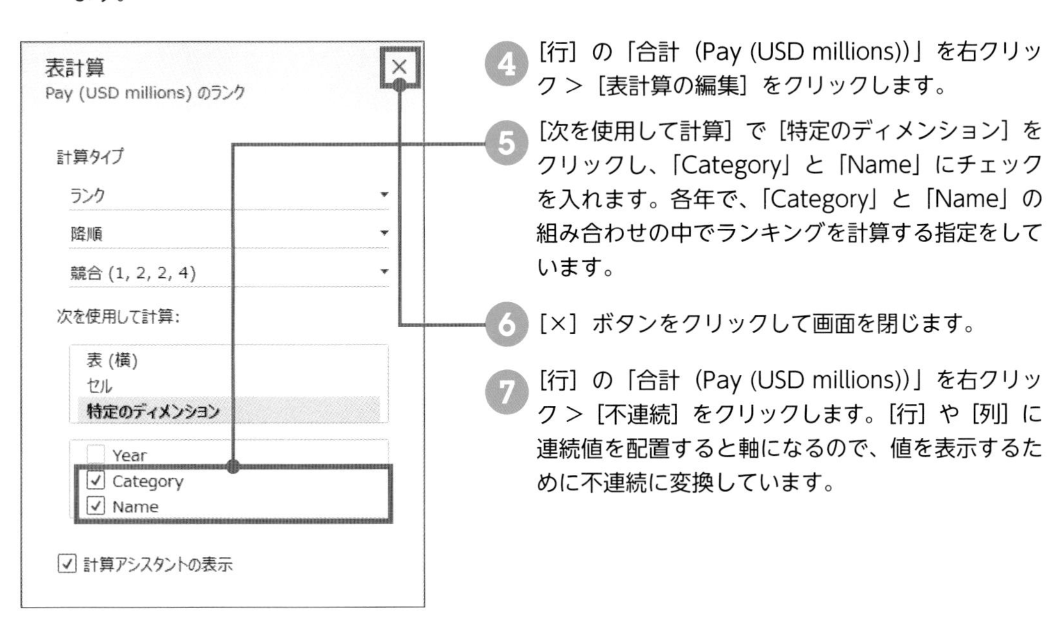

4 [行] の「合計 (Pay (USD millions))」を右クリック > [表計算の編集] をクリックします。

5 [次を使用して計算] で [特定のディメンション] をクリックし、「Category」と「Name」にチェックを入れます。各年で、「Category」と「Name」の組み合わせの中でランキングを計算する指定をしています。

6 [×] ボタンをクリックして画面を閉じます。

7 [行] の「合計 (Pay (USD millions))」を右クリック > [不連続] をクリックします。[行] や [列] に連続値を配置すると軸になるので、値を表示するために不連続に変換しています。

Point [データソース] ページで表示するプレビューの行数

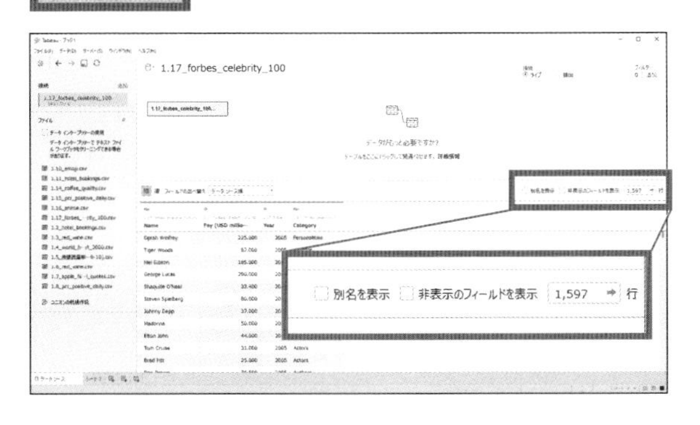

[データソース] ページのデータのプレビューでは、上位1000行を表示します。プレビュー画面右上の「1000」が入力された値を書き換えると、より多くの行を表示することができます。たとえば、「5000」と入力して [Enter] キーを押すと、このデータソースが持つ1597行が表示されます。

訪日外客数の推移

¥Chap01¥1.18_visitor_arrivals(2003_2020).xlsx

Technique

- ✔ワイルドカードユニオン
- ✔ピボット
- ✔除外してフィルター
- ✔データインタープリター
- ✔データソースフィルター
- ✔ツリーマップの棒グラフ

問題

ダウンロードしたデータは、分析に適さないデータの形で用意されていることがよくあります。日本政府観光局のウェブページからダウンロードしたままの訪日外客数をまとめたExcelファイルを使って、年別で訪日外客の推移を表してみましょう。どの国から訪れたかわかるように、ツリーマップで表してみましょう。

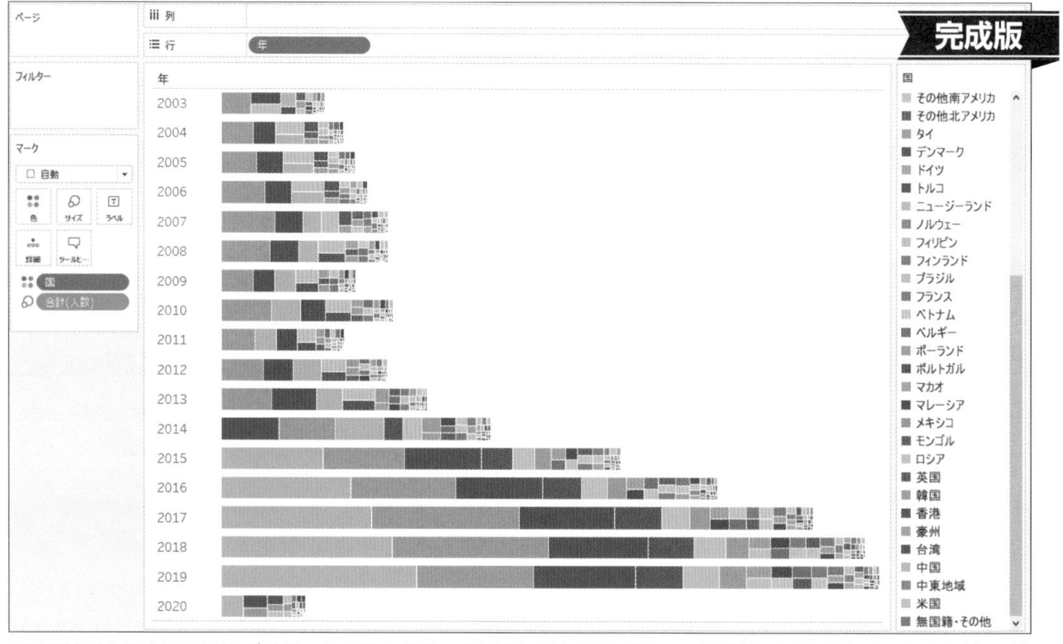

2015年頃から中国の外客が増え、全体数も急増。2018年頃から伸び悩み、2020年は2003年よりも落ち込んだ

解答

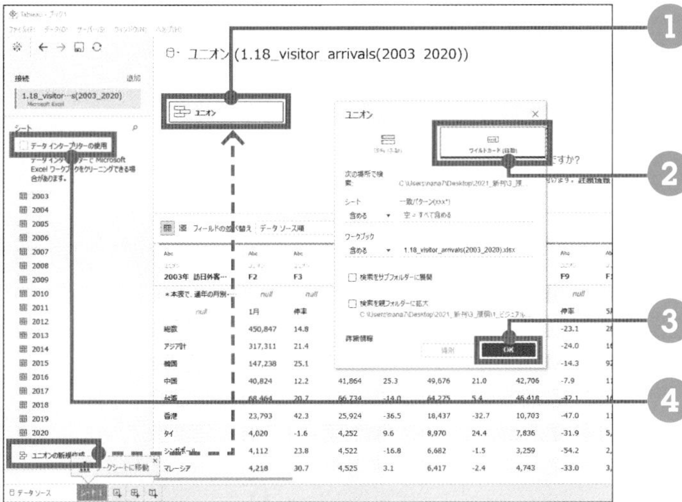

1. まず、2003年から2020年のシートを1つにまとめます。［ユニオンの新規作成］をキャンバスにドロップします。
2. ［ワイルドカード（自動）］タブをクリックします。このExcelが含むすべてのシートをユニオンし、各データを縦に組み合わせます。
3. ［OK］をクリックして画面を閉じます。
4. ヘッダー部分をきれいに読み取らせます。左側のペインで［データインタープリターの使用］にチェックを入れます。

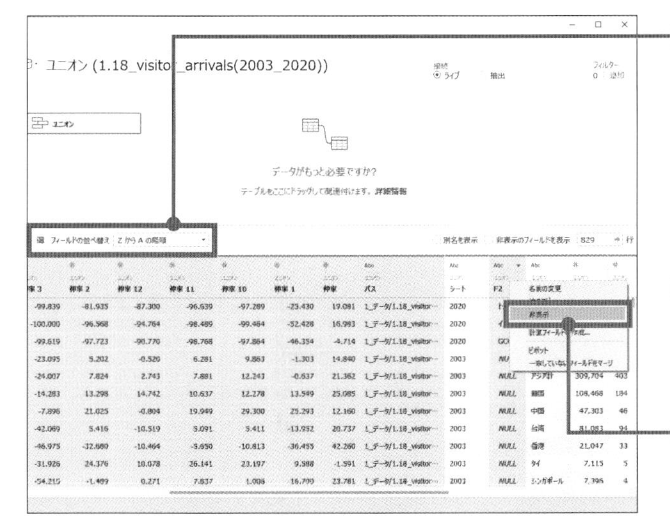

5. 不要なフィールドを非表示にします。伸率や累計などは必要があればシート上で計算できるので、国、年、月以外のフィールドは不要です。［フィールドの並べ替え］で［ZからAの降順］をクリックします。
6. データのプレビューで、［Ctrl］キーや［Shift］キーを使って、最も左にある「累計」から「パス」までと、「F2」を選択します。
7. フィールド名を右クリック > ［非表示］をクリックします。

8. データを横方向に広がる形から縦方向に広がる形に変換します。「9月」から「10月」まで、［Shift］キーですべて選択します。

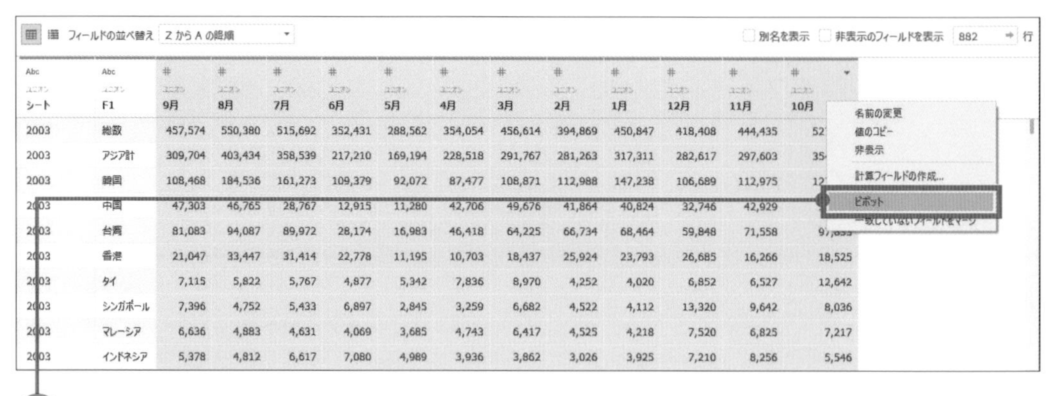

シート	F1	9月	8月	7月	6月	5月	4月	3月	2月	1月	12月	11月	10月
2003	総数	457,574	550,380	515,692	352,431	288,562	354,054	456,614	394,869	450,847	418,408	444,435	[illegible]
2003	アジア計	309,704	403,434	358,539	217,210	169,194	228,518	291,767	281,263	317,311	282,617	297,603	[illegible]
2003	韓国	108,468	184,536	161,273	109,379	92,072	87,477	108,871	112,988	147,238	106,689	112,975	[illegible]
2003	中国	47,303	46,765	28,767	12,915	11,280	42,706	49,676	41,864	40,824	32,746	42,929	[illegible]
2003	台湾	81,083	94,087	89,972	28,174	16,983	46,418	64,225	66,734	68,464	59,848	71,558	[illegible]
2003	香港	21,047	33,447	31,414	22,778	11,195	10,703	18,437	25,924	23,793	26,685	16,266	18,525
2003	タイ	7,115	5,822	5,767	4,877	5,342	7,836	8,970	4,252	4,020	6,852	6,527	12,642
2003	シンガポール	7,396	4,752	5,433	6,897	2,845	3,259	6,682	4,522	4,112	13,320	9,642	8,036
2003	マレーシア	6,636	4,883	4,631	4,069	3,685	4,743	6,417	4,525	4,218	7,520	6,825	7,217
2003	インドネシア	5,378	4,812	6,617	7,080	4,989	3,936	3,862	3,026	3,925	7,210	8,256	5,546

❾ 複数の列が選択された状態で右クリック > ［ピボット］をクリックします。

❿ フィールド名を変更します。「ピボットのフィールド名」を「月」に、「ピボットのフィールド値」を「人数」に、「シート」を「年」に、「F1」を「国」にします。

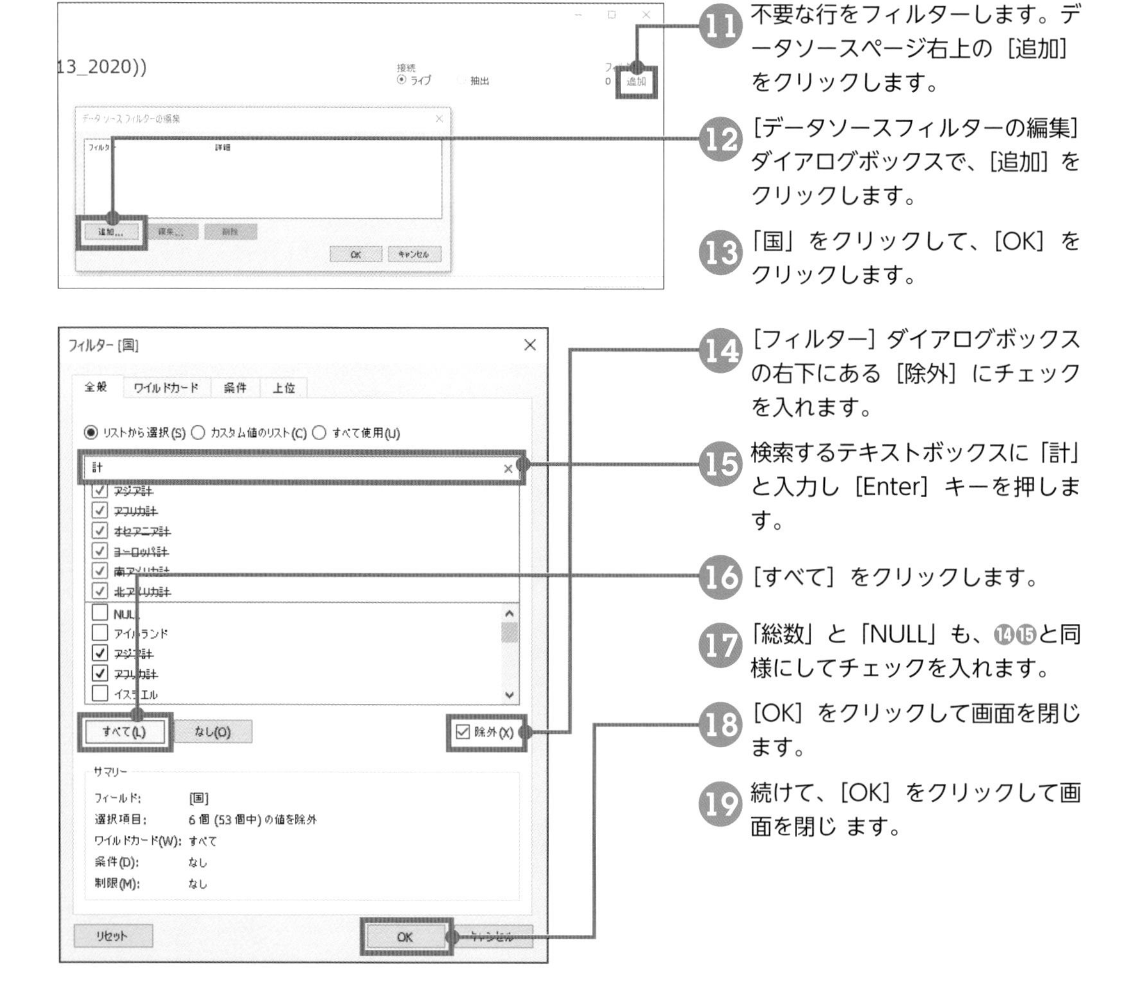

⓫ 不要な行をフィルターします。データソースページ右上の［追加］をクリックします。

⓬ ［データソースフィルターの編集］ダイアログボックスで、［追加］をクリックします。

⓭ 「国」をクリックして、［OK］をクリックします。

⓮ ［フィルター］ダイアログボックスの右下にある［除外］にチェックを入れます。

⓯ 検索するテキストボックスに「計」と入力し［Enter］キーを押します。

⓰ ［すべて］をクリックします。

⓱ 「総数」と「NULL」も、⓮⓯と同様にしてチェックを入れます。

⓲ ［OK］をクリックして画面を閉じます。

⓳ 続けて、［OK］をクリックして画面を閉じ ます。

20 キャンバス右上の［抽出］をクリックして、下部にある［シート］に移動します。［保存］を促すウィンドウが出てきたら、抽出ファイルを保存します。

［行］	「年」
［マーク］カードの［色］	「国」
［マーク］カードの［サイズ］	「合計（人数）」

21 表を参考にビューを作成します。

Point データ準備はDesktopとPrepのどちらを使うべきか

データ準備は、Tableau Prepで事前に用意しておいても良いでしょう。ここで紹介したようにTableau Desktopで対応可能な範囲なら、どちらの製品を利用しても構いません。

データの変換処理を明確にして残したい場合や、データの中身を確認しながら加工したい場合は、Tableau Prepが適しています。また、Tableau Prepでのみ提供している機能を利用する場合や、複数の準備処理を組み合わせるためTableau Prepが必要となる場合は、必ずTableau Prepを使うことになります。Tableau Desktopだけでデータを加工すれば、1つのツールで完結するので手間が省け、複数のファイルを管理する必要がなくなります。

Point 元のデータソースを参照するには

元のデータソースを参照したいときは、［データ］ペインの［データの表示］をクリックして参照できます。最大で 10000行表示します。このウィンドウの右上の［すべてエクスポート］から、データをエクスポートすることもできます。

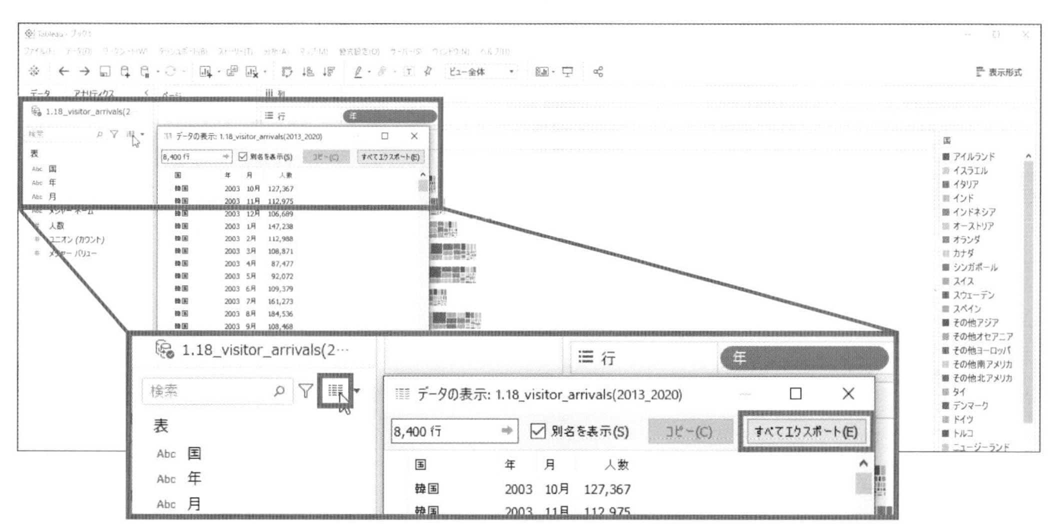

選択したアニメを観た人が他に観たアニメ

¥Chap01¥1.19_anime¥1.19_anime_rating.csv
¥Chap01¥1.19_anime¥1.19_anime_genre.csv

Technique

- ✔リレーションシップ
- ✔セットアクション
- ✔セット

問題

人の行動データを扱うとき、人と商品・サービスの関係性を分析する機会は多くあります。「〇〇を購入した人が、他に購入している商品は？」という分析をしてみましょう。まず、アニメの視聴データから、Genre（ジャンル）で絞り込んだName（アニメ作品）を視聴数が多い順に並べます。そのシート上で選択したNameを観た『人』が、他に視聴したNameを隣に表示するダッシュボードを作成してみましょう。本節で使用するデータ「1.19_anime_rating.csv」は各行が視聴履歴のデータで、「1.19_anime_genre.csv」は各行がNameのデータでGenreが含まれます。この2つのデータは「Anime_Id」で紐づけられます。

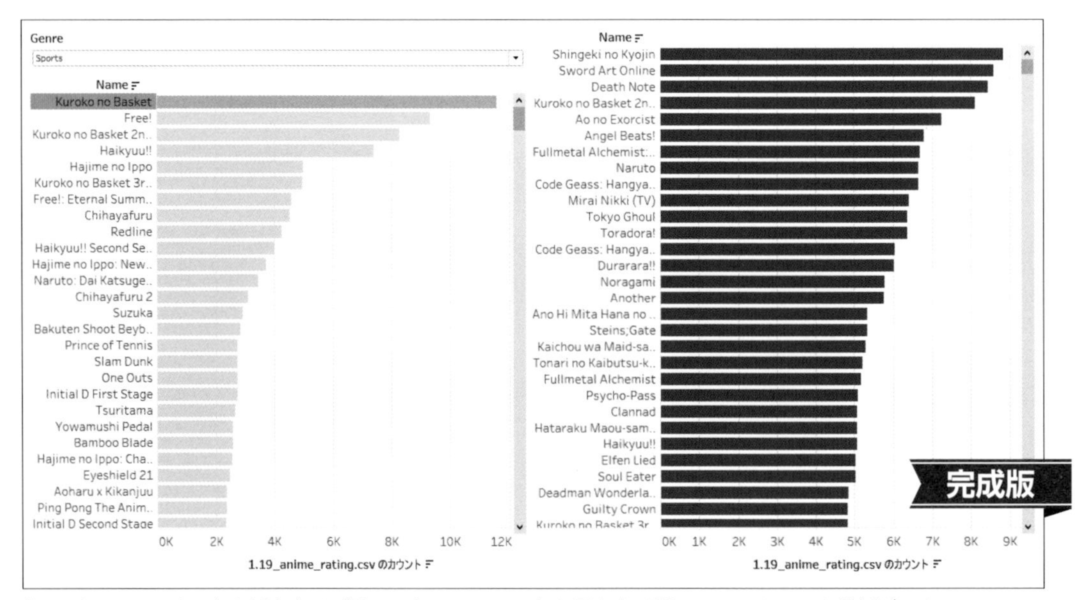

「Kuroko no Basket」を観た人は「Shingeki no Kyojin」を最も多く観ている、といった分析ができる

解答

1. まず、2つのデータを組み合わせます。「1.19_anime_rating.csv」に接続します。

2. [データソース] ページで左側のペインから「1.19_anime_genre.csv」をキャンバスにドロップします。

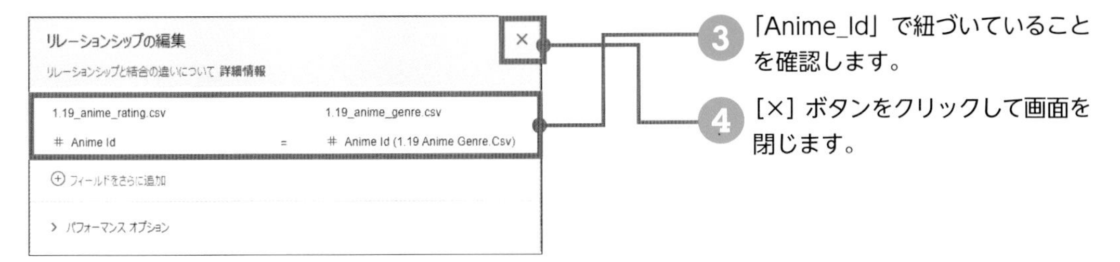

5. ダッシュボードで、フィルターする元と先のシートを作成します。表を参考に、2つのシートでそれぞれ棒グラフを作成します。

●フィルターする元のシート

[フィルター]	「Genre」 ※「Sports」を選択。単一値（ドロップダウン）」でフィルターを表示
[列]	「カウント（1.19_rating.csv）」
[行]	「Name」
その他	降順で並べ替え
[マーク] カードの [詳細]	「User Id」

●フィルターする先のシート

[列]	「カウント（1.19_rating.csv）」
[行]	「Name」
その他	降順で並べ替え

6. 新しいダッシュボードを開き、作成した2つのシートをダッシュボードにドロップします。

7. 1つ目のシートで選択したNameを観た人で、2つ目のシートをフィルターする仕掛けを、セットアクションで設定します。2つ目のシートで、[データ] ペインの「User Id」を右クリック > [作成] > [セット] をクリックします。

8. 1つ以上のIdにチェックを入れます。例えば、Idの「1」と「2」にチェックします。

9. [OK] をクリックして画面を閉じます。

❿ [データ] ペインから「User Idセット」を [フィルター] シェルフにドロップします。これにより、❽で選択したIdが視聴したNameだけに絞られます。

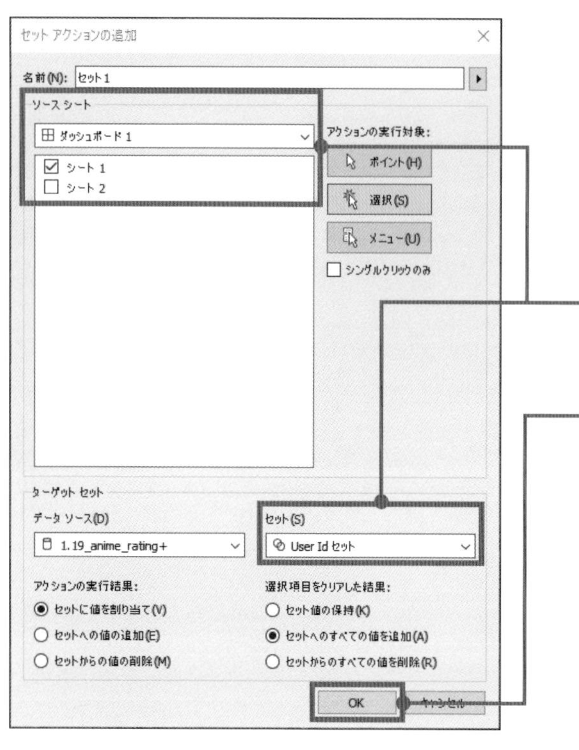

⓫ 次にフィルターするIdが動的に変化するよう、セットアクションを設定します。ダッシュボードで、メニューバーの [ダッシュボード] > [アクション] をクリックします。

⓬ [アクションを追加] > [セット値の変更] をクリックします。

⓭ シート1で値を選択すると、「User Idセット」の値が動的に変化するよう、図のように設定します。

⓮ [OK] をクリックして画面を閉じます。

⓯ 続けて、[OK] をクリックして画面を閉じます。これで、1つ目のシートのNameのヘッダー（棒ではない）をクリックすると、2つ目のシートでは、そのNameを観たUser Idが、観たNameに絞られます。選択したNameの棒に含まれる「User Id」がセット値に置き換わります。

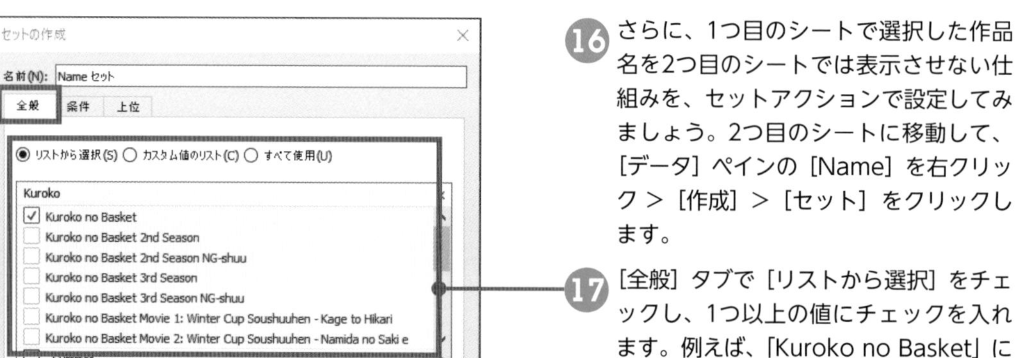

⓰ さらに、1つ目のシートで選択した作品名を2つ目のシートでは表示させない仕組みを、セットアクションで設定してみましょう。2つ目のシートに移動して、[データ] ペインの [Name] を右クリック > [作成] > [セット] をクリックします。

⓱ [全般] タブで [リストから選択] をチェックし、1つ以上の値にチェックを入れます。例えば、「Kuroko no Basket」にチェックします。

⓲ [OK] をクリックして画面を閉じます。

⓳ [データ] ペインから「Name セット」を [フィルター] シェルフにドロップします。

⓴ [フィルター] シェルフの「Name セット」を右クリック > [セットのIn/Outを表示] をクリックします。

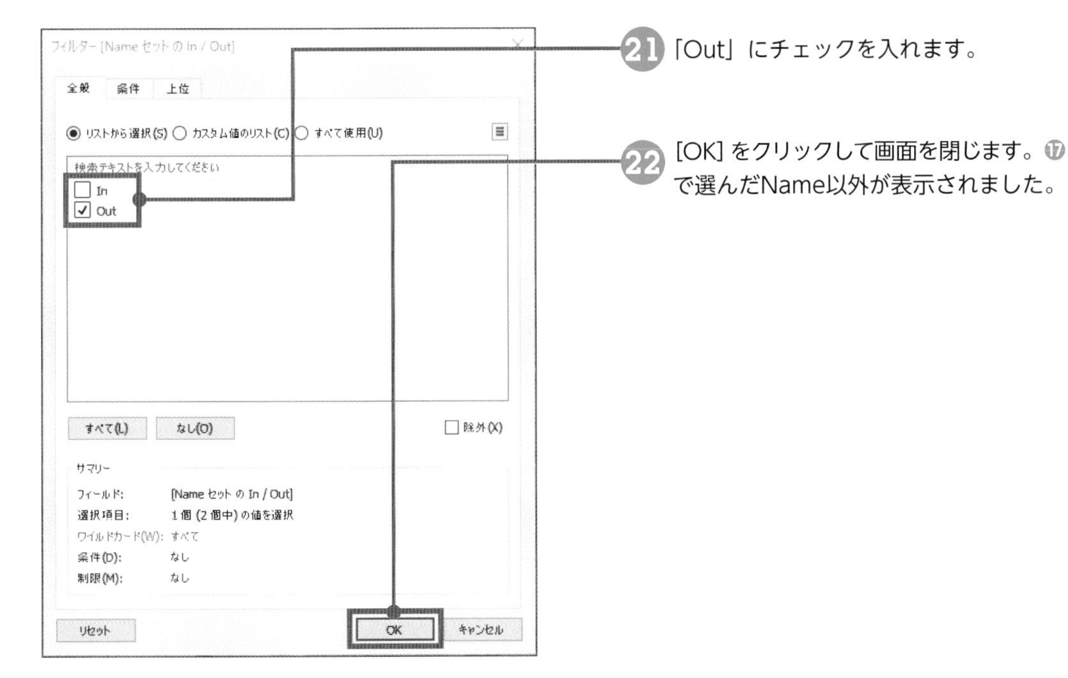

㉑「Out」にチェックを入れます。

㉒[OK] をクリックして画面を閉じます。⑰で選んだName以外が表示されました。

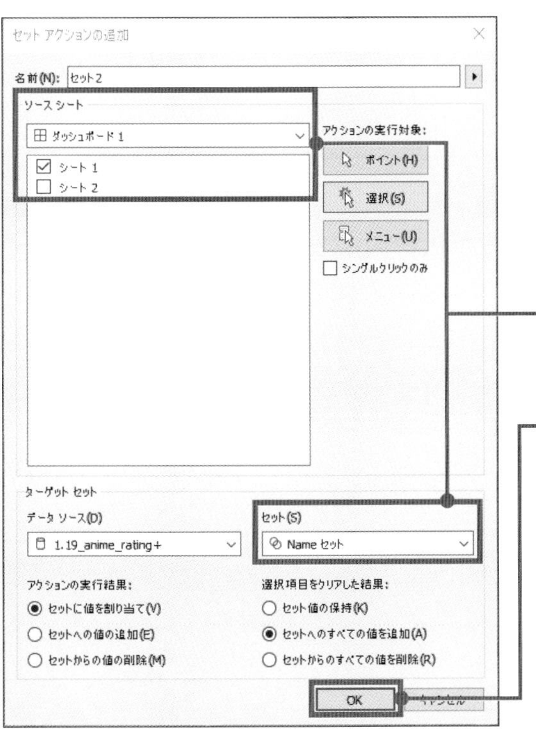

㉓続いて、フィルターするSet値が動的に変化するよう、セットアクションを設定します。ダッシュボードで、メニューバーから［ダッシュボード］>［アクション］をクリックします。

㉔［アクションを追加］>［セット値の変更］をクリックします。

㉕シート1で値を選択すると「Name セット」の値が動的に変化するよう、図のように設定します。

㉖［OK］をクリックして画面を閉じます。

㉗続けて、［OK］をクリックして画面を閉じます。これで、1つ目のシートで選択した作品名が2つ目のシートでは表示されなくなりました。

世界の電力普及率推移

¥Chap01¥1.20_access_to_electricity¥1.20_access_to_electricity_%_of_population.csv
¥Chap01¥1.20_access_to_electricity¥1.20_country.csv

Technique

- ✔データインタープリター
- ✔リレーションシップ
- ✔ピボット
- ✔マークカラーの一致

問題

データ加工の機能を使って、よくあるデータの形を、データ分析に適したデータの形に変換してから、ビジュアル分析を始めましょう。世界の電力普及率データ「1.20_access_to_electricity_%_of_population.csv」と、国と収入グループの対応データ「1.20_country.csv」を使って、Income Group（収入グループ）ごとに平均電力普及率の推移を表してみましょう。

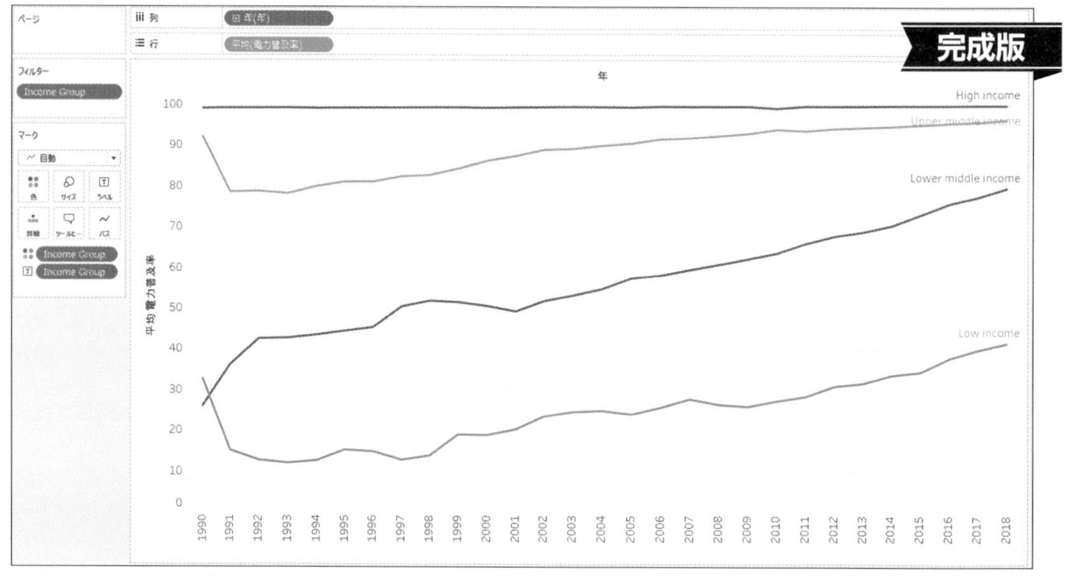

High incomeの電力普及率は、1990年からほぼ100%。Low incomeは、2018年でも40%を超える程度

解答

1. まず、「1.20_access_to_ electricity_%_of_population.csv」のデータを整えます。「1.20_Access to electricity (% of population).csv」に接続します。
2. 左側のペインで［データインタープリターの使用］にチェックを入れます。不要なタイトル行が削除されました。
3. 横に広がるデータの形を、縦に広がるデータの形に変換します。「1990」から「2018」まで、[Shift]キーですべて選択します。
4. 複数のフィールドが選択された状態で右クリック >［ピボット］をクリックします。
5. 「ピボットのフィールド名」を「年」に、「ピボットのフィールド値」を「電力普及率」に、名前を変更します。
6. 「年」のデータ型のアイコンをクリック >「日付」に変更します。

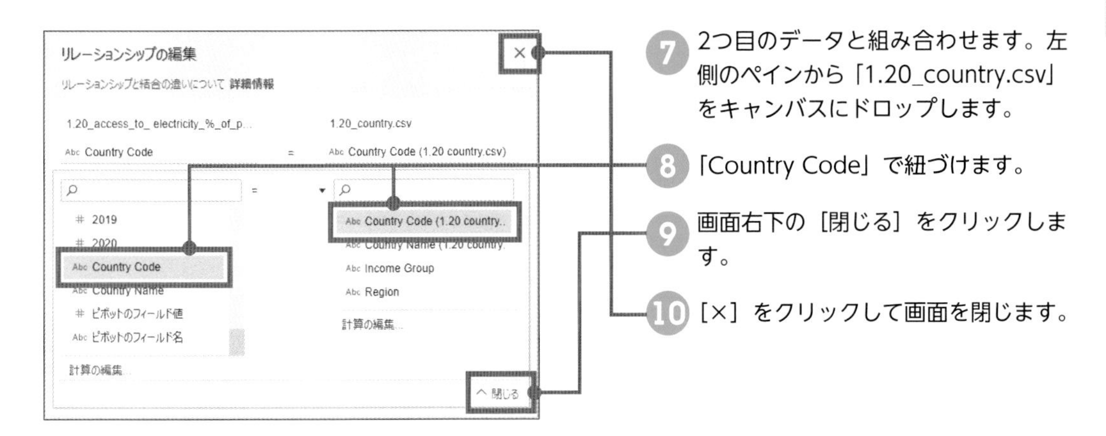

7. 2つ目のデータと組み合わせます。左側のペインから「1.20_country.csv」をキャンバスにドロップします。
8. 「Country Code」で紐づけます。
9. 画面右下の［閉じる］をクリックします。
10. ［×］をクリックして画面を閉じます。
11. シートに移動し、表を参考に折れ線グラフを作成します。

[列]	「年（年）」
[行]	「平均（電力普及率）」
[フィルター]	「Income Group」※「NULL」を除外
[マーク] カードの [色]	「Income Group」
[マーク] カードの [ラベル]	「Income Group」

12. ラベルがすべて表示されていない場合は、[マーク] カードの [ラベル] をクリックして、[オプション] にチェックを入れます。
13. ラベルと線の色を揃えます。[マーク] カードの [ラベル] をクリックし、[フォント] で「マークカラーの一致」をクリックします。

14 色の凡例の右上にあるドロップダウン矢印［▼］＞［カードの非表示］をクリックします。凡例と照らし合わせるよりも、ビュー上にラベルがあるほうが素早く把握できます。
ピボットしなくても近いビューは作成できますが、適切なデータの形に変換したほうがきれいに表示しやすくなります。

Point プレゼンテーションモード

ワークブックを他の人に見せるときは、プレゼンテーションモードにしましょう。ツールバーのプレゼンテーションモードボタン🖵をクリックします。また、プレゼンテーションモードのまま［Ctrl］＋［s］キーで保存すると、次にワークブックを開いたときにプレゼンテーションモードで表示されます。

Point フィールド値の確認

各フィールドにどのような値が含まれるのかを確認する際、フィールドをビューに表示する方法を使うと、値の種類やデータ量が多いと表示に時間がかかります。

そのような場合は、［データ］ペインの各フィールドを右クリック＞［説明］をクリックしてみましょう。開いた画面の下のほうに「ドメイン（フィールドの値）」が表示されます。すぐに表示されない場合は、［読み込み］をクリックします。

COLUMN

複数シートを組み合わせた表現

```
¥Chap01¥rainfall_tokyo(2000_2021).csv
¥Chap01¥radiation_temperature(2015_2020).csv
```

複数のグラフを組み合わせたシートを工夫して配置すると、多角的・複合的に把握できることがあります。具体例を見ていきましょう。

次の例は、東京都の日別雨量データから、雨量の傾向を表しています。2つの時間単位でハイライト表を作成し、その上部と右部にはそれぞれの大きさを表す棒グラフ、下部には時系列推移を表す折れ線グラフを配置しています。ハイライト表で2004年10月の雨量が多いこと、上の年別推移で2004年は特に雨量が多かったわけではないこと、右の月別推移で10月は雨量が最も多い月であることなどが、複合的に把握できます。同時に折れ線グラフで、2004年10月以外でも折れ線が上に突出している年月を確認できます。

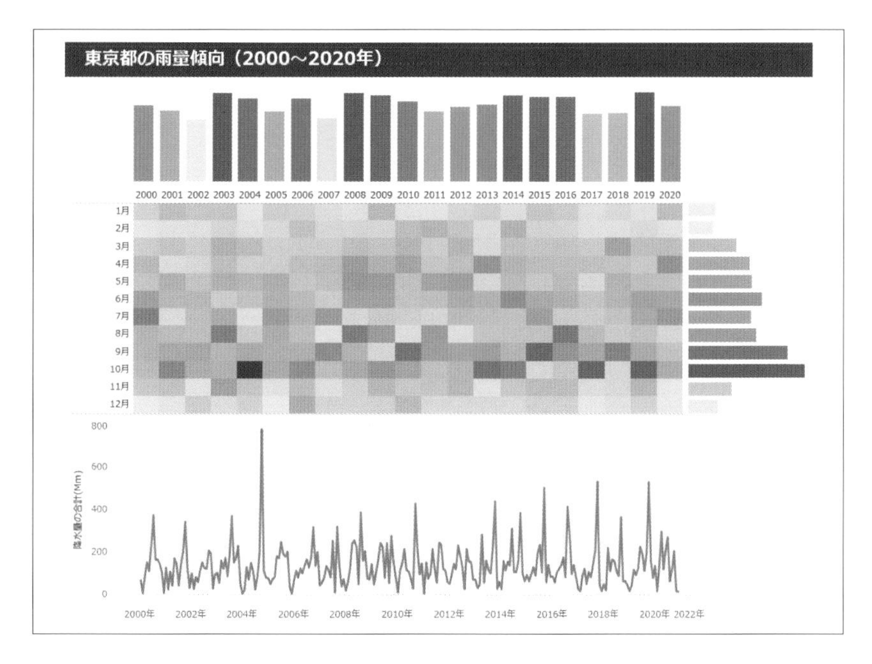

時系列の傾向は、さまざまな時間単位（年、月、曜日など）を切り口にして組み合わせると気づきや発見が得られやすいです。時間軸で数値の傾向を把握するには、時間の経過による増加・低下傾向、周期的な動き、極端に大きなまたは小さな値を可視化できるように表現しましょう。

この表現方法をベースに、グラフの種類を変更するだけでも表現を増やせます。次の2つの例は、東京都の気温と日射量の関係性を表しています。雨量の例では、日付フィールドと1つのメジャーが対象でしたが、次は2つのメジャーが対象になっています。

1つ目の例は、雨量の例にあったヒストグラムを、箱ヒゲ図に変更した表現です。ハイライト表は、それぞれのメジャーでビンを作成して組み合わせています。気温と日射量の組み合わせでどのあたりの日数が多いか分布を把握できます。

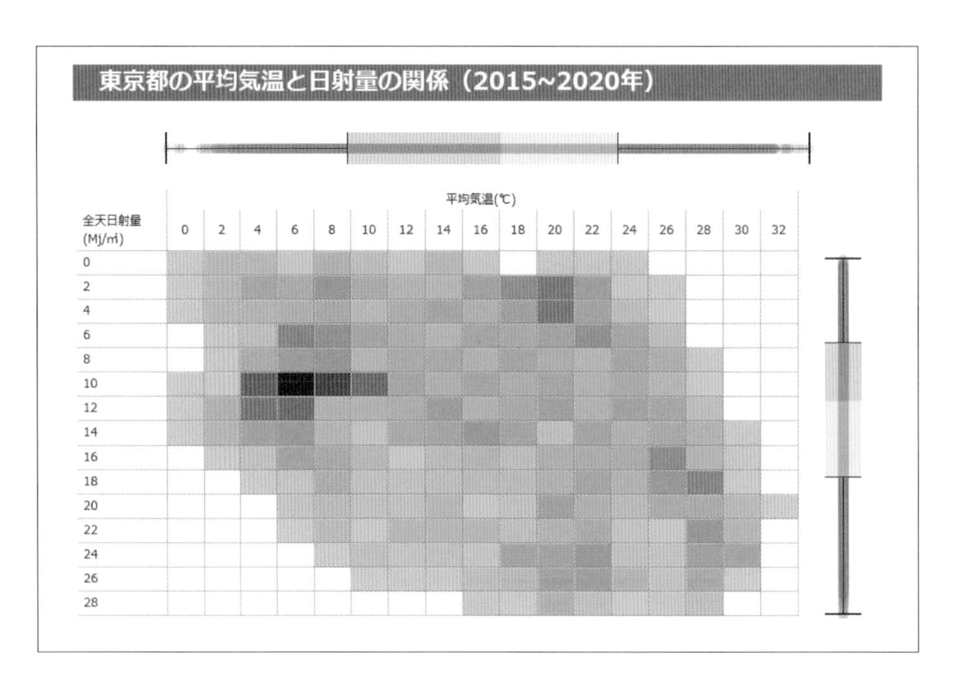

2つ目の例は、雨量の例にあった、ハイライト表を散布図にした表現です。この例の場合、月で色分けしているので、ハイライトアクションで月を目立たせて、月別の傾向把握に役立てることもできます。

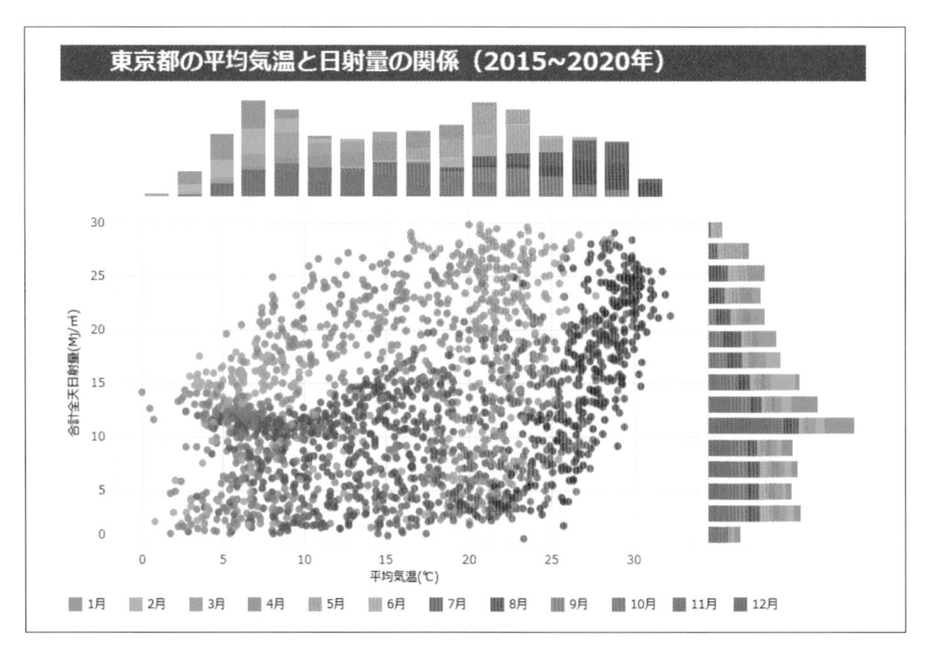

ダッシュボードでは、フィルターなどのアクションだけでなく、基本的なグラフの配置を工夫して同時に見せることでも、複数シートを組み合わせるビジュアル分析の効果を発揮できます。

テクニックで解決

問題の図を作成し（ダウンロードも可）、そのビジュアル表現に手を加えて、問題の文章を実現する表現に変更しましょう。問題の図にあるような枠組みは作成できても、表示や計算など、希望通りに表せないところもあるはずです。直面しやすいつまずきを解消するテクニックを習得し、円滑に作れる状態を目指します。

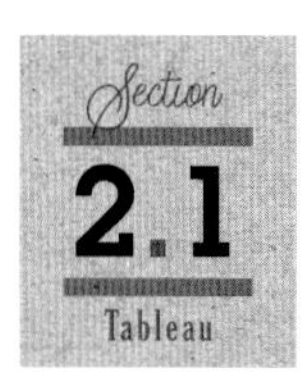

積み上げ棒グラフで各棒の値を表示

¥Chap02¥2.1_trade_prices_tokyo(2020).csv

Technique

✔リファレンスラインの活用

問題

棒グラフを構成するカテゴリの内訳を表示するために、カテゴリを色分けして積み上げ棒グラフで表すことがあります。まず、東京都の不動産取引データから、図のように種類で積み上げた、市区町村名ごとの取引数を表す棒グラフを作成しましょう。

そして、各棒の先に、市区町村名ごとの取引数を表示してみましょう。

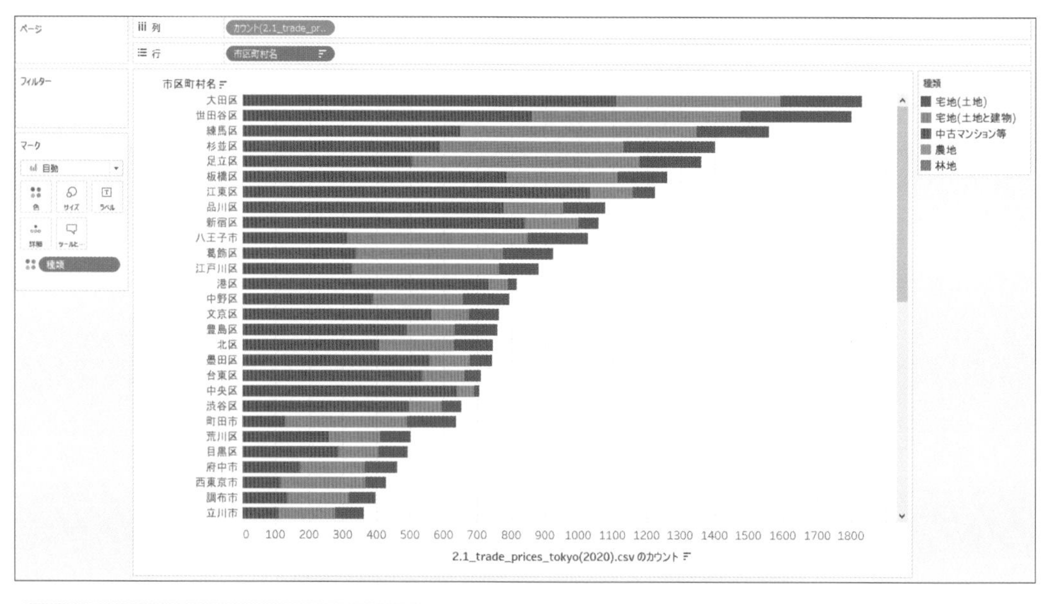

[列]	「カウント（2.1_trade_prices_tokyo(2020).csv)」
[行]	「市区町村名」
[マーク] カードの [色]	「種類」
その他	降順で並べ替え

解答

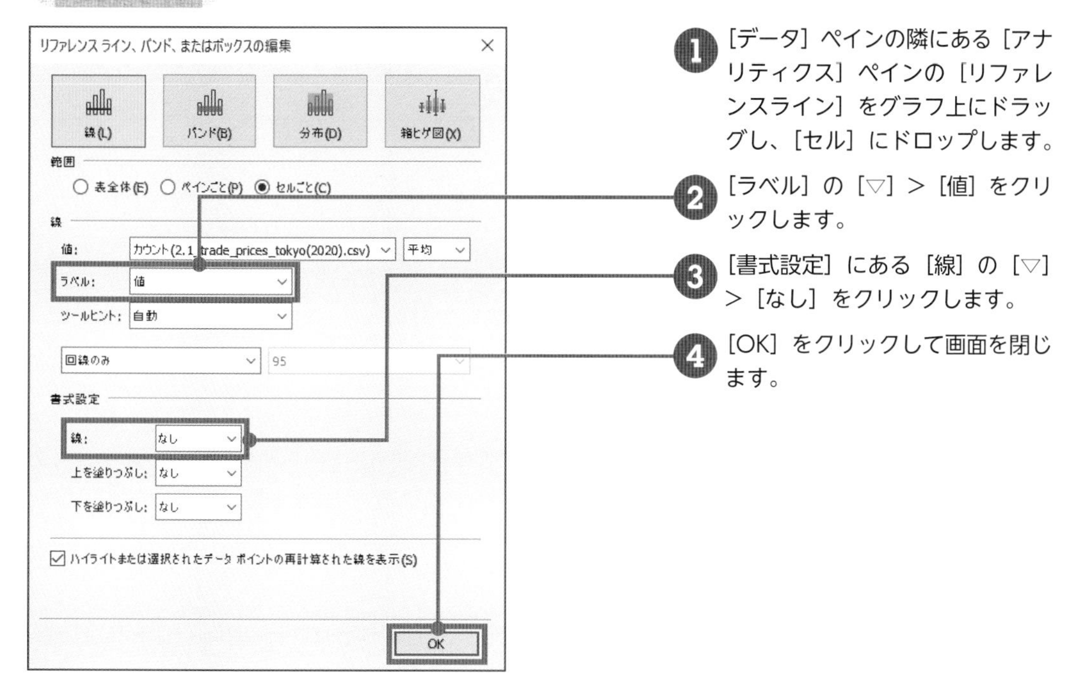

❶ [データ] ペインの隣にある [アナリティクス] ペインの [リファレンスライン] をグラフ上にドラッグし、[セル] にドロップします。

❷ [ラベル] の [▽] > [値] をクリックします。

❸ [書式設定] にある [線] の [▽] > [なし] をクリックします。

❹ [OK] をクリックして画面を閉じます。

❺ ビュー上でリファレンスラインの近くをクリック > [書式設定] をクリックします。

❻ [リファレンスラインの書式設定] ペインで、[配置] から [水平方向] は [右]、[垂直方向] は [中] をクリックします。

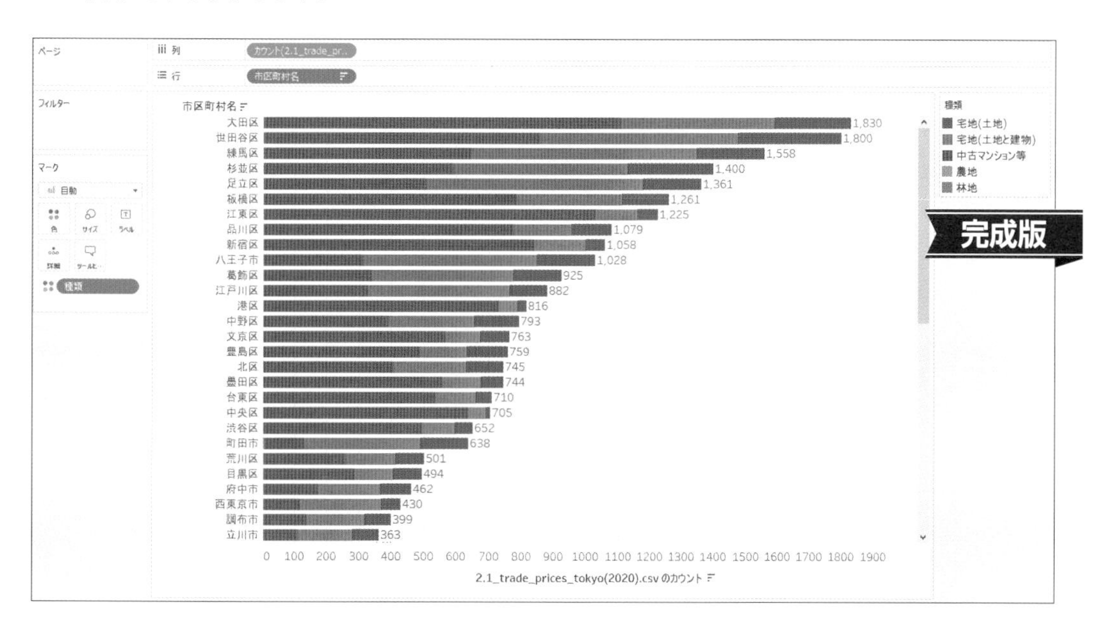

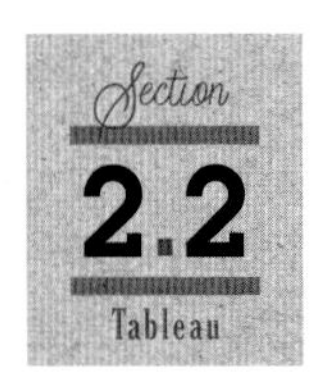

折れ線グラフでマークを強調

¥Chap02¥2.2_pcr_positive_daily.csv

Technique

- ✔マーカーの変更
- ✔2つ目の軸にドロップして二重軸
- ✔軸の同期
- ✔連続と不連続

問題

折れ線グラフでは、線で推移を表しつつ、線と線を結ぶ各マークの点を目立たせたいことがあります。まず、日本のCOVID-19の日別陽性者数データから、図のように週単位のPcr 検査陽性者数（単日）を表す折れ線グラフを作成しましょう。

そして、各マークを強調して表現してみましょう。

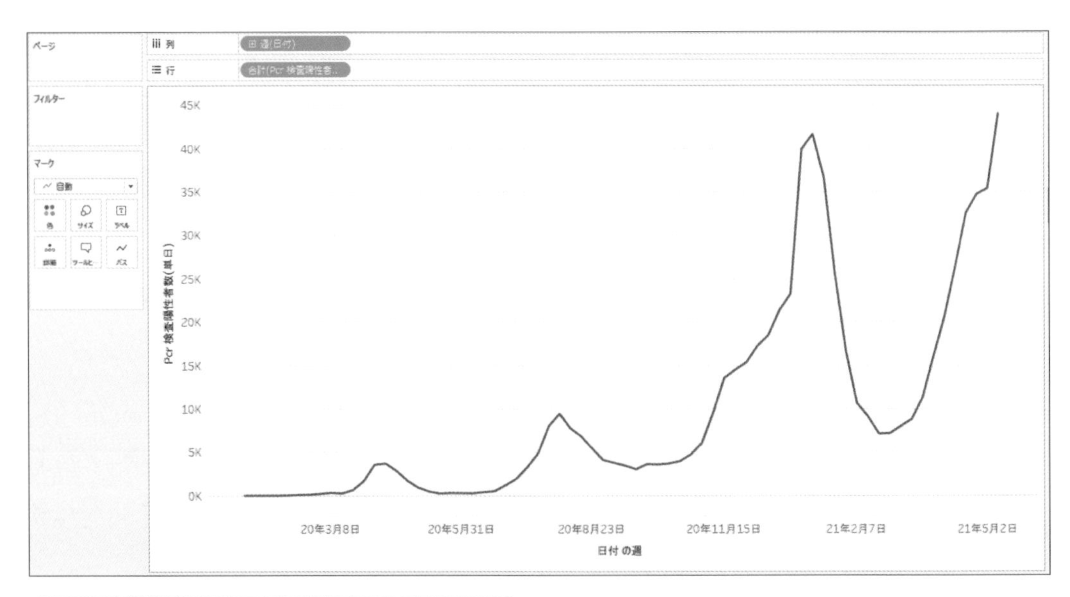

[列]	「週（日付）」
[行]	「合計（Pcr 検査陽性者数(単日)）」

解答

方法1は、マークが目立ちにくいですが、作成が容易です。それに対して方法2は、マークの大きさを自由に変更でき、マークを円以外の形状にすることもできます。また、ある値以上であれば色が変わるような視覚効果も加えられます。

方法1：マーカー

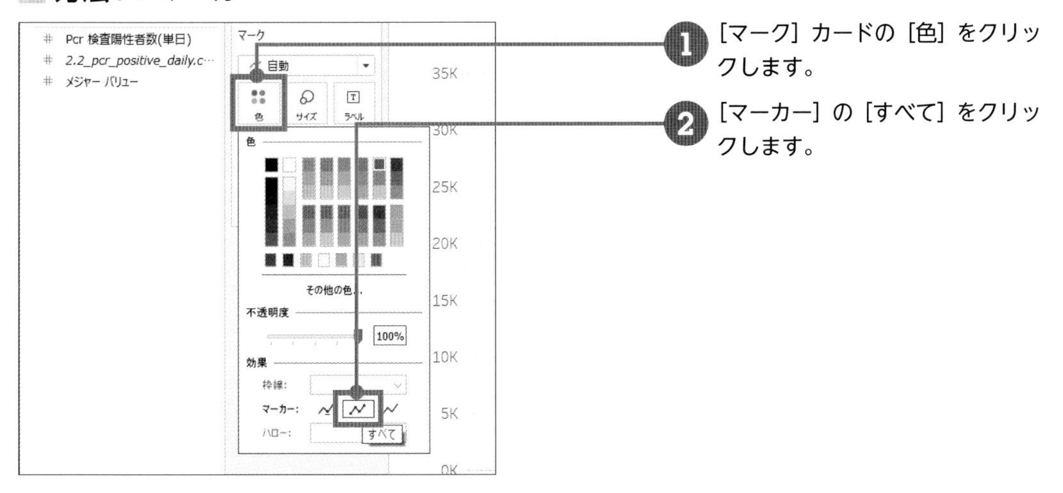

1. ［マーク］カードの［色］をクリックします。
2. ［マーカー］の［すべて］をクリックします。

方法2：二重軸

マーカーをより大きく表示したい場合は、こちらの方法を採用します。

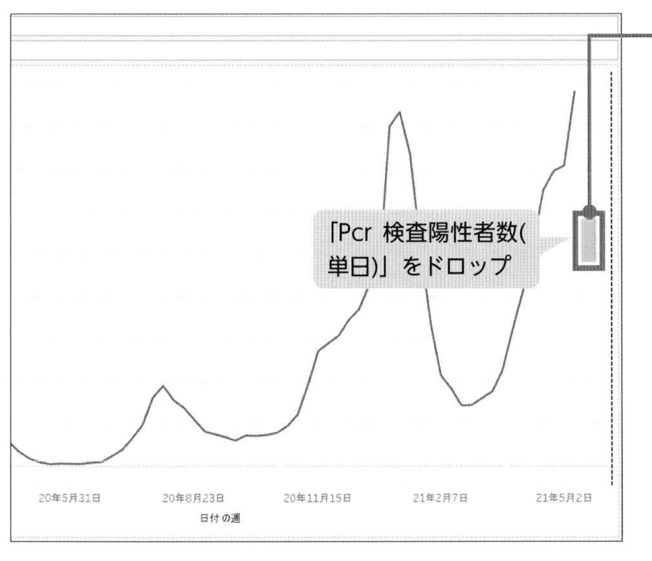

1. ［データ］ペインから「Pcr 検査陽性者数(単日)」をビューの右側にドロップして二重軸にします。
2. ［マーク］カードの下側にある「合計（Pcr 検査陽性者数(単日))」で、マークタイプを［円］にします。
3. 右の軸を右クリック ＞［軸の同期］をクリックします。
4. 右の軸を右クリック ＞［ヘッダーの表示］をクリックして非表示にします。

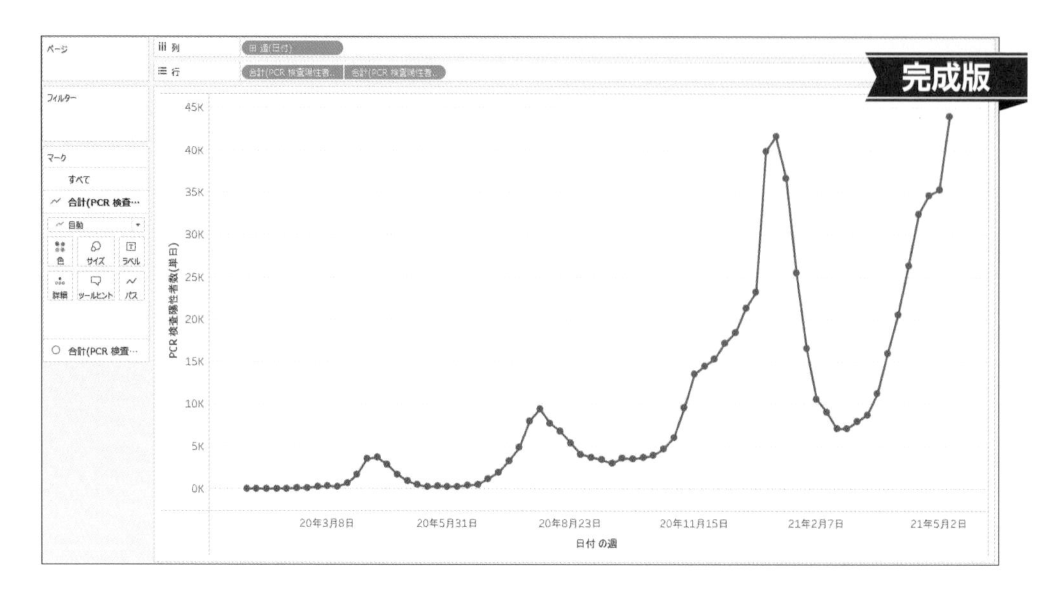

Point 折れ線グラフの表現のバリエーション

同様のテクニックを使って、問題の図を基に次の2つの表現も作成してみましょう。

(A)は1つのメジャーの時間変化をシンプルに表すときにニーズがあります。すべて濃い色で塗りつぶすと強いインパクトがあるので、色は薄くしながらも境界線をはっきりと見せられます。(B)はモアレ効果(規則的な複数の模様が並ぶと、視覚的に縞模様が発生する干渉縞)や高い棒が並んでビューが埋まるのを避ける効果があり、グラフに変化を与えて見る人に興味をもってもらうことを狙って使うこともあります。

(A)エリアチャートで境目の強調

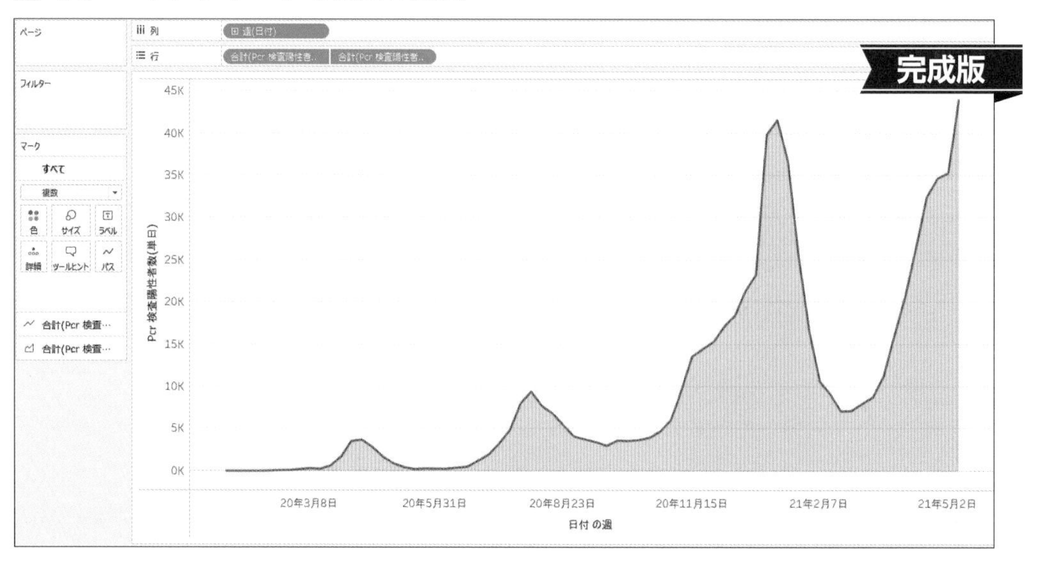

1. 二重軸にします。［データ］ペインから「Pcr 検査陽性者数(単日)」をビューの右側にドロップします。
2. ［マーク］カードの下側にある「合計（Pcr 検査陽性者数(単日)）」で、マークタイプを［エリア］にします。
3. 右の軸を右クリック ＞［軸の同期］をクリックします。
4. 右の軸を右クリック ＞［ヘッダーの表示］をクリックして非表示にします。
5. ［マーク］カードの［色］をクリックして色を変更し、色の不透明度を下げます。

(B) 棒グラフで先端の強調

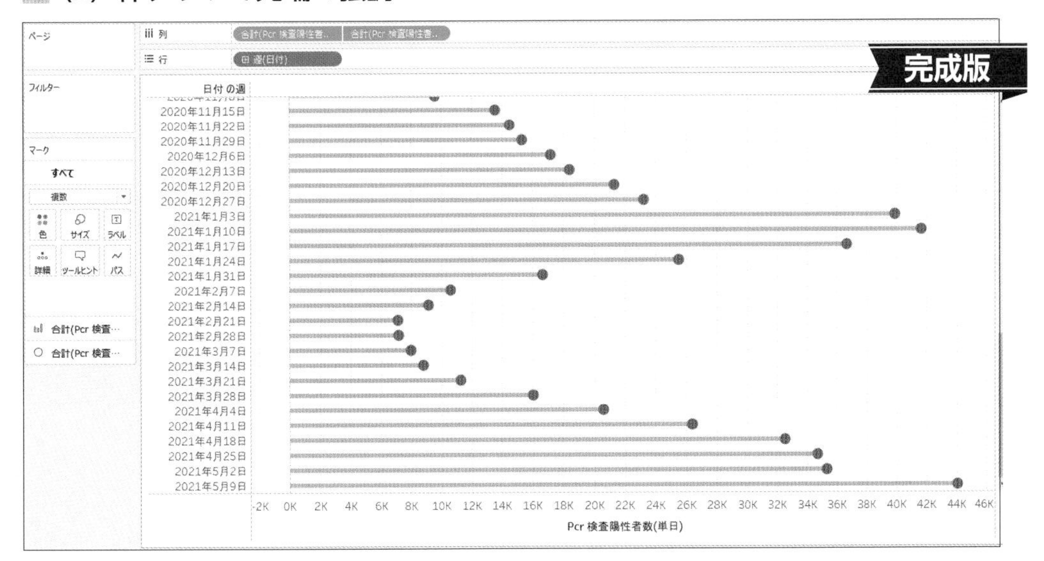

1. ［列］の「週（日付）」を右クリック ＞［不連続］をクリックします。
2. ［マーク］カードのマークタイプを［棒］にします。
3. ツールバーで、行と列の交換のボタンをクリックします。
4. ［データ］ペインから「Pcr 検査陽性者数(単日)」をビューの上側にドロップして二重軸にします。
5. ［マーク］カードの下側にある「合計（Pcr 検査陽性者数(単日)）」で、マークタイプを［円］にします。
6. 上の軸を右クリック ＞［軸の同期］をクリックします。
7. 上の軸を右クリック ＞［ヘッダーの表示］をクリックして非表示にします。
8. ［マーク］カードの［サイズ］や［色］をクリックして、サイズと色を調整します。

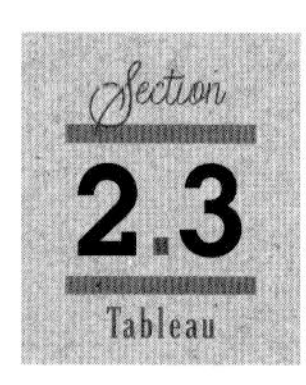

スケールの異なるメジャーを並べた折れ線グラフ

¥Chap02¥2.3_sp500_historical_quotes(2010_2020).csv

Technique

- ✔独立した軸範囲
- ✔最小値・最大値のみラベル

問題

グラフをディメンションの値で分割して並べるときに、見やすく表示する選択肢を増やしましょう。まず、アメリカの代表的な500社の株価データから、図のように、月ごとの平均Close（株価）をGAFAの4社で並べて、折れ線グラフを作成しましょう。

このとき、相対的に低い株価のグラフでも変化が読み取れるように値に合わせて軸を表示し、ラベルには最小値と最大値のみ表示させてみましょう。

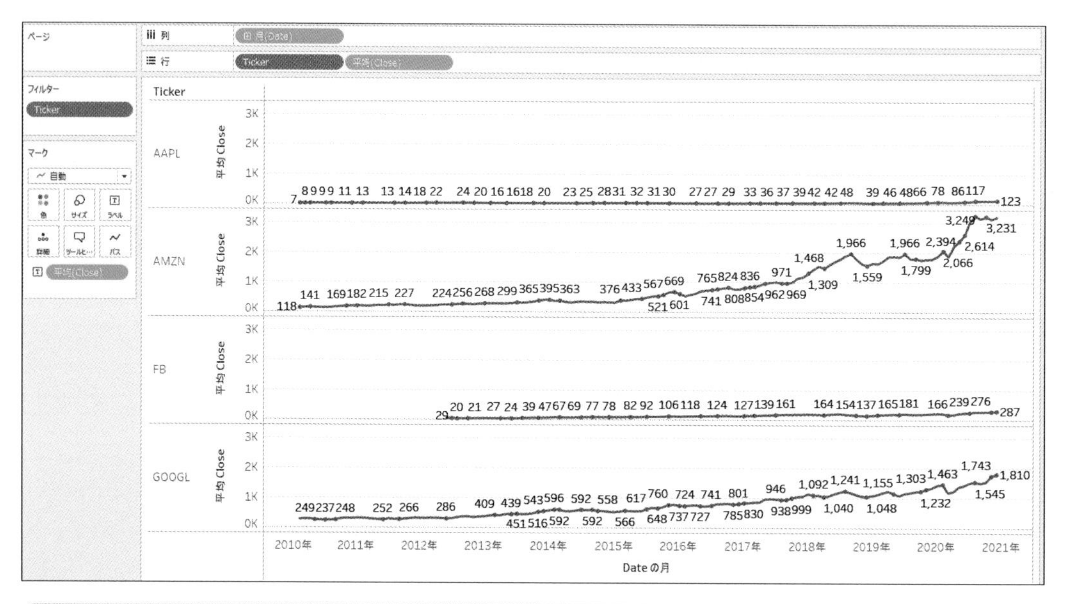

[フィルター]	「Ticker」※「AAPL」、「AMZN」、「FB」、「GOOGL」を選択	
[列]	「月（Date）」	
[行]	「Ticker」	「平均（Close）」
[マーク] カードの [ラベル]	「平均（Close）」	

解答

❶ 縦軸を右クリック ＞［軸の編集］をクリックします。

❷［範囲］の［各行または列の独立した軸範囲］をクリックし、［×］ボタンをクリックして画面を閉じます。

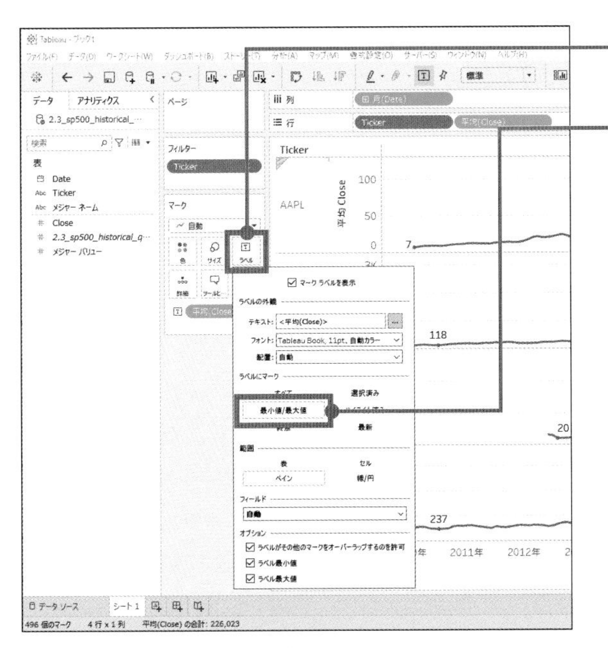

❸［マーク］カードの［ラベル］をクリックします。

❹［ラベルにマーク］の［最小値/最大値］をクリックします。すべてのマークを表示させるのではなく、特徴的なマークのみを表示させると見やすくなります。

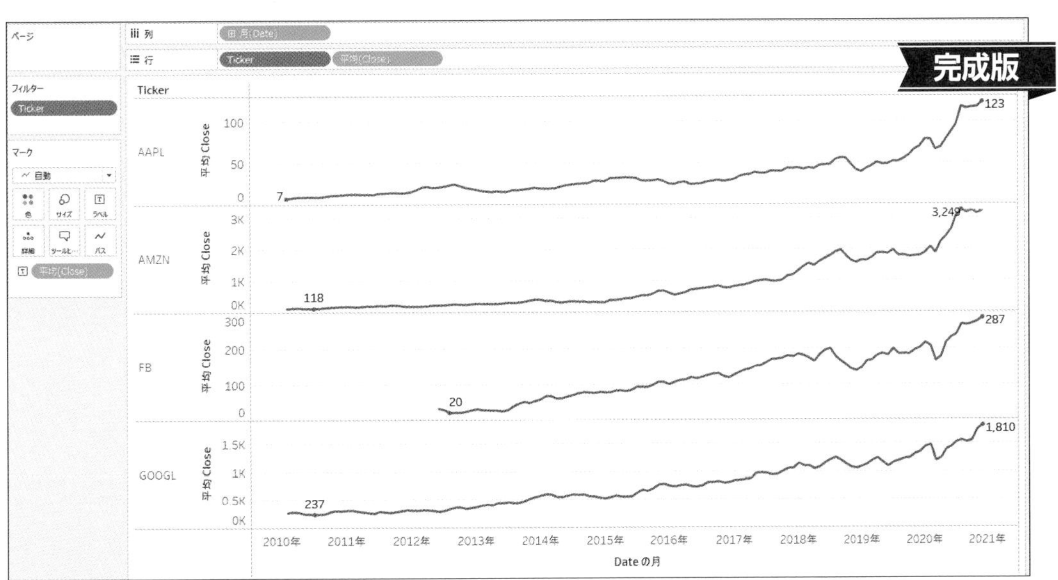

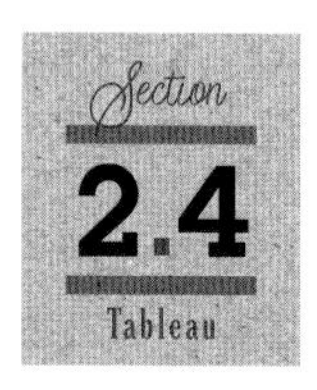

メジャーネームと指定の小計を表示したクロス集計

¥Chap02¥2.4_hittakuri_tokyo(2019).csv

Technique

- ✔値の並べ替え
- ✔小計の指定
- ✔メジャーネームとメジャーバリュー

問題

クロス集計表では合計を表示したり、ヘッダーを整えたりしたいことがあります。まず、2019年に発生した東京都のひったくりのデータから、図のように被害者の性別、年齢、現金被害の有無と、その件数をクロス集計で表しましょう。

そして、性別ごとの合計件数を表示し、年齢が低い順に並べ替え、件数に「件数」というヘッダーを表示してみましょう。

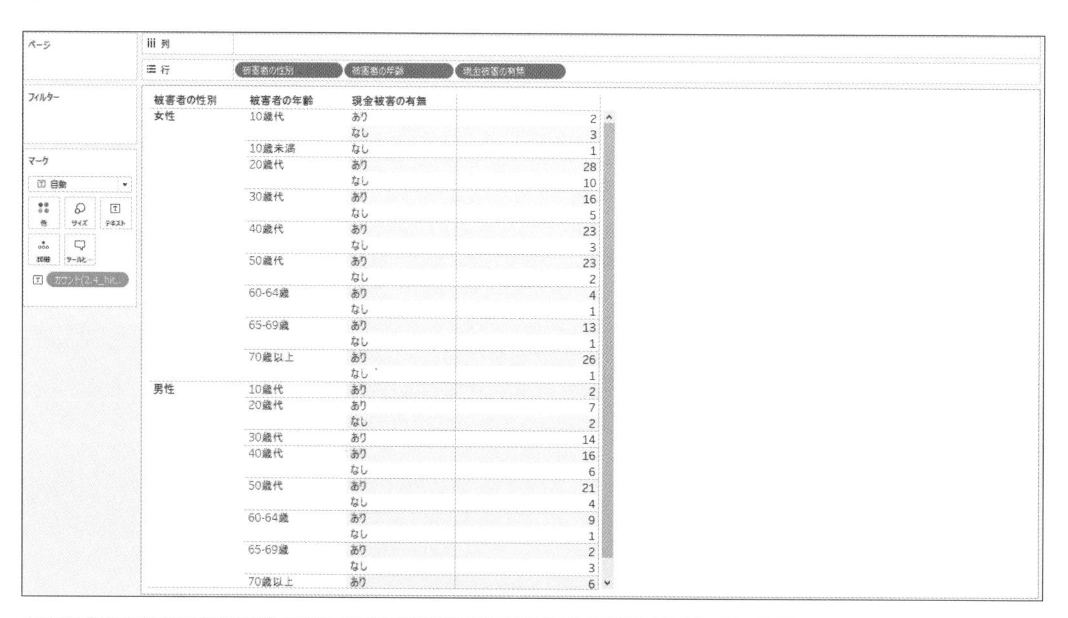

被害者の性別	被害者の年齢	現金被害の有無	
女性	10歳代	あり	2
		なし	3
	10歳未満	なし	1
	20歳代	あり	28
		なし	10
	30歳代	あり	16
		なし	5
	40歳代	あり	23
		なし	3
	50歳代	あり	23
		なし	2
	60-64歳	あり	4
		なし	1
	65-69歳	あり	13
		なし	1
	70歳以上	あり	26
		なし	1
男性	10歳代	あり	2
	20歳代	あり	7
		なし	2
	30歳代	あり	14
	40歳代	あり	16
		なし	6
	50歳代	あり	21
		なし	4
	60-64歳	あり	9
		なし	1
	65-69歳	あり	2
		なし	3
	70歳以上	あり	6

[行]	「被害者の性別」、「被害者の年齢」、「現金被害の有無」
[マーク] カードの [テキスト]	「カウント(2.4_hittakuri_tokyo(2019))」

解答

❶ 年齢を表示する順番を変更します。ビューのヘッダー上で、「10歳未満」を「10歳代」の上にドラッグして並べ替えます。

❷ 性別ごとの合計件数を表示します。［アナリティクス］ペインの［合計］をグラフ上にドラッグし、［小計］にドロップします。

❸ 「被害者の年齢」ごとの小計は非表示にします。［行］の「被害者年齢」を右クリック ＞［小計］をクリックして、非表示にします。

❹ ［データ］ペインの［メジャーバリュー］をダブルクリックします。メジャーネームとメジャーバリューで数値を表すようになり、ヘッダーが表示されます。

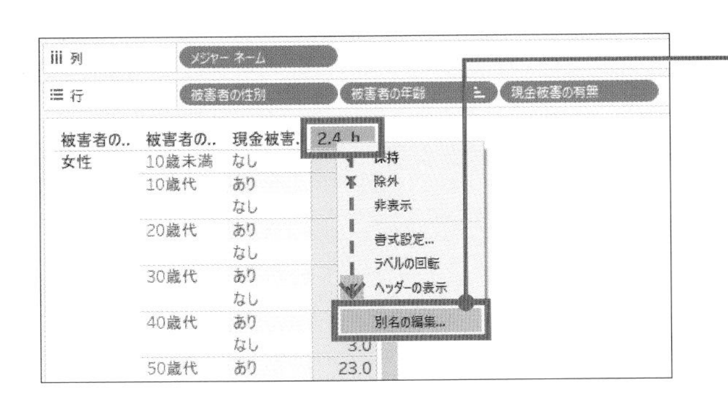

❺ 表示されたヘッダーを右クリック ＞［別名の編集］をクリックします。

❻ 「件数」と入力し、［OK］をクリックして画面を閉じます。

❼ ［マーク］カードの［テキスト］にある「メジャーバリュー」を右クリック ＞［書式設定］をクリックします。

❽ ［既定］から［数値］＞［数値（標準）］をクリックします。

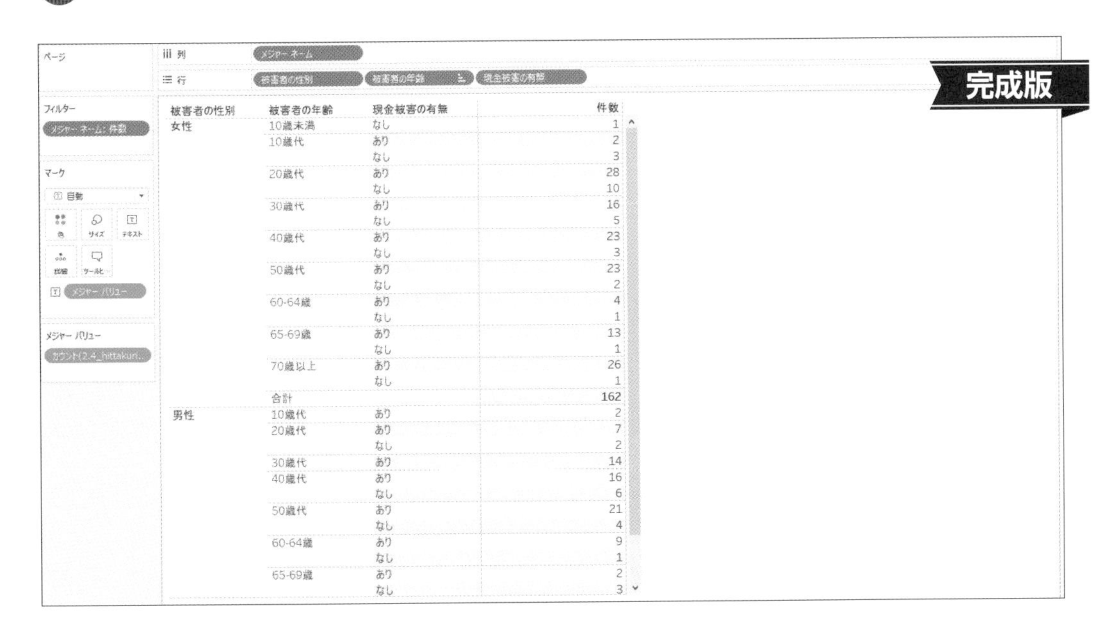

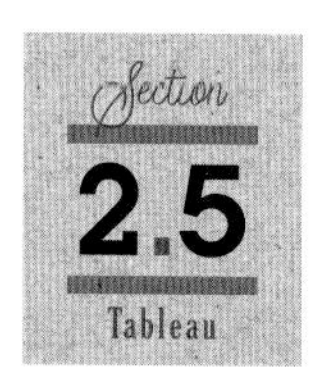

指定の3段階で色分けしたハイライト表

¥Chap02¥2.5_access_to_electricity_%_of_population_region.csv

Technique

- ✔連続と不連続
- ✔ハイライト表の作成
- ✔計算式
- ✔軸範囲の固定

問題

クロス集計に色を使うと、値をより直感的に把握できるようになります。まず、世界の電力普及率のデータから、図のように、Region（地域）ごとに平均Access to Electricity (% of population)（電力普及率）の年推移表を作成しましょう。そして、次の3つの色分けをしてみましょう。

(A) 3段階に背景で色分け

(B) 90%以上、70%以上90%未満、70%未満の3段階に文字で色分け

(C) 90%以上、70%以上90%未満、70%未満の3段階に背景で色分け

ページ / フィルター / マーク

iii 列: Region

☰ 行: Year

	Region						
Year	East Asia & Pacific	Europe & Central As..	Latin America & Cari..	Middle East & North..	North America	South Asia	Sub-Saharan Africa
1990	99.98	100.00	92.31	99.64	100.00		27.66
1991	94.43	100.00	87.22	99.75	100.00	14.29	22.09
1992	95.94	100.00	87.35	90.38	100.00	11.97	17.36
1993	88.91	100.00	86.64	90.84	100.00	32.72	17.58
1994	84.41	100.00	87.45	90.80	100.00	33.32	21.16
1995	84.67	100.00	85.06	90.96	100.00	35.12	21.99
1996	81.71	99.96	86.07	89.52	100.00	30.81	23.38
1997	82.10	99.95	86.42	89.85	100.00	30.88	22.21
1998	80.00	99.95	86.66	90.44	100.00	43.42	23.04
1999	76.96	99.78	87.68	90.76	100.00	46.08	23.90
2000	76.91	99.88	88.09	91.55	100.00	50.69	27.29
2001	76.16	99.89	88.99	92.16	100.00	53.90	28.11
2002	76.53	99.86	89.46	91.66	100.00	59.87	29.42
2003	77.23	99.92	89.86	92.53	100.00	59.82	30.61
2004	78.57	99.88	90.35	92.74	100.00	61.55	31.25
2005	79.58	99.86	90.59	93.11	100.00	60.01	31.93
2006	79.98	99.88	91.57	94.41	100.00	62.42	33.15
2007	81.07	99.90	92.18	93.42	100.00	65.04	34.94
2008	82.31	99.89	92.81	93.54	100.00	67.32	34.32
2009	81.52	99.91	93.07	93.81	100.00	70.31	34.04
2010	82.21	99.90	92.81	94.70	100.00	71.37	35.76
2011	84.09	99.91	94.17	94.64	100.00	72.15	37.99
2012	85.33	99.97	94.65	94.60	100.00	79.44	39.22
2013	85.75	99.95	95.19	94.87	100.00	79.67	40.22
2014	87.14	99.93	95.56	94.14	100.00	84.37	41.75
2015	88.91	99.88	96.01	94.75	100.00	84.81	43.37

[列]	「Region」
[行]	「Year」※［データ］ペインで右クリック＞［不連続に変換］にしておく
[マーク] カードの［テキスト］	「平均（Access to Electricity (% of population))」

解答

(A) 3段階に背景で色分け

1 表を参考にビューに追加します。

[マーク] カードの [色]	「平均 (Access to Electricity (% of population))」
[マーク] タイプ	「四角」

2 [マーク] カードの [色] > [色の編集] をクリックして、パレットを [赤 - 緑 - 金の分化] に変更し、[ステップドカラー] にチェックを入れて「3」ステップにします。

3 [OK] をクリックして画面を閉じます。

4 [マーク] カードの [色] をクリックし、不透明度を下げ、枠線をつけます。

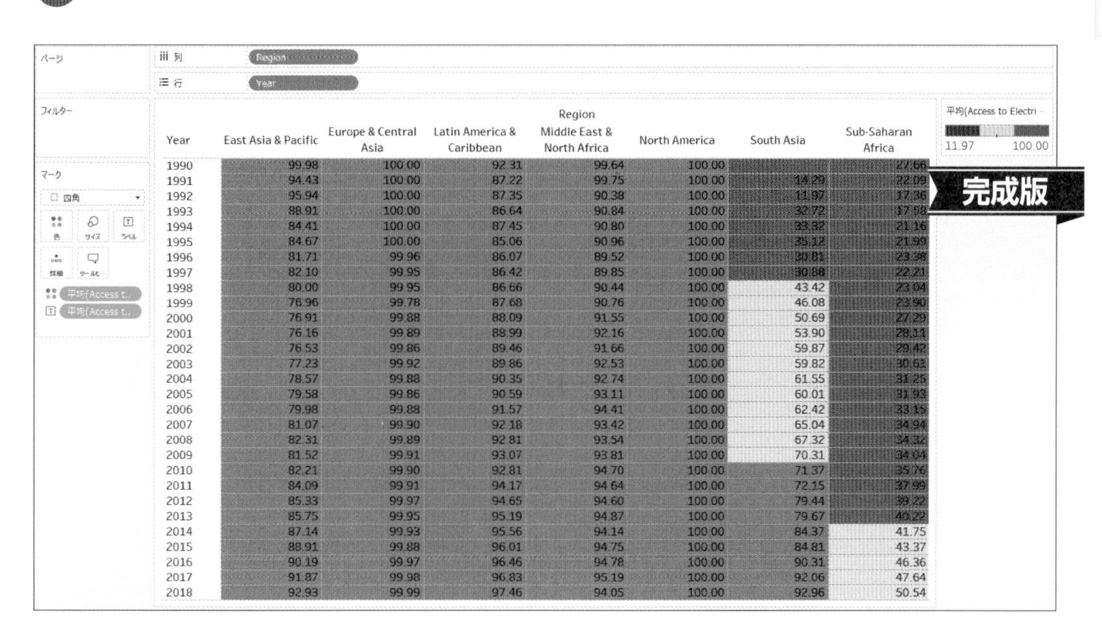

Year	East Asia & Pacific	Europe & Central Asia	Latin America & Caribbean	Middle East & North Africa	North America	South Asia	Sub-Saharan Africa
1990	99.98	100.00	92.31	99.64	100.00		27.66
1991	94.43	100.00	87.22	99.75	100.00	14.29	22.09
1992	95.94	100.00	87.35	90.38	100.00	11.97	17.36
1993	88.91	100.00	86.64	90.84	100.00	32.72	17.58
1994	84.41	100.00	87.45	90.80	100.00	33.32	21.16
1995	84.67	100.00	85.06	90.96	100.00	35.12	21.99
1996	81.71	99.96	86.07	89.52	100.00	30.81	23.38
1997	82.10	99.95	86.42	89.85	100.00	30.88	22.21
1998	80.00	99.95	86.66	90.44	100.00	43.42	23.04
1999	76.96	99.78	87.68	90.76	100.00	46.08	23.90
2000	76.91	99.88	88.09	91.55	100.00	50.69	27.29
2001	76.16	99.89	88.99	92.16	100.00	53.90	28.11
2002	76.53	99.86	89.46	91.66	100.00	59.87	29.42
2003	77.23	99.92	89.86	92.53	100.00	59.82	30.61
2004	78.57	99.88	90.35	92.74	100.00	61.55	31.25
2005	79.58	99.86	90.59	93.11	100.00	60.01	31.93
2006	79.98	99.88	91.57	94.41	100.00	62.42	33.15
2007	81.07	99.90	92.18	93.42	100.00	65.04	34.94
2008	82.31	99.89	92.81	93.54	100.00	67.32	34.32
2009	81.52	99.91	93.07	93.81	100.00	70.31	34.04
2010	82.21	99.90	92.81	94.70	100.00	71.37	35.76
2011	84.09	99.91	94.17	94.64	100.00	72.15	37.99
2012	85.33	99.97	94.65	94.60	100.00	79.44	39.22
2013	85.75	99.95	95.19	94.87	100.00	79.67	40.22
2014	87.14	99.93	95.56	94.14	100.00	84.37	41.75
2015	88.91	99.88	96.01	94.75	100.00	84.81	43.37
2016	90.19	99.97	96.46	94.78	100.00	90.31	46.36
2017	91.87	99.98	96.83	95.19	100.00	92.06	47.64
2018	92.93	99.99	97.46	94.05	100.00	92.96	50.54

(B) 90%以上、70%以上90%未満、70%未満の3段階に文字で色分け

1 メニューバーから [分析] > [計算フィールドの作成] をクリックします。

2 新しい計算フィールド「3段階評価」を作成し、図のように式を組み立てます。

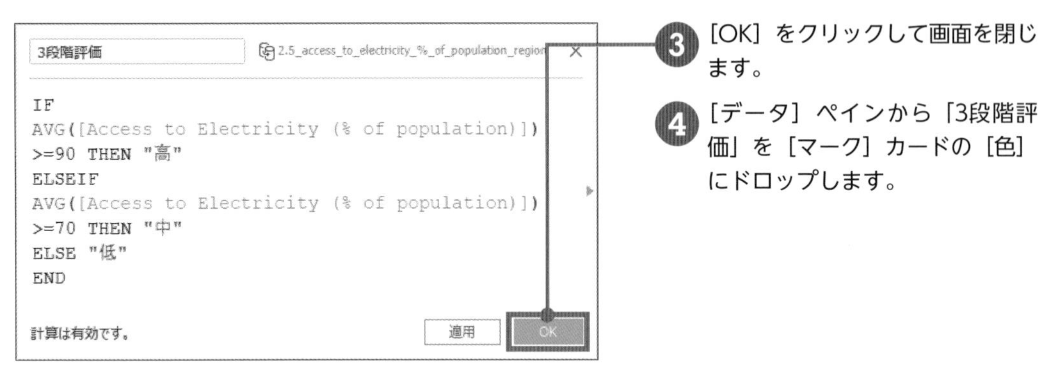

❸ [OK] をクリックして画面を閉じます。

❹ [データ] ペインから「3段階評価」を [マーク] カードの [色] にドロップします。

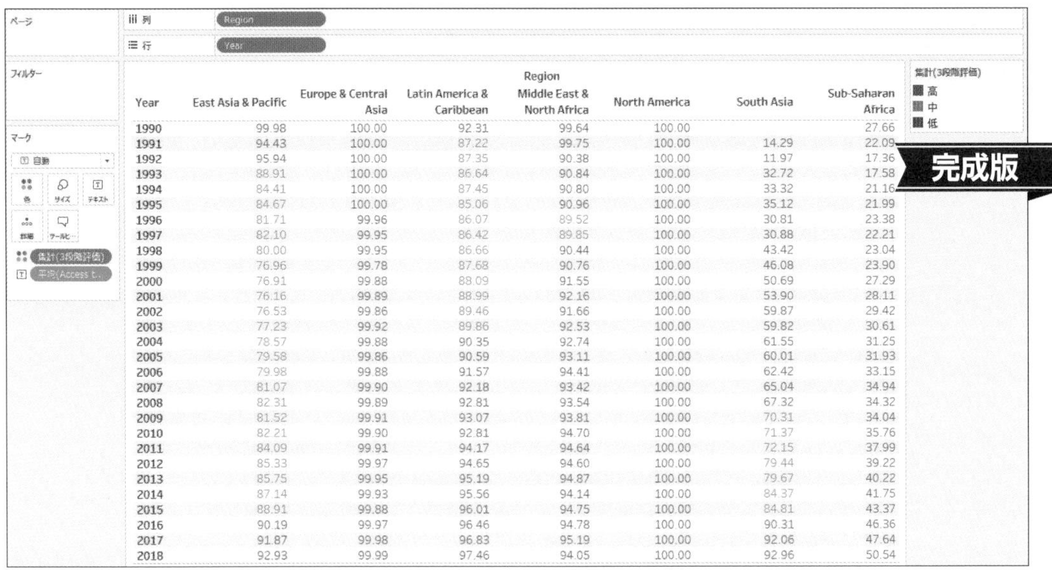

Year	East Asia & Pacific	Europe & Central Asia	Latin America & Caribbean	Middle East & North Africa	North America	South Asia	Sub-Saharan Africa
1990	99.98	100.00	92.31	99.64	100.00		27.66
1991	94.43	100.00	87.22	99.75	100.00	14.29	22.09
1992	95.94	100.00	87.35	90.38	100.00	11.97	17.36
1993	88.91	100.00	86.64	90.84	100.00	32.72	17.58
1994	84.41	100.00	87.45	90.80	100.00	33.32	21.16
1995	84.67	100.00	85.06	90.96	100.00	35.12	21.99
1996	81.71	99.96	86.07	89.52	100.00	30.81	23.38
1997	82.10	99.95	86.42	89.85	100.00	30.88	22.21
1998	80.00	99.95	86.66	90.44	100.00	43.42	23.04
1999	76.96	99.78	87.68	90.76	100.00	46.08	23.90
2000	76.91	99.88	88.09	91.55	100.00	50.69	27.29
2001	76.16	99.89	88.99	92.16	100.00	53.90	28.11
2002	76.53	99.86	89.46	91.66	100.00	59.87	29.42
2003	77.23	99.92	89.86	92.53	100.00	59.82	30.61
2004	78.57	99.88	90.35	92.74	100.00	61.55	31.25
2005	79.58	99.86	90.59	93.11	100.00	60.01	31.93
2006	79.98	99.88	91.57	94.41	100.00	62.42	33.15
2007	81.07	99.90	92.18	93.42	100.00	65.04	34.94
2008	82.31	99.89	92.81	93.54	100.00	67.32	34.32
2009	81.52	99.91	93.07	93.81	100.00	70.31	34.04
2010	82.21	99.90	92.81	94.70	100.00	71.37	35.76
2011	84.09	99.91	94.17	94.64	100.00	72.15	37.99
2012	85.33	99.97	94.65	94.60	100.00	79.44	39.22
2013	85.75	99.95	95.19	94.87	100.00	79.67	40.22
2014	87.14	99.93	95.56	94.14	100.00	84.37	41.75
2015	88.91	99.88	96.01	94.75	100.00	84.81	43.37
2016	90.19	99.97	96.46	94.78	100.00	90.31	46.36
2017	91.87	99.98	96.83	95.19	100.00	92.06	47.64
2018	92.93	99.99	97.46	94.05	100.00	92.96	50.54

(C) 90%以上、70%以上90%未満、70%未満の3段階に背景で色分け

(B) の続きから操作します。マークタイプを [四角] にしても背景で色分けできないので、全面に広げた棒グラフにラベルをつけます。

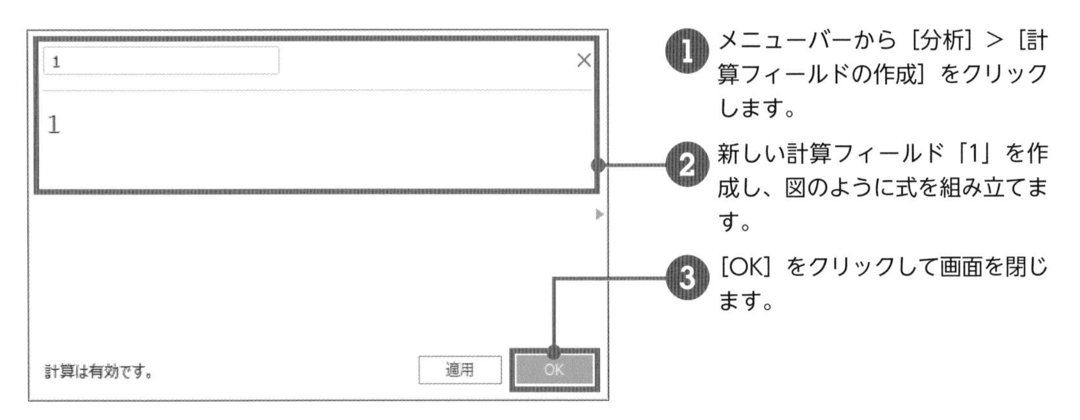

❶ メニューバーから [分析] > [計算フィールドの作成] をクリックします。

❷ 新しい計算フィールド「1」を作成し、図のように式を組み立てます。

❸ [OK] をクリックして画面を閉じます。

4 クロス集計の背景を色分けします。[データ] ペインから「1」を右クリックしながら、[列] にドロップします。

5 「最小値（1)」をクリックし、[OK] をクリックして画面を閉じます。

6 下の横軸を右クリック > [軸の編集] をクリックします。

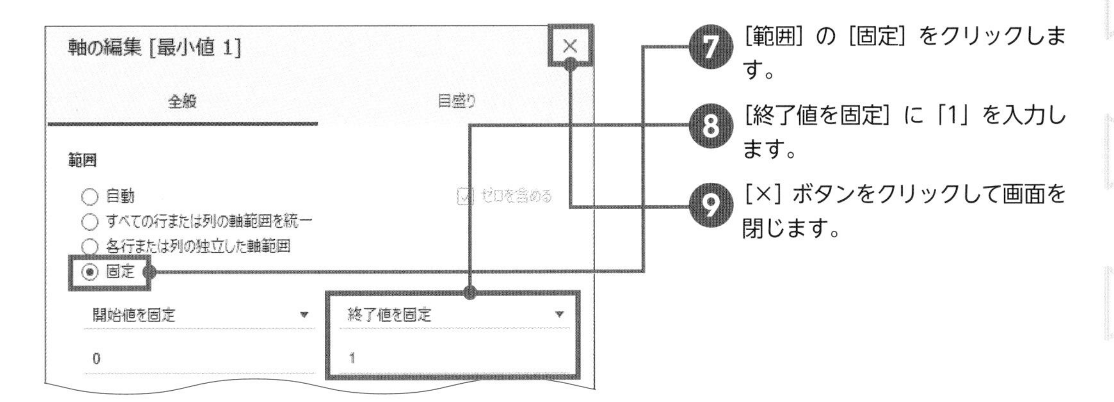

7 [範囲] の [固定] をクリックします。

8 [終了値を固定] に「1」を入力します。

9 [×] ボタンをクリックして画面を閉じます。

10 下の横軸を右クリック > [ヘッダーの表示] をクリックして非表示にします。

11 [マーク] カードの [ラベル] をクリックして、画面下の [オプション] にチェックを入れ、[配置] をクリックして、[水平方向] を [中央] にします。

12 [マーク] カードの [色] をクリックして、不透明度を下げ、枠線に色をつけます。

13 [マーク] カードの [サイズ] をクリックして、サイズを上げます。

完成版

ページ　列 Region 最小値(1)　行 Year

フィルター　マーク　自動

集計(3段階評価)：高 中 低

Year	East Asia & Pacific	Europe & Central Asia	Latin America & Caribbean	Middle East & North Africa	North America	South Asia	Sub-Saharan Africa
1990	99.98	100.00	92.31	99.64	100.00		27.66
1991	94.43	100.00	87.22	99.75	100.00	14.29	22.09
1992	95.94	100.00	87.35	90.38	100.00	11.97	17.36
1993	88.91	100.00	86.64	90.84	100.00	32.72	17.58
1994	84.41	100.00	87.45	90.80	100.00	33.32	21.16
1995	84.67	100.00	85.06	90.96	100.00	35.12	21.99
1996	81.71	99.96	86.07	89.52	100.00	30.81	23.38
1997	82.10	99.95	86.42	89.85	100.00	30.88	22.21
1998	80.00	99.95	86.66	90.44	100.00	43.42	23.04
1999	76.96	99.78	87.68	90.76	100.00	46.08	23.90
2000	76.91	99.88	88.09	91.55	100.00	50.69	27.29
2001	76.16	99.89	88.99	92.16	100.00	53.90	28.11
2002	76.53	99.86	89.46	91.66	100.00	59.87	29.42
2003	77.23	99.92	89.86	92.53	100.00	59.82	30.61
2004	78.57	99.88	90.35	92.74	100.00	61.55	31.25
2005	79.58	99.86	90.59	93.11	100.00	60.01	31.93
2006	79.98	99.88	91.57	94.41	100.00	62.42	33.15
2007	81.07	99.90	92.18	93.42	100.00	65.04	34.94
2008	82.31	99.89	92.81	93.54	100.00	67.32	34.32
2009	81.52	99.91	93.07	93.81	100.00	70.31	34.04
2010	82.21	99.90	92.81	94.70	100.00	71.37	35.76
2011	84.09	99.91	94.17	94.64	100.00	72.15	37.99
2012	85.33	99.97	94.65	94.60	100.00	79.44	39.22
2013	85.75	99.95	95.19	94.87	100.00	79.67	40.22
2014	87.14	99.93	95.56	94.14	100.00	84.37	41.75
2015	88.91	99.88	96.01	94.75	100.00	84.81	43.37
2016	90.19	99.97	96.46	94.78	100.00	90.31	46.36
2017	91.87	99.98	96.83	95.19	100.00	92.06	47.64
2018	92.93	99.99	97.46	94.05	100.00	92.96	50.54

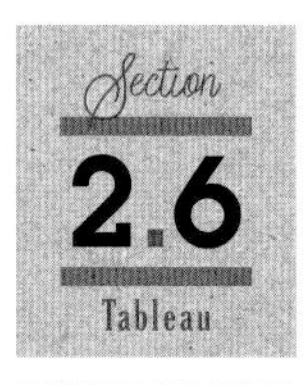

百万の単位でラベル表記し、データが空でもすべての値を表示

Data ¥Chap02¥2.6_trade_prices_tokyo(2020).csv

Technique
- ✔空の行を表示
- ✔書式設定のカスタム

問題

フィルターでどの値を選択しても、たとえデータがなくても常に同じ値を表示すると、見やすくなることがあります。まず、2020年の東京都の不動産取引データから、図のように市区町村名でフィルターして、種類ごとの取引価格（総額）を棒グラフで表し、棒に金額も表示しましょう。種類には5つの値が存在しますが、渋谷区には種類に農地と林地の取引がないので、この2つの値はビューに表示されていません。このとき、どの市区町村名を選択しても、種類がもつ5つの値を表示するようにし、棒の先は、「¥500百万」のように通貨記号と百万単位で丸めた形で表示してみましょう。

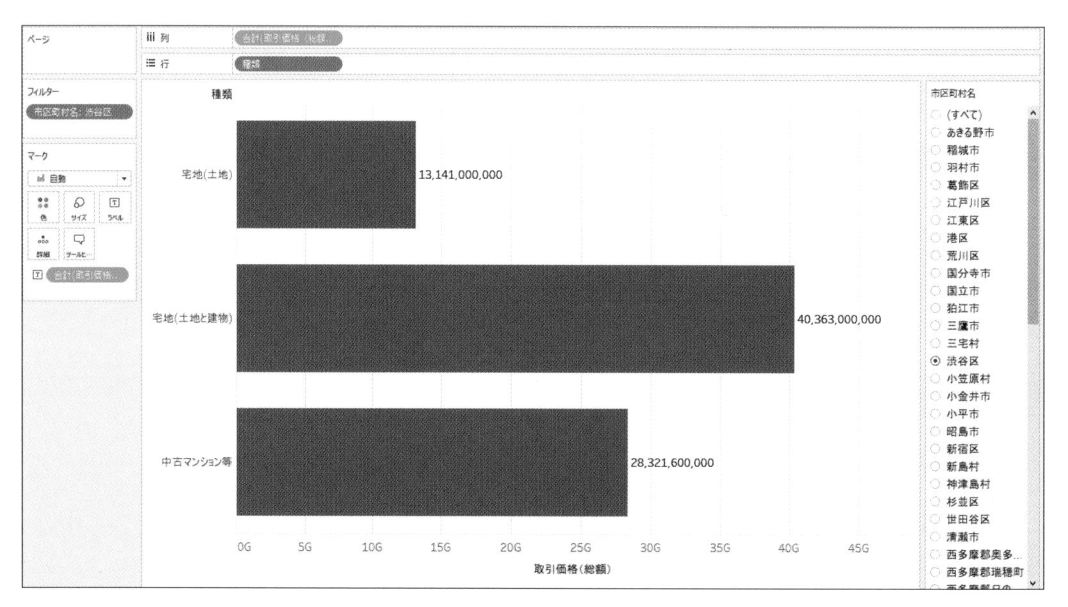

[列]	「合計（取引価格（総額））」
[行]	「種類」

[フィルター]	「市区町村名」※「渋谷区」を選択。「単一値（リスト）」で表示
[マーク] カードの [ラベル]	「合計（取引価格（総額））」

解答

1. データが空でも、種類がもつ5つすべての値を表示します。メニューバーから［分析］＞［表のレイアウト］＞［空の行を表示］をクリックします。
2. 表示単位を変更します。［マーク］カードの［ラベル］にある「合計（取引価格（総額））」を右クリック＞［書式設定］をクリックします。
3. ［既定］にある［数値］の［▼］＞［通貨（カスタム）］をクリックします。
4. ［表示単位］の［▼］＞「百万（M）」をクリックします。

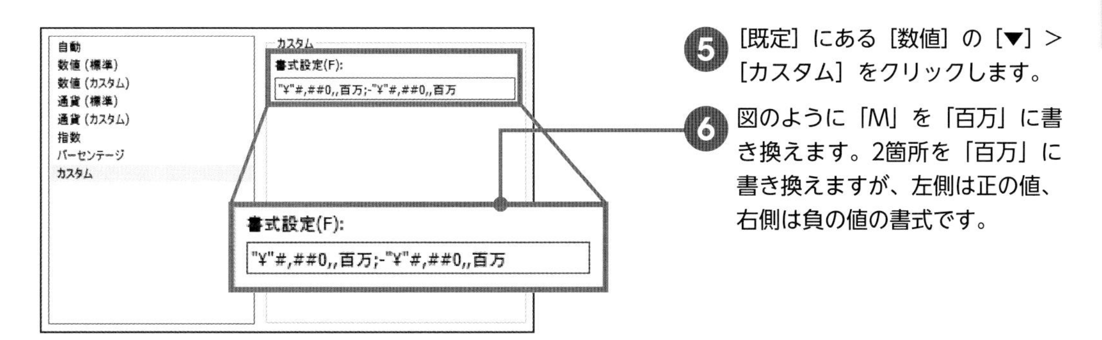

5. ［既定］にある［数値］の［▼］＞［カスタム］をクリックします。
6. 図のように「M」を「百万」に書き換えます。2箇所を「百万」に書き換えますが、左側は正の値、右側は負の値の書式です。

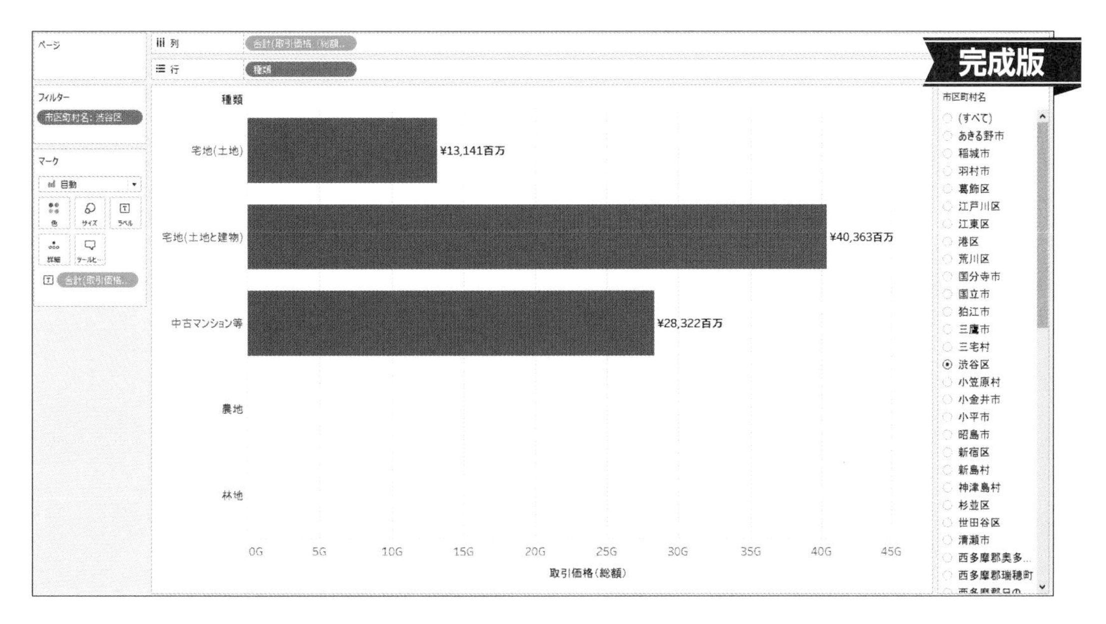

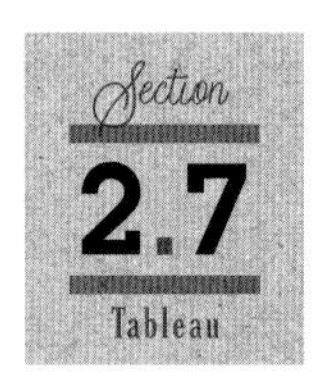

複数のディメンションがある棒グラフの並べ替え

¥Chap02¥2.7_spotify_music以下にある、7つのcsvファイル

Technique

- ✔結合済みフィールド
- ✔枠線の非表示
- ✔色の編集
- ✔ヘッダーの非表示
- ✔指定フィールドの並べ替え

問題

複数のディメンションで分けた棒グラフを作成したとき、ディメンションごとに降順に並べるのではなく、ディメンションの値の組み合わせで降順に並べたいことがあります。

Spotifyにおける、音楽種類別にファイルが分かれた曲ごとのデータがあります。まず、図のように、音楽種類とPlaylist（プレイリスト：複数の曲の集まり）で平均Popularity（人気スコア）と平均Danceability（踊りやすさ）と平均Energy（エネルギー）を棒グラフで降順に並べ、曲数の多さで色分けしましょう。

さらに、音楽種類とPlaylistの値の組み合わせで降順に並べてみましょう。

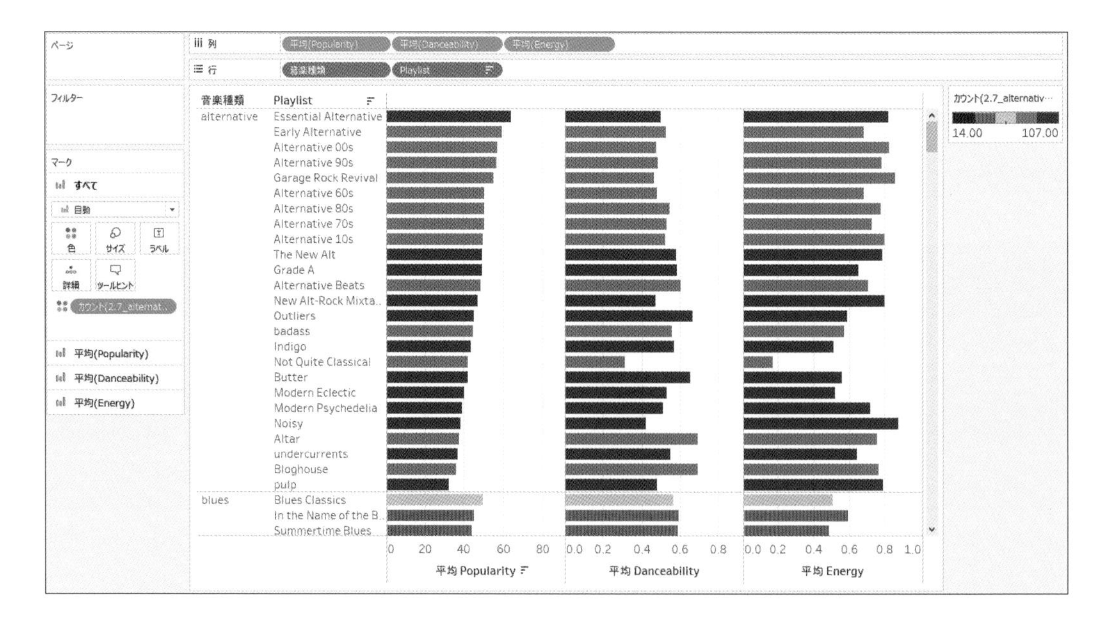

[列]	「平均(Popularity)」、「平均(Danceability)」、「平均(Energy)」
[行]	「音楽種類」(※各データをユニオンし、ファイル名を「音楽種類」とする。ワイルドカードユニオンの方法は1.9の❶〜❸、「パス」から「音楽種類」を抜き出す方法は1.12の❸、❹参照)、「Playlist」
[マーク] カードの [色]	「カウント (2.7_alternative_music.csv)」(※[オレンジ - 青の分化] を選択し、[ステップドカラー] にチェックを入れる)
その他	降順で並べ替え

解答

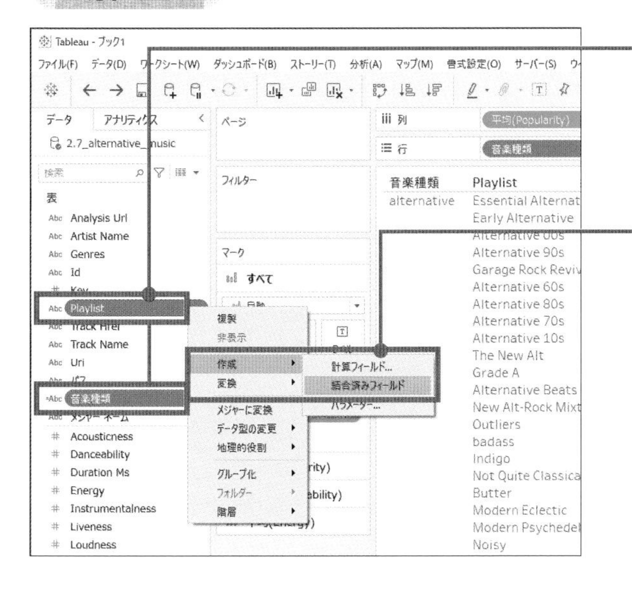

❶ 2つのディメンションの値の組み合わせで並べ替えます。[データ] ペインで、「音楽種類」と「Playlist」を [Ctrl] キーを押しながら選択します。

❷ 選択したフィールドを右クリック > [作成] > [結合済みフィールド] をクリックします。

❸ [データ] ペインから「音楽種類 と Playlist (結合)」を [行] の一番左にドロップします。

❹ ツールバーで、降順で並べ替えるボタンをクリックします。

❺ [行] の「音楽種類 と Playlist (結合)」を右クリック > [ヘッダーの表示] をクリックして、非表示にします。

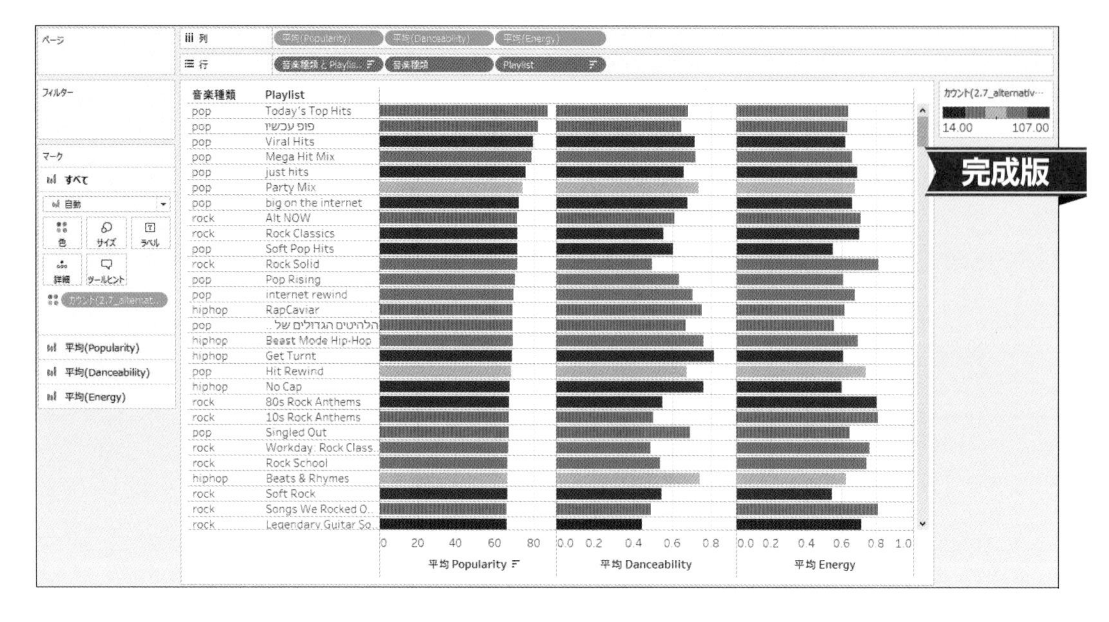

傾向を捉えるため、ビジュアル分析の練習を続けましょう。

6 ビュー全体で色を確認してみます。ツールバーで［標準］から［ビュー全体］をクリックします。

7 背景の境界線を非表示にします。メニューバーから［書式設定］>［枠線］をクリックします。

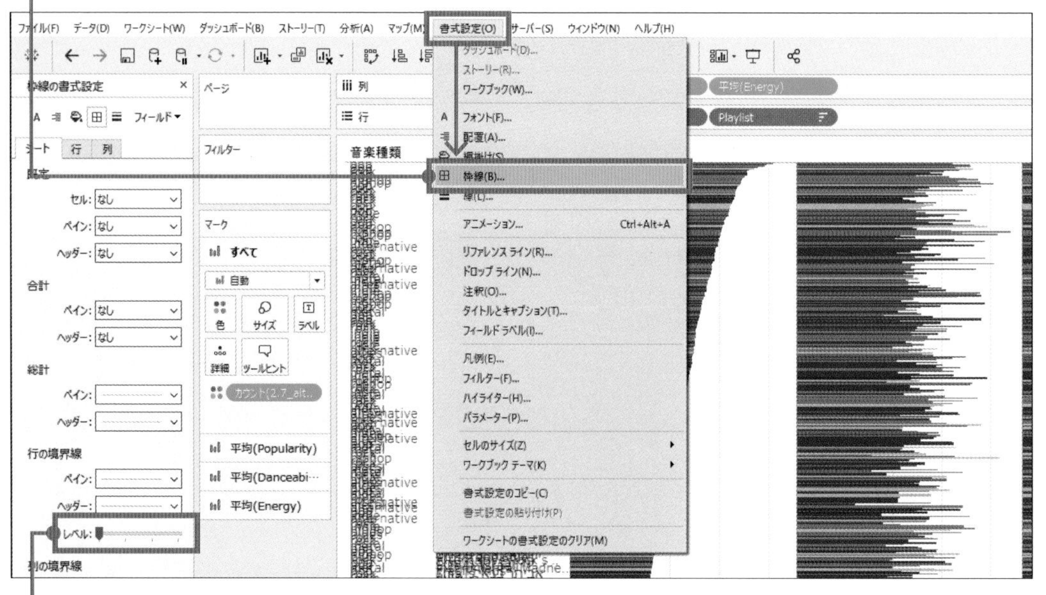

8 枠線の書式設定で、［行の境界線］のレベルを最も左まで下げます。平均Popularityの降順でビュー全体を見ると、下のほうにオレンジの棒がまとまっている傾向にあり、人気が少ない曲は少ないと読み取れます。

❾ Danceabilityで並べ替えます。[行] の「平均 (Danceability)」をクリックします。

❿ ツールバーで、降順で並べ替えるボタン をクリックします。平均Danceabilityの降順でビュー全体を見ると、上のほうにオレンジ、下のほうに青の棒がまとまっている傾向にあり、踊りやすい曲は少ないようです。

⓫ 同様に、Energyで並べ替えます。[行] の「平均 (Energy)」をクリックします。

⓬ ツールバーで、降順で並べ替えるボタン をクリックします。平均Energyの降順でビュー全体を見ると、上のほうに青、下のほうにオレンジの棒がまとまっている傾向にあり、エネルギーのある曲が多いようです。

このように、ビューの表示範囲、並べ替え、色など、見方を変えながら探索してみましょう。

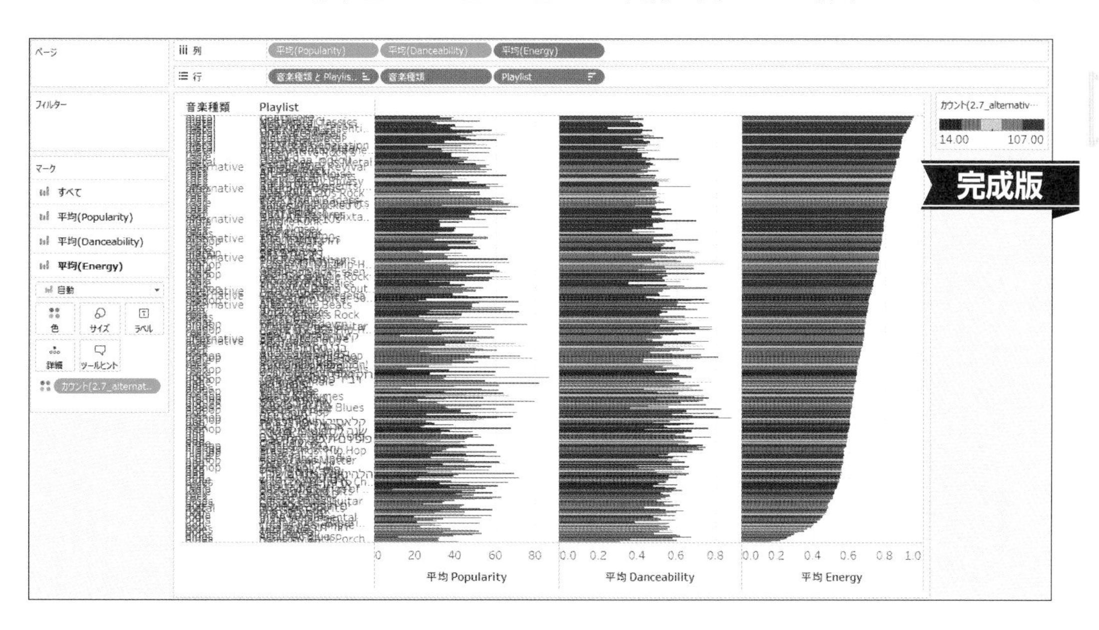

Point フィールドの並べ替え

指定のフィールドで並べ替えたいとき、そのフィールドをクリックしてから、ツールバーで降順で並べ替えるボタン をクリックします。複数のフィールドが含まれるビューでも、2クリックで指定の並べ替えができます。より詳細な並べ替えが必要なときは、フィールド名を右クリック > [並べ替え] から指定します。

データがないセルに0を表示

¥Chap02¥2.8_hotel_bookings.csv

Technique

✔計算式
✔表計算

問題

クロス集計を作成すると、データが存在しないため数字が表示されないセルが発生することがあります。これを「0」で数字を表示させたいというニーズがあります。まず、ホテル予約データから、図のようにReservation Status（予約ステータス）、Reserved Room Type（予約部屋タイプ）、Hotel（ホテル）で分けた予約数を表示しましょう。

Resort Hotel（リゾートホテル）の部屋タイプBは、Canceled（キャンセル）が1件もありませんが、City Hotel（シティホテル）にデータがあるため、セルが生成されています。このようなデータがないセルに「0」を表示してみましょう。

ページ
フィルター
マーク
自動
色 サイズ テキスト
詳細 ツールヒ…
カウント(2.8_ho..

列: Hotel
行: Reservation Status, Reserved Room Type

Reservation Status	Reserved Room Type	Hotel City Hotel	Resort Hotel
Canceled	A	26,552	6,204
	B	353	
	C	5	295
	D	4,004	1,910
	E	475	1,369
	F	671	172
	G	116	638
	H		239
	L		2
	P	10	2
Check-Out	A	35,347	17,017
	B	747	3
	C	9	615
	D	7,621	5,478
	E	1,048	3,573
	F	1,091	926
	G	365	966
	H		356
	L		4
No-Show	A	696	178
	B	15	
	C		8
	D	143	45
	E	30	40
	F	29	8
	G	3	6
	H		6

[列]	「Hotel」
[行]	「Reservation Status」、「Reserved Room Type」
[マーク] カードの [テキスト]	「カウント (2.8_hotel_bookings.csv)」

解答

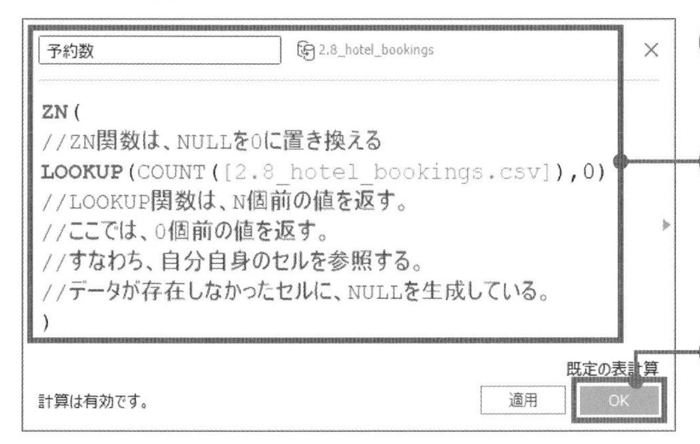

❶ メニューバーから [分析] > [計算フィールドの作成] をクリックします。

❷ 新しい計算フィールド「予約数」を作成し、図のように式を組み立てます。// から始まる行は、計算式に含まれない説明書きなので、記述する必要はありません。

❸ [OK] をクリックして画面を閉じます。

❹ [データ] ペインから「予約数」を [マーク] カードの「カウント (2.8_hotel_bookings.csv)」に重ねてドロップし、テキストとして表示するフィールドを置き換えます。

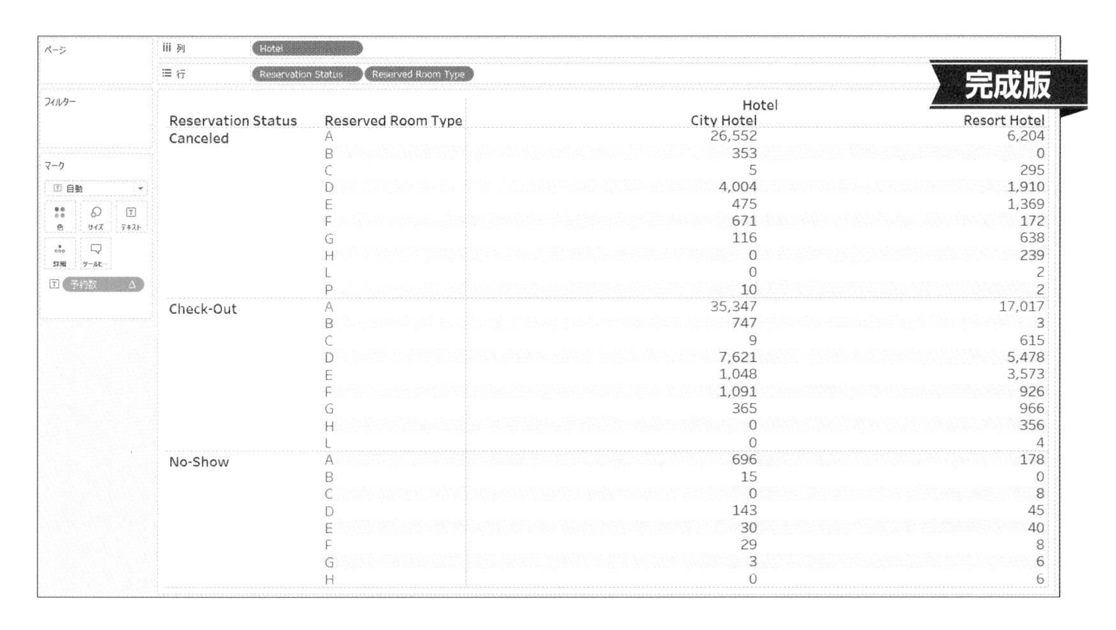

Reservation Status	Reserved Room Type	Hotel City Hotel	Resort Hotel
Canceled	A	26,552	6,204
	B	353	0
	C	5	295
	D	4,004	1,910
	E	475	1,369
	F	671	172
	G	116	638
	H	0	239
	L	0	2
	P	10	2
Check-Out	A	35,347	17,017
	B	747	3
	C	9	615
	D	7,621	5,478
	E	1,048	3,573
	F	1,091	926
	G	365	966
	H	0	356
	L	0	4
No-Show	A	696	178
	B	15	0
	C	0	8
	D	143	45
	E	30	40
	F	29	8
	G	3	6
	H	0	6

少ない度数をまとめたヒストグラム

¥Chap02¥2.9_airbnb_summary_listings.csv

Technique

☑計算式

問題

値の分布を把握するとき、ヒストグラムを使います。分布の山の形を見たとき、裾が長い場合はそのまま表示するとデータを正しく知ることができますが、裾をまとめると度数（件数）が多い部分を見やすく表示できます。まず、Airbnbの各宿泊施設のデータから、図のようにPrice（価格）を5000円のビンにして、宿泊施設数を棒グラフで分布を表しましょう。

そして、50000円以上を1つの棒にまとめてみましょう。

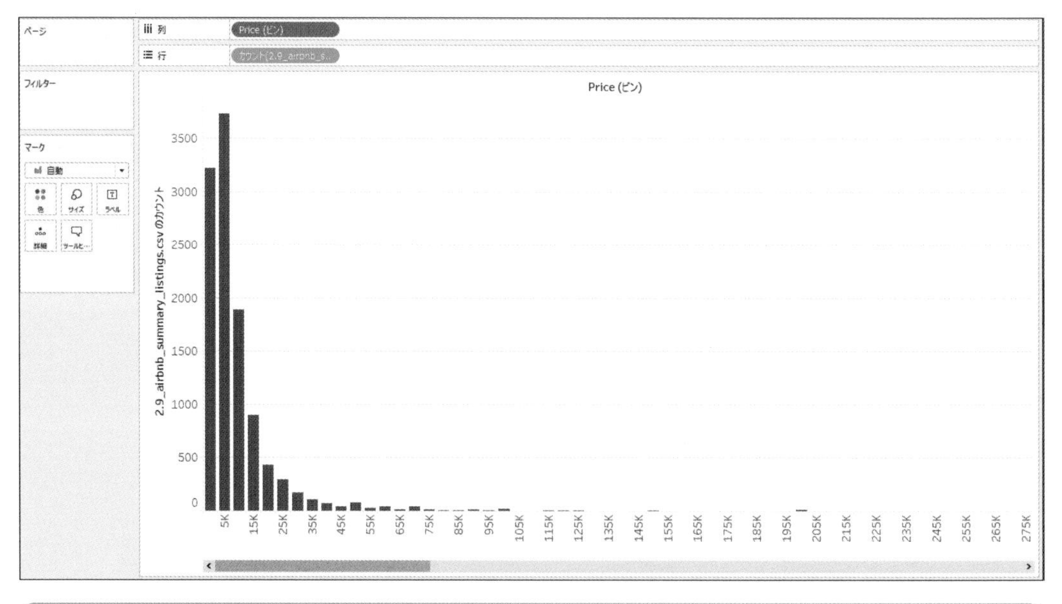

[列]	「Price（ビン）」 ※［データ］ペインの「Price」を右クリック＞［作成］＞［ビン］で作成。ビンのサイズは「5000」
[行]	「カウント（2.9_airbnb_summary_listings.csv）」

解答

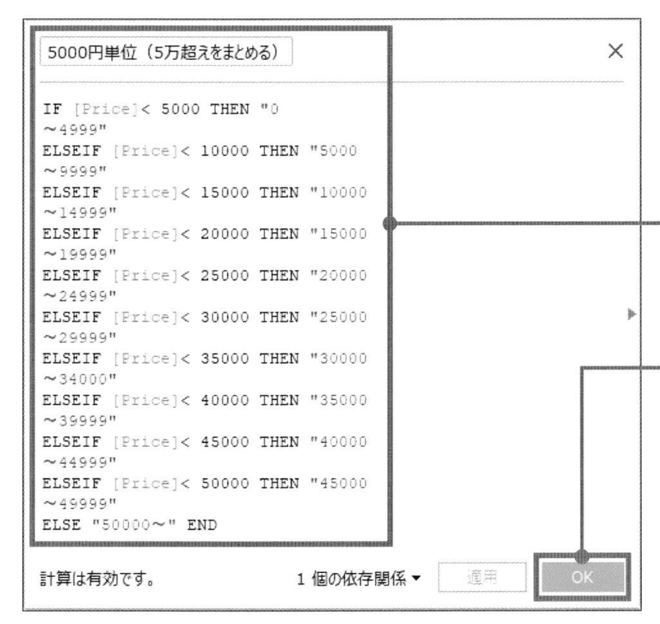

❶ ビンサイズを一定数ごとでなく指定の間隔にしたい場合は、計算フィールドを使用します。メニューバーから［分析］＞［計算フィールドの作成］をクリックします。

❷ 新しい計算フィールド「5000円単位（5万超えをまとめる）」を作成し、図のように式を組み立てます。

❸ ［OK］をクリックして画面を閉じます。

❹ ［データ］ペインから「5000円単位（5万超えをまとめる）」を［列］の「Price（ビン）」に重ねてドロップし、置き換えます。

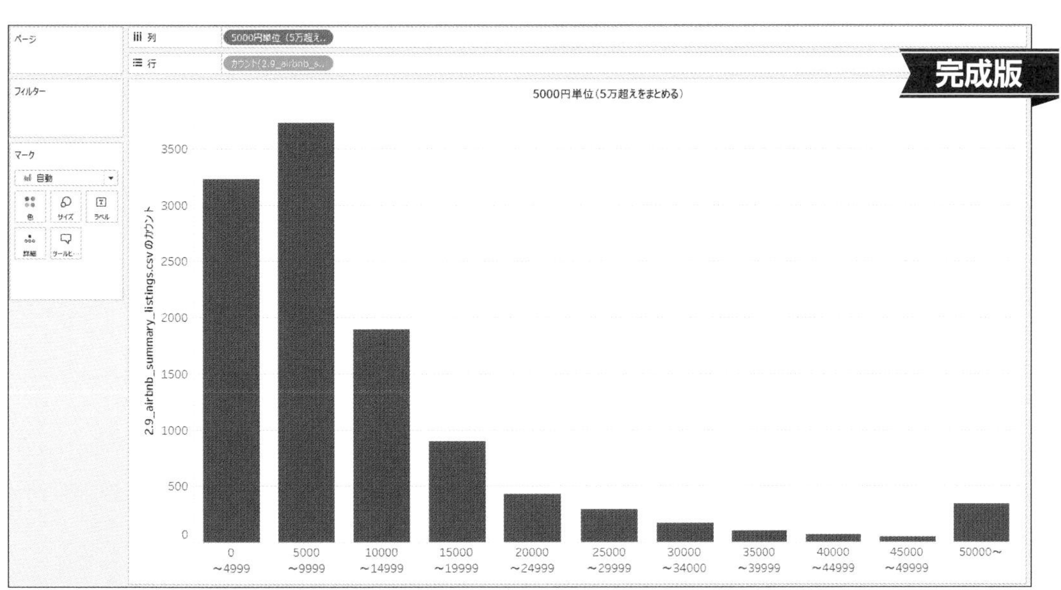

Point 引用符内に文字数が多い場合の対応

❷の計算フィールドでは、引用符内の値は文字数が多いので、～の前で改行してビュー上で改行表示できるようにしました。引用符内に空白を入れて、改行表示するスペースがあれば自動的に改行できるようにしても良いでしょう。

将来日付データの領域まで表示

¥Chap02¥2.10_pcr_positive_daily.csv

Technique

☑軸の編集
☑色なしの定数線

問題

売上や販売数など日々更新されるデータを可視化するとき、データが揃った後の日付範囲でビューを見せたいことがあります。まず、日本のCOVID-19の日別陽性者数データから、図のように最新月の日別推移を折れ線グラフで表しましょう。

そして、31日分まで横の軸を広げて表示させてみましょう。

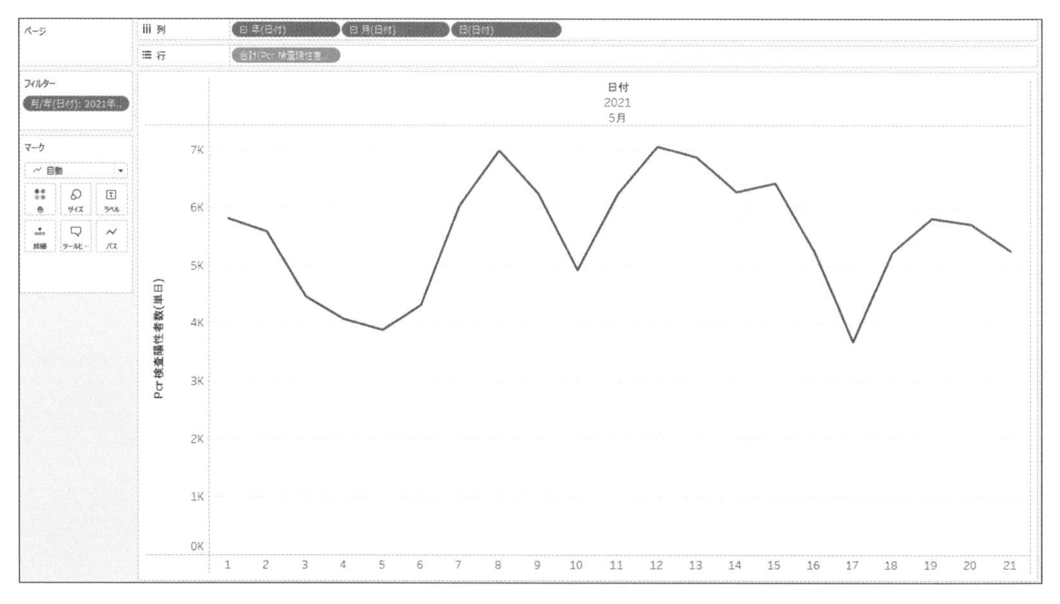

[列]	「年（日付）」、「月（日付）」、「日（日付）」
[行]	「合計（Pcr 検査陽性者数(単日)）」
[フィルター]	「月/年（日付）」※最新の日付値にチェックを入れ、2021年5月を選択

解答

2つの方法を紹介します。方法1は、0〜32の範囲で軸を表示させ、方法2は、少なくとも31程度まで軸を表示させる方法です。

❶ [列] の [日 (日付)] を右クリック > [連続] をクリックして、軸にします。

方法1：軸の表示範囲を指定

❷ 横軸を右クリック > [軸の編集] をクリックします。

❸ [範囲] は [固定] を選択し、[開始値を固定] に「0」、[終了値を固定] に「32」を入力します。

❹ [×] ボタンをクリックして画面を閉じます。

方法2：最低限表示させる軸の範囲を指定

❷ [アナリティクス] ペインから [定数線] をビューにドラッグし、[日 (日付)] にドロップして [値] に「30」を入力します。

❸ 定数線の近くをクリックし、[編集] をクリック、[ラベル] を [なし]、[線] を [なし] にします。

❹ メニューバーから [書式設定] > [線] をクリックします。

❺ [シート] タブで [ゼロライン] を「なし」にします。

軸に0や32を表示したくない場合は、横軸を右クリック > [ヘッダーの表示] をクリックし、非表示にします。

方法2は、定数線の値より大きな値をもつ場合、軸は自動で広がります。最大の値が決まっていない対象を表す棒グラフなどでは、方法2が適します。

積み上げ棒グラフの棒内でカテゴリを並べ替え

¥Chap02¥2.11_trade_prices_tokyo_condo(2020).csv

Technique

- ☑結合済みフィールド
- ☑指定したフィールドの並べ替え

問題

積み上げ棒グラフでは、棒自体を並べ替えてから、各棒の中の色を並べ替えて大きさの順番を確認したいこともあります。まず、2020年に東京都で取引された中古マンションの不動産データから、図のように最寄駅名称ごとに取引件数をまとめ、間取り（部屋数）で色分けしましょう。

そして、棒ごとに色を左から大きい順に並べ替えてみましょう。

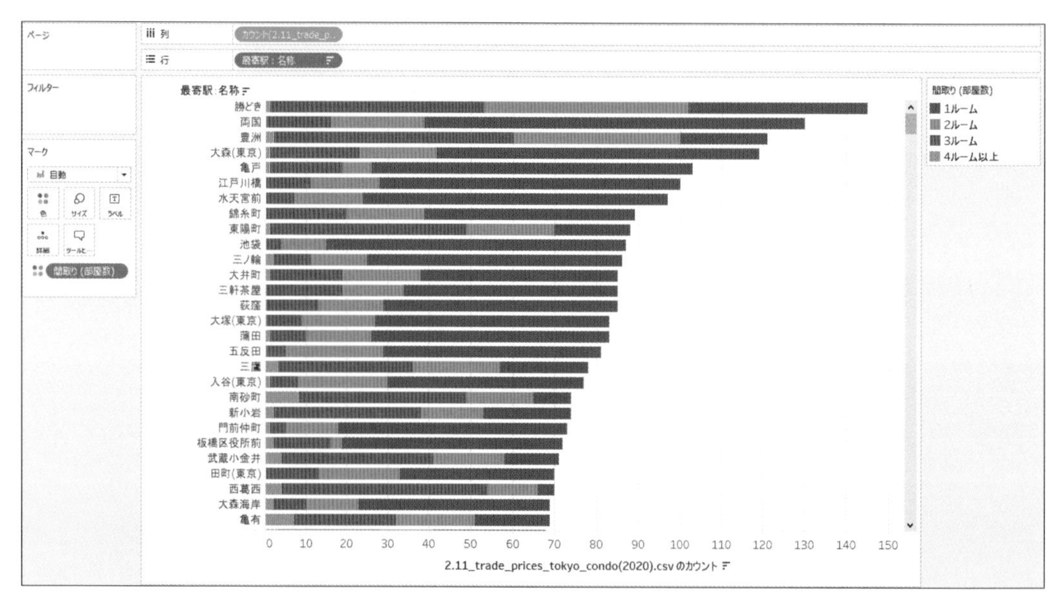

[列]	「カウント（2.11_trade_prices_tokyo_condo(2020).csv）」
[行]	「最寄駅：名称」
[マーク] カードの [色]	「間取り（部屋数）」
その他	降順で並べ替え

解答

❶ ［データ］ペインで、「間取り（部屋数）」と「最寄駅：名称」を［Ctrl］キーを押して選択します。

❷ 選択したフィールドを右クリック >［作成］>［結合済みフィールド］をクリックします。

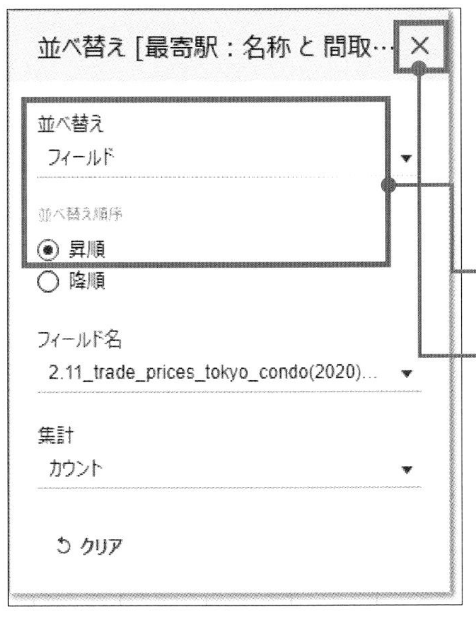

❸ ［データ］ペインから「最寄駅：名称 と 間取り（部屋数）（結合）」を［マーク］カードにある「間取り（部屋数）」の上になるようにドロップします。

❹ ［マーク］カードの［詳細］にある「最寄駅：名称 と 間取り（部屋数）（結合）」を右クリック >［並べ替え］をクリックします。

❺ 図のように［並べ替え］を［フィールド］に指定します。件数の多い順に並べ替えます。

❻ ［×］ボタンをクリックして画面を閉じます。

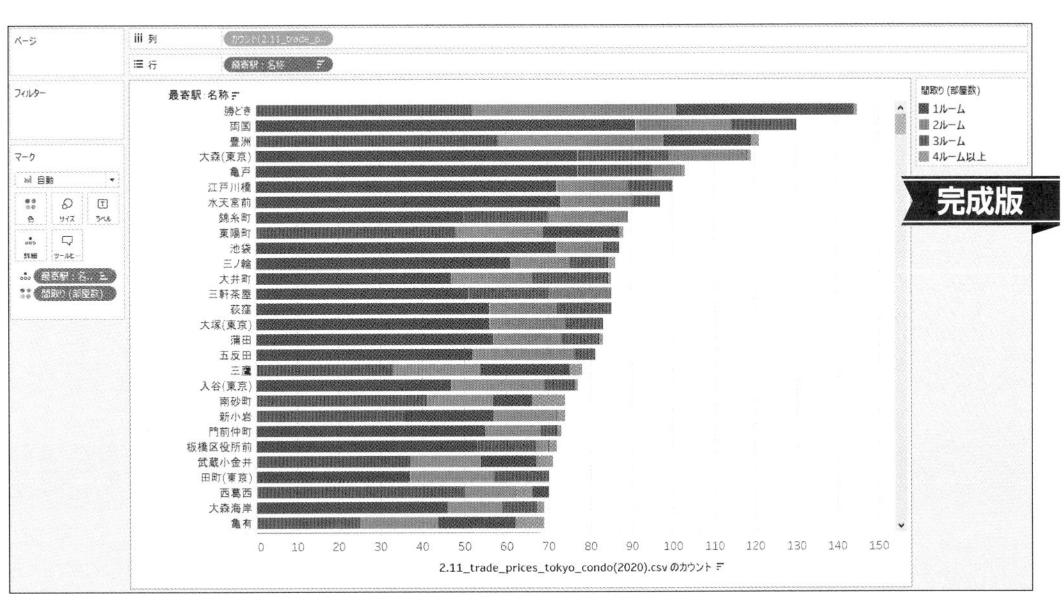

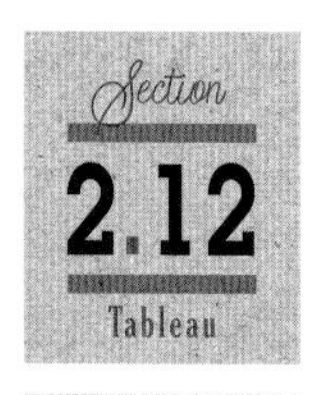

積み上げ棒グラフの色カテゴリで棒を並べ替え

Data ¥Chap02¥2.11_trade_prices_tokyo_condo(2020).csv

Technique
- ✔計算式を使った並べ替え
- ✔ツールヒントの操作

問題

積み上げ棒グラフは、色分けしたいずれかの値の大きさ順で、棒を並べ替えたいこともあります。

2.11の問題の図を基にし、1ルームの取引数順で棒を並べ替えてみましょう。

解答

計算式を用いる方法と、ビューをクリックするインタラクティブな方法があります。

計算式を用いる方法は、データを更新しても指定した順で並びます。ビューでクリックする方法は、計算式を書く必要はありませんが、ビューでの操作が必要なので、アドホックに確認するビジュアル分析に向いています。

方法1：計算式を用いる方法

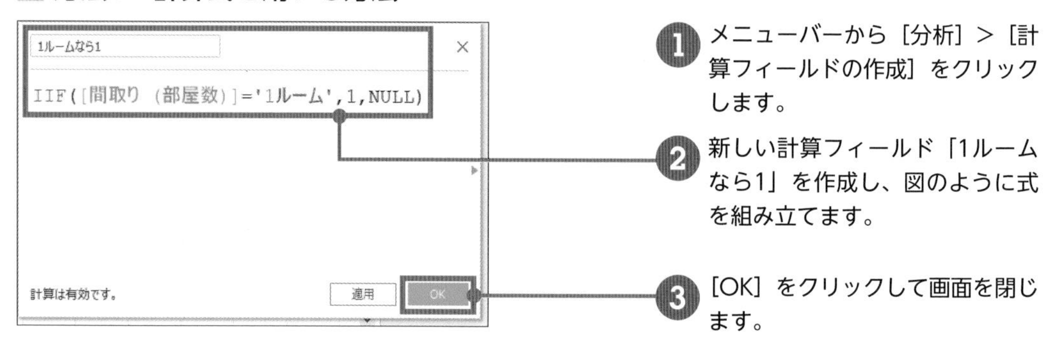

1. メニューバーから［分析］>［計算フィールドの作成］をクリックします。
2. 新しい計算フィールド「1ルームなら1」を作成し、図のように式を組み立てます。
3. ［OK］をクリックして画面を閉じます。

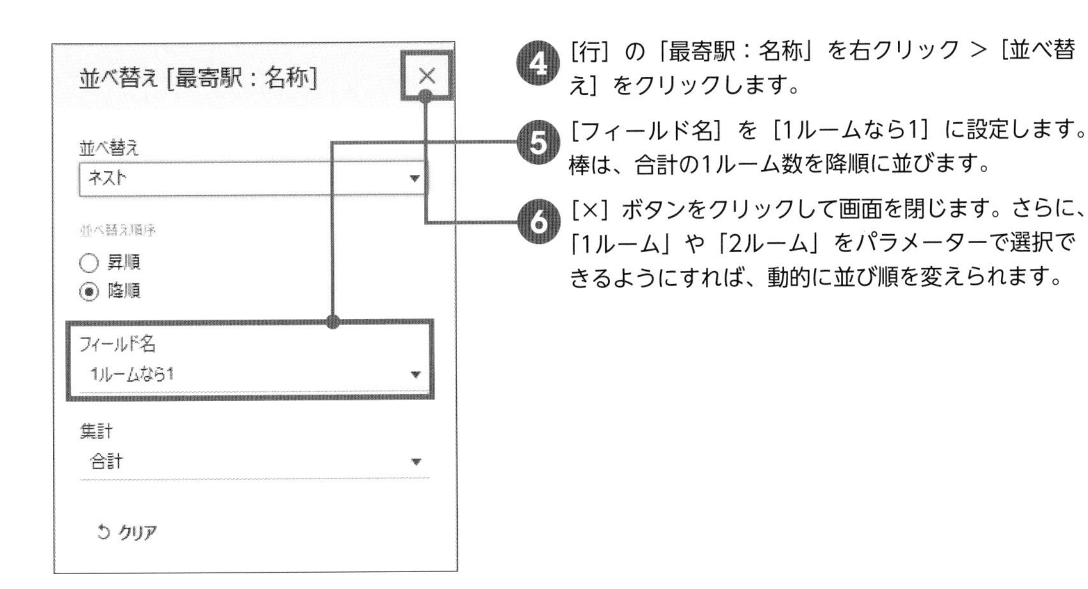

❹ [行] の「最寄駅：名称」を右クリック > [並べ替え] をクリックします。

❺ [フィールド名] を [1ルームなら1] に設定します。棒は、合計の1ルーム数を降順に並びます。

❻ [×] ボタンをクリックして画面を閉じます。さらに、「1ルーム」や「2ルーム」をパラメーターで選択できるようにすれば、動的に並び順を変えられます。

方法2：ビューでクリックする方法

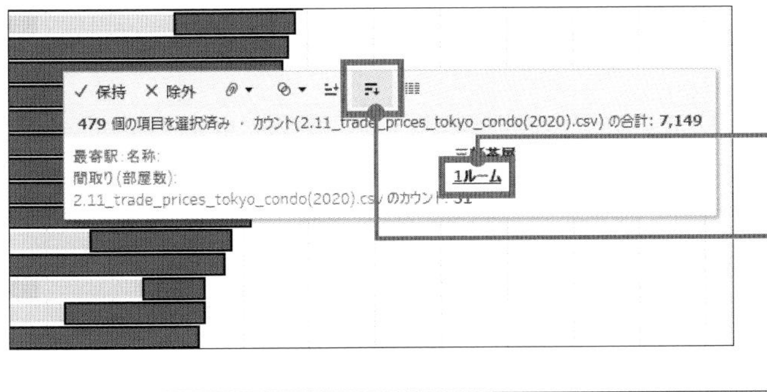

❶ 「1ルーム」を表す、いずれかの青い部分をクリックします。

❷ ツールヒントで「1ルーム」をクリックします。

❸ ツールヒントで、降順で並べ替えるボタンをクリックします。

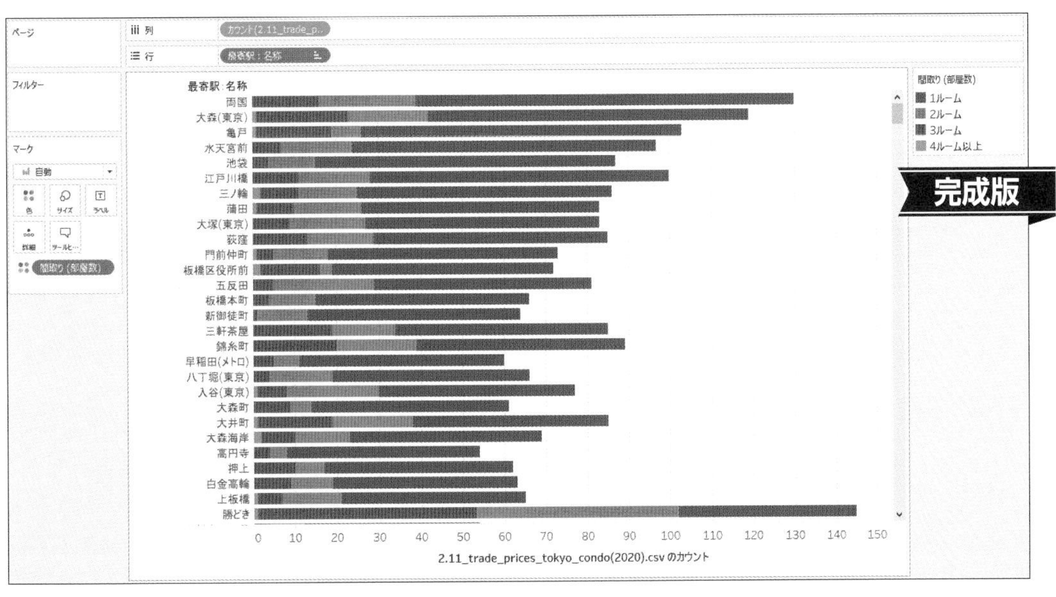

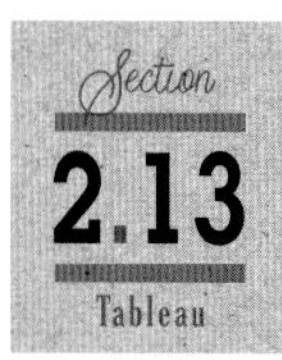

前年同月比を最終年のみ表示

¥Chap02¥2.13_hotel_bookings.csv

Technique

☑表計算の計算フィールド作成
☑表計算フィルター

問題

ビジネスでは、金額などさまざまな値に対して、前年比や前月差など過去の値と比較する機会がよくあります。まず、ホテルの予約データから、図のように、Reservation Status Date（年月）で予約数を棒グラフで表しましょう。

そして、棒グラフの下に、前年同月比の折れ線グラフを表示し、2017年だけ表示するようフィルターしてみましょう。

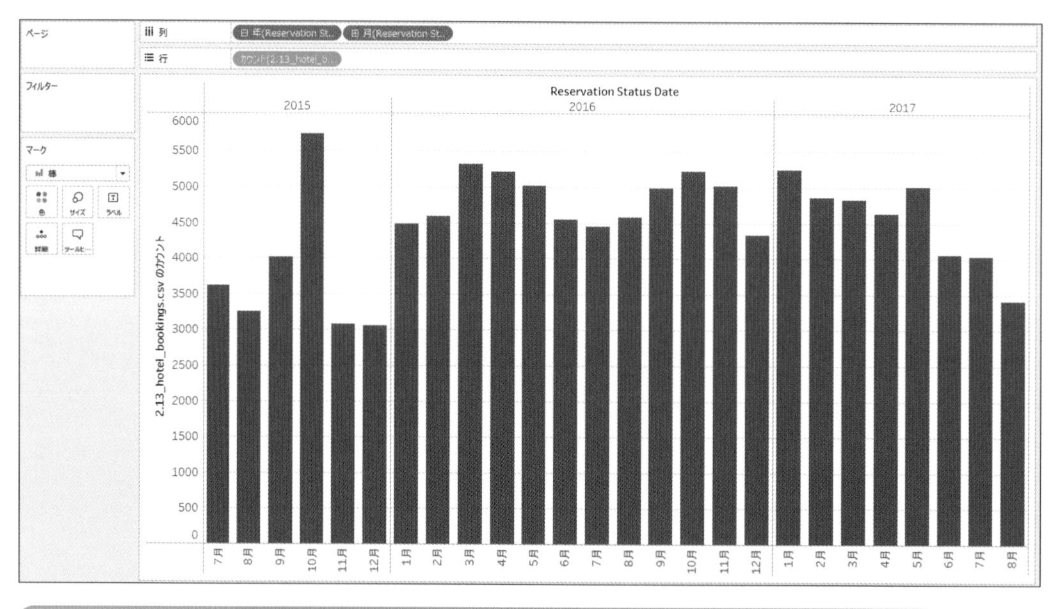

[列]	「年（Reservation Status Date）」、「月（Reservation Status Date）」
[行]	「カウント（ 2.13_hotel_bookings.csv）」
[マーク] タイプ	「棒」

解答

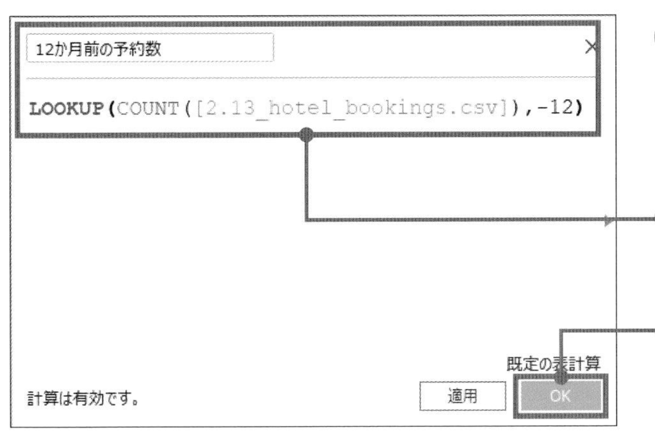

1. まず、前年同月にあたる、12か月前を参照するフィールドを作成します。メニューバーから［分析］＞［計算フィールドの作成］をクリックします。
2. 新しい計算フィールド「12か月前の予約数」を作成し、図のように式を組み立てます。
3. ［OK］をクリックして画面を閉じます。

4. 次に、前年同月比を計算します。メニューバーから［分析］＞［計算フィールドの作成］をクリックします。
5. 新しい計算フィールド「前年同月比」を作成し、図のように式を組み立てます。
6. ［OK］をクリックして画面を閉じます。

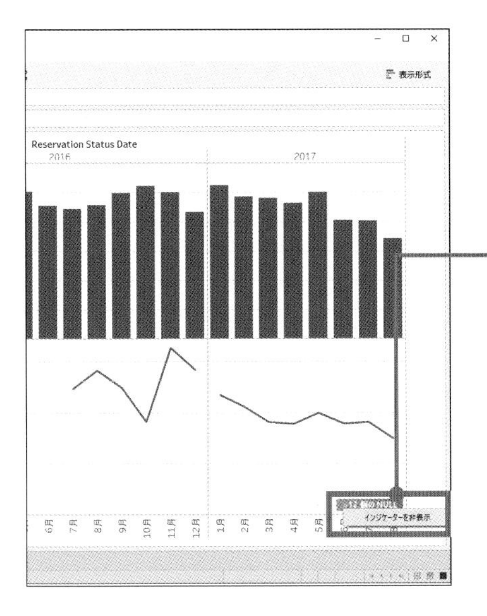

7. 前年同月比を折れ線グラフで、棒グラフの下に表示します。［データ］ペインから「前年同月比」を［行］にドロップします。
8. ［マーク］カードの下側にある「前年同月比」をクリックし、マークタイプを［線］にします。
9. ビューの右下に表示されている「>12個のNULL」を右クリック＞［インジケーターを非表示］をクリックします。

LOOKUP関数など表計算を使用したビューをフィルターするには、表計算を使用したフィルター用の計算フィールドを使う必要があります。2017年の前年同月比を表示するとき、2016年までフィルターすると前年の比較が計算できないためです。データでフィルターせず、見せるビューをコントロールする表計算フィルターを計算フィールドで作成します。

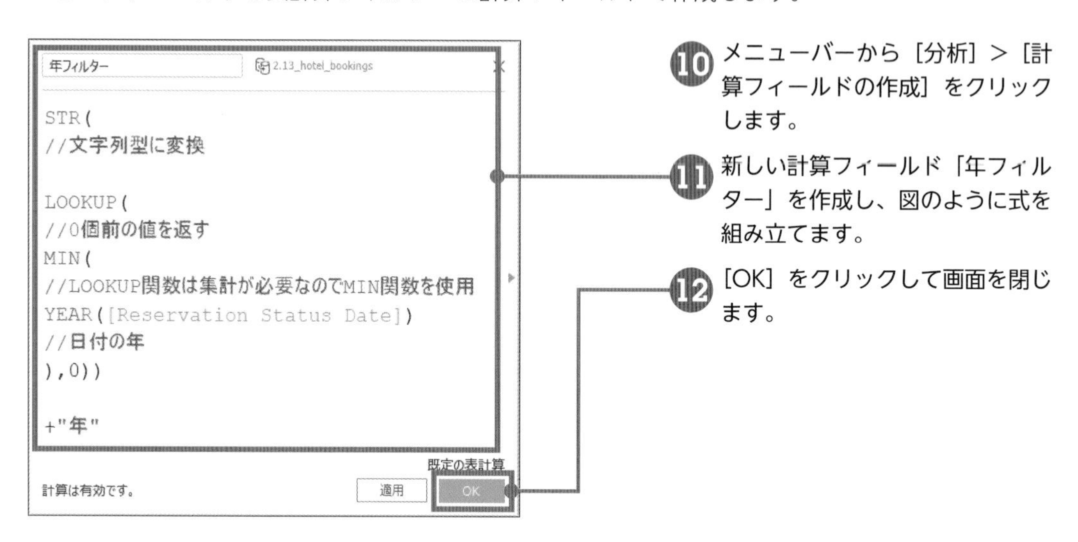

❿ メニューバーから［分析］>［計算フィールドの作成］をクリックします。

⓫ 新しい計算フィールド「年フィルター」を作成し、図のように式を組み立てます。

⓬ ［OK］をクリックして画面を閉じます。

⓭ フィルターします。［データ］ペインの「年フィルター」を［フィルター］シェルフにドロップします。

⓮ 「2017年」にチェックを入れます。

⓯ ［OK］をクリックして画面を閉じます。

⓰ マークをビュー全体に見せるために、軸の範囲を変更します。下の縦軸を右クリック >［軸の編集］をクリックします。

⓱ ［ゼロを含める］のチェックを外し、［×］ボタンをクリックして画面を閉じます。

Point 前年同月がない場合に起こる問題の解決策

❶❷では、LOOKUP(COUNT([2.13_hotel_bookings.csv]),-1)で1つ前の年を参照するのではなく、LOOKUP(COUNT([2.13_hotel_bookings.csv]),-12)で12つ前の月を参照するよう指定しています。LOOKUP関数は、日付を見ているのではなく、表示されたマークでいくつ前であるかを見ているので、2016年1月で1年前を指定しようとすると2015年7月を参照してしまいます。このような場合は、❶❷のように、12か月前を参照する計算フィールドを作成する必要があります。

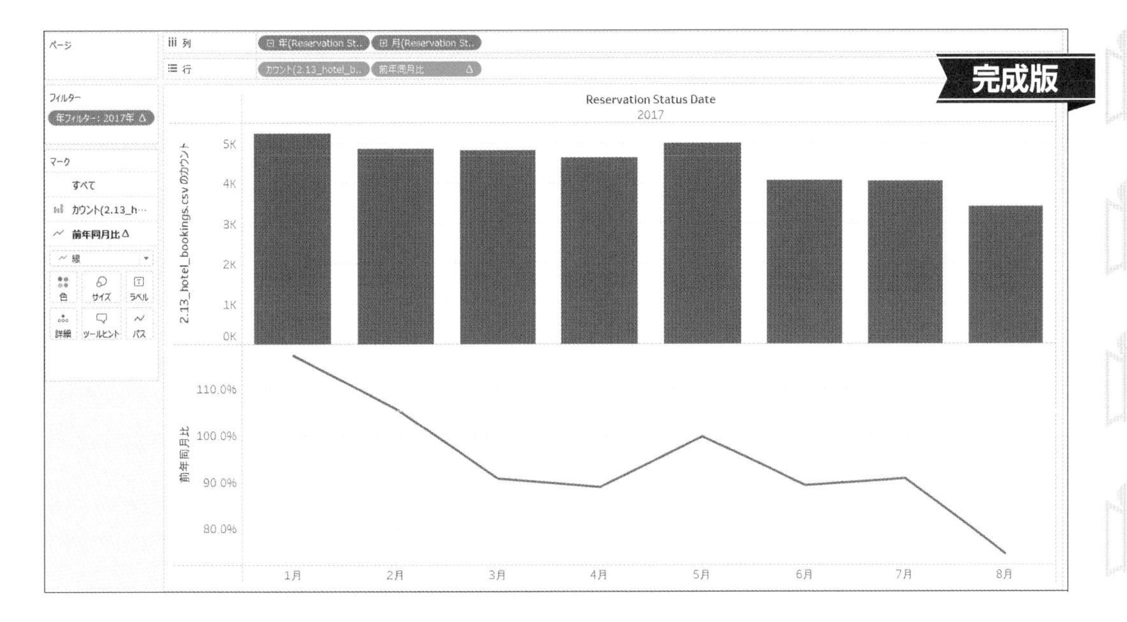

Point 計算フィールドの依存関係の確認方法

計算フィールドが、他のどのフィールド、シート、ダッシュボード等で使用されているか、依存関係を確認できます。[データ] ペインで、作成した計算フィールドを右クリック > [編集] をクリックします。開かれた計算エディタで下部に表示される [〇個の依存関係] をクリックすると確認できます。

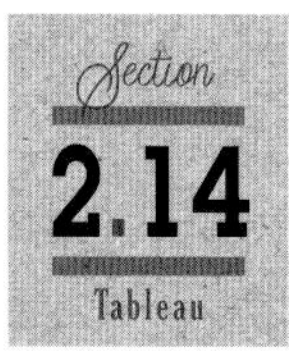

各カテゴリの上位Nのみ表示

¥Chap02¥2.14_forbes_celebrity_100(2020).csv

Technique

- ✔簡易表計算とその指定
- ✔連続と不連続

問題

カテゴリ内の商品名が多いとき、顧客区分内の顧客名が多いときなど、カテゴリや顧客区分など各分類の上位いくつかだけ表示したいことがあります。まず、セレブリティの2020年の年収上位100名のデータから、図のように、Category（カテゴリ）、Name（セレブリティ名）とPay (USD millions)（年収）を棒グラフで作成しましょう。

そして、各Categoryのトップのnameだけ表示し、降順に並べ替えてみましょう。

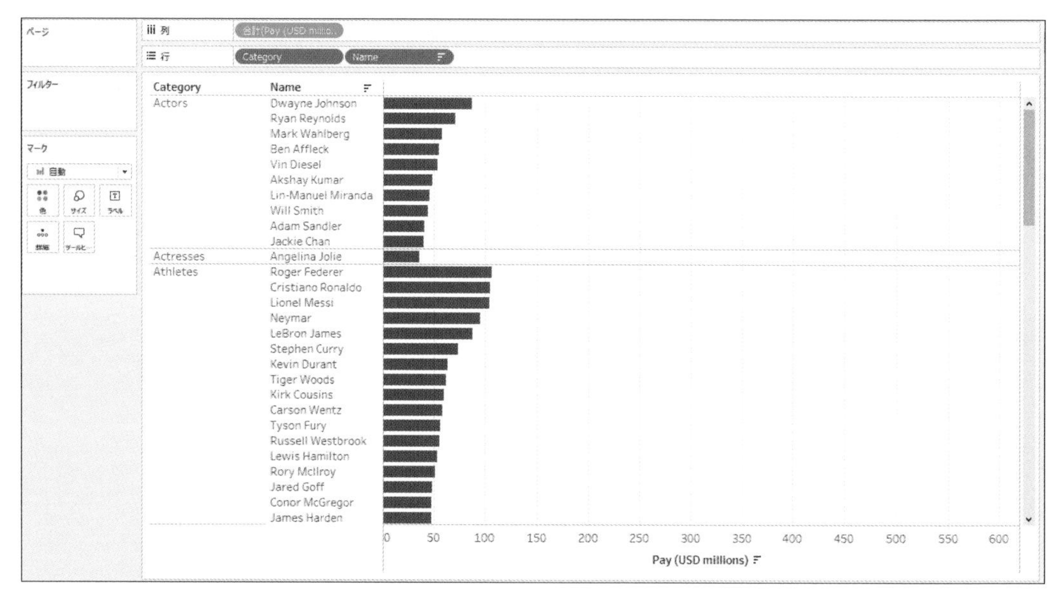

[列]	「合計（ Pay (USD millions)」
[行]	「Category」、「Name」
その他	降順で並べ替え

解答

1. Categoryごとにランキングを出します。[データ] ペインから「Pay (USD millions)」を [行] にドロップします。

2. 金額をランクで表示します。[行] の「合計(Pay (USD millions))」を右クリック > [簡易表計算] > [ランク] をクリックします。

3. ランクをヘッダーとして数字で表示するように変換します。[行] の「合計(Pay (USD millions))」を右クリック > [不連続] をクリックします。

4. [行] の「合計(Pay (USD millions))」を、[行] の「Category」と「Name」の間に移動します。

5. ランクを各カテゴリ内で計算させます。[行] の「合計(Pay (USD millions))」を右クリック > [次を使用して計算] > [ペイン (下)] をクリックします。

6. ランキング上位1名に絞ります。[行] の「合計(Pay (USD millions))」を [フィルター] シェルフにドロップします。

7. 「1」のみをチェックして、[OK] をクリックして画面を閉じます。

8. ツールバーで、降順で並べ替えるボタンをクリックします。

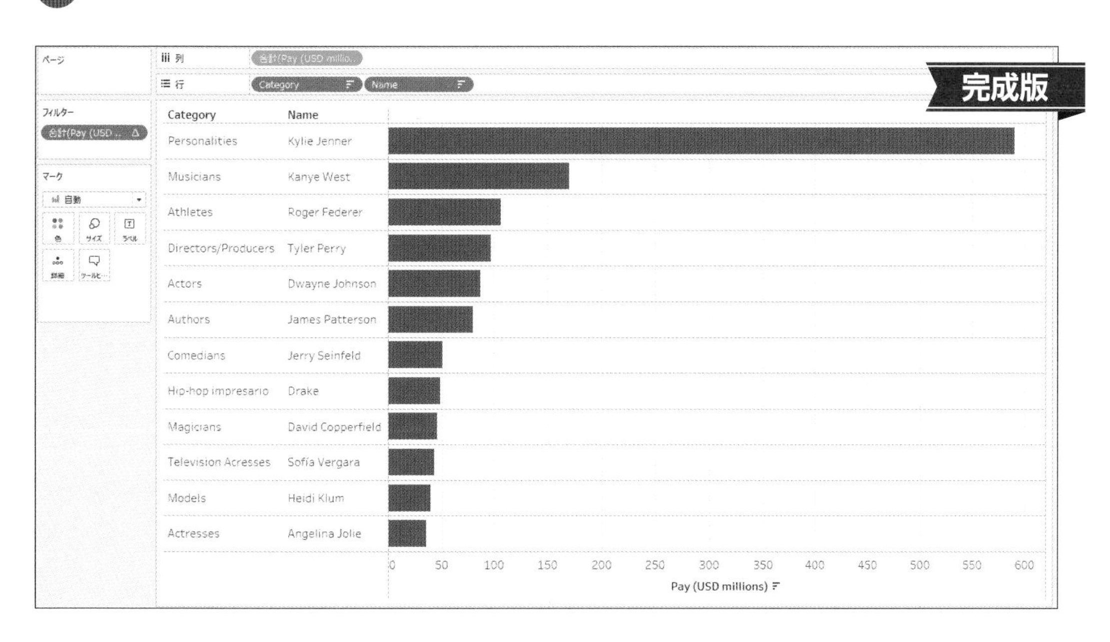

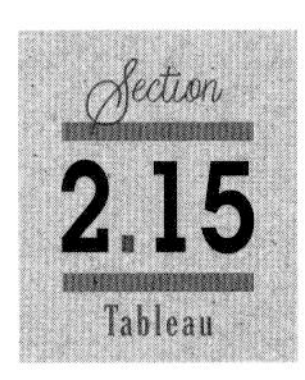

4月開始の上期・下期の表示

Data ¥Chap02¥2.15_visitor_arrivals(2006_2020).csv

Technique
- ✔計算式
- ✔4月開始の会計年度
- ✔別名

問題

上期と下期に分けて状況を把握することは多いです。まず、訪日外客数のデータから、図のように、年と四半期の単位で人数（訪日外客数）を棒グラフで表しましょう。

それから、4月開始の年度とし、上期・下期の単位に変更して表してみましょう。

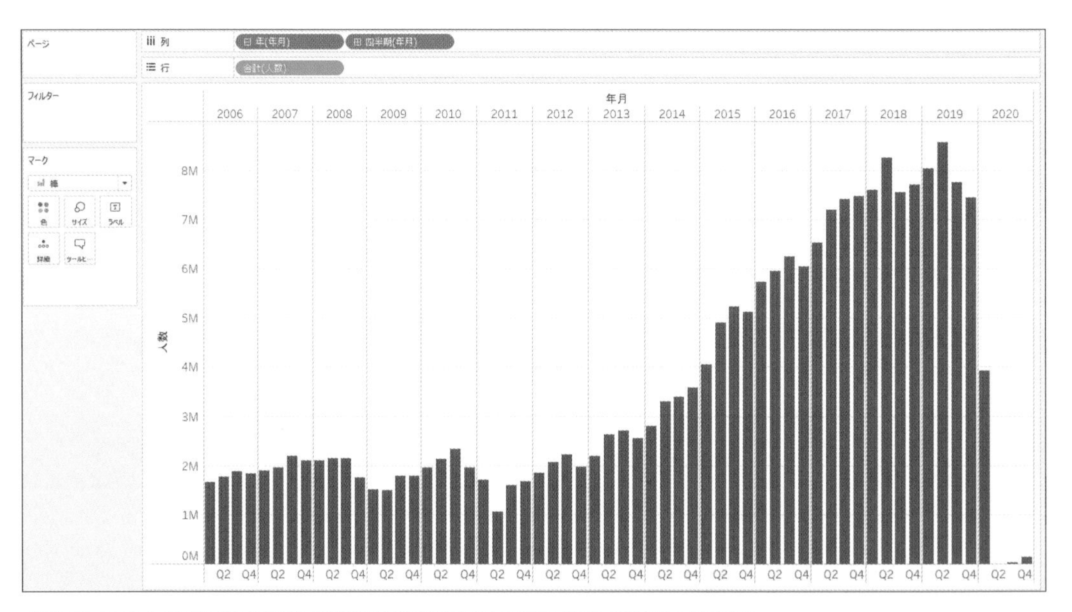

[列]	「年（年月）」、「四半期（年月）」
[行]	「合計（人数）」
[マーク] カードの [マーク] タイプ	「棒」

解答

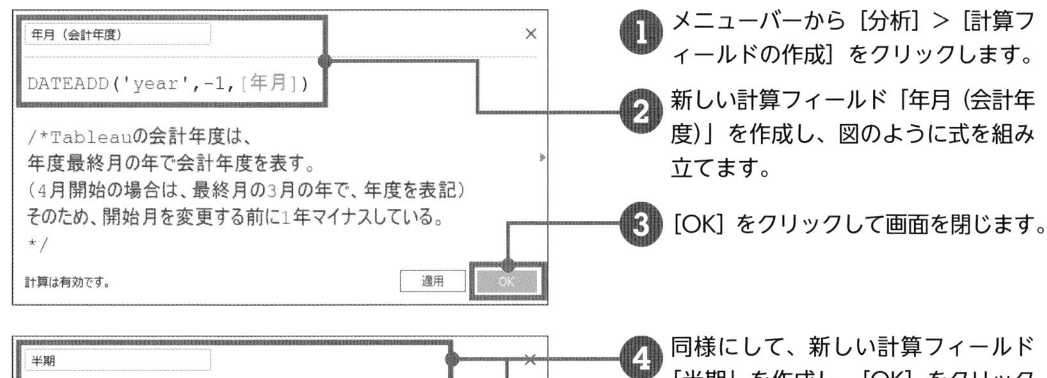

1. メニューバーから［分析］>［計算フィールドの作成］をクリックします。
2. 新しい計算フィールド「年月（会計年度）」を作成し、図のように式を組み立てます。
3. ［OK］をクリックして画面を閉じます。

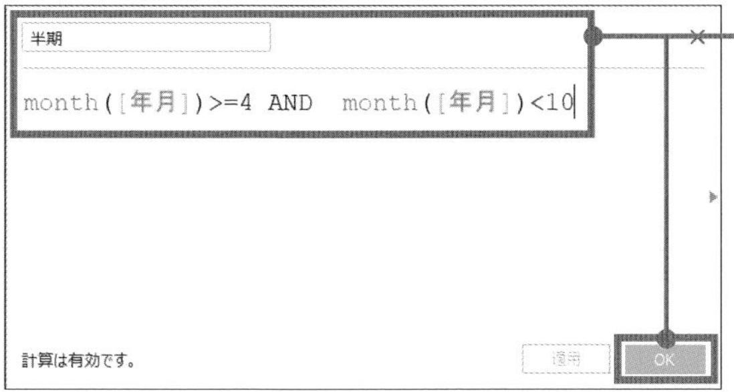

4. 同様にして、新しい計算フィールド「半期」を作成し、［OK］をクリックして画面を閉じます。
5. ［データ］ペインの「半期」を右クリック >［別名］をクリックします。
6. 「真」を「上期」、「偽」を「下期」と別名をつけ、［OK］をクリックして画面を閉じます。
7. ［データ］ペインの「年月（会計年度）」を右クリック >［既定のプロパティ］>［会計年度の開始］>［4月］をクリックします。
8. ［列］にあるピルを削除し、［データ］ペインから「年月（会計年度）」と「半期」を［列］にドロップします。
9. 上期が下期より左になるよう、［列］の「半期」を右クリック >［並べ替え］をクリックし、並べ替えを［手動］にして、上期を上側に移動します。

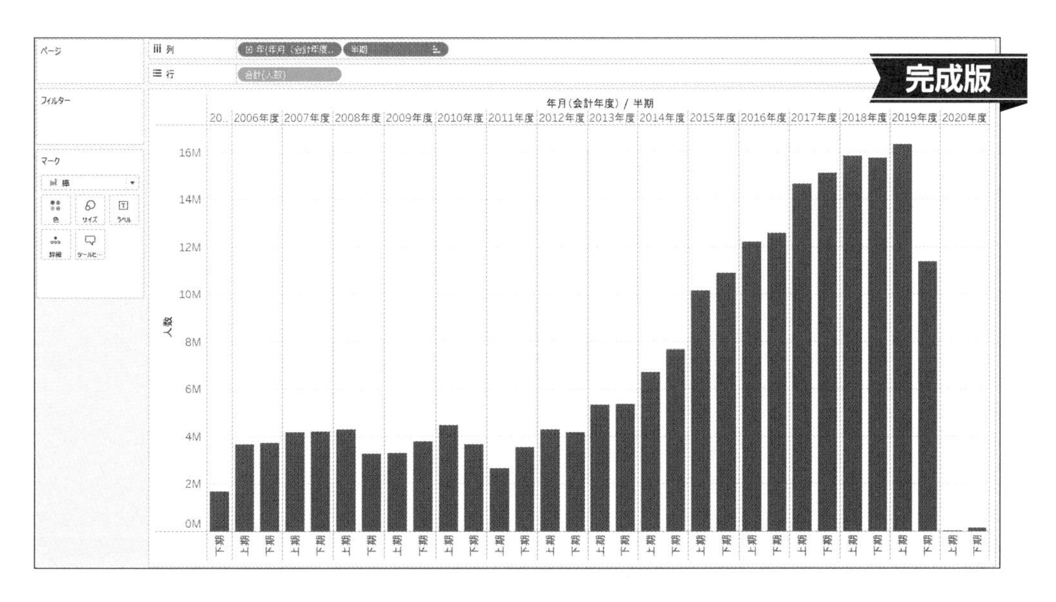

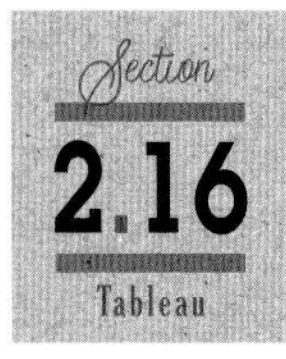

長いテキストの折り返し表示

¥Chap02¥2.16_airbnb_reviews.csv

Technique

- ☑計算式
- ☑テキストの改行表示
- ☑指定のフィールド順で並べ替え
- ☑ディメンション表の見せ方

問題

レビュー、アンケートのコメント、日報といった文章を見せるとき、文書が長くても改行して表示させられれば、マウスオーバーせずに文章が読めます。Airbnbの宿泊施設へのレビューから、図のように、2021年3月と北区でフィルターしてComments（コメント）を出しましょう。

さらに、文字数が多い順に並べ、75文字で改行して表示させてみましょう。また、ビュー上に「Abc」を表示させないようにしましょう。

[フィルター]	「Neighbourhood Cleansed」※「Kita Ku」を選択。単一値（ドロップダウン）で表示
	「月/年（Data)」※最新の日付値にチェックを入れ、2021年3月を選択
[行]	「Comments」

解答

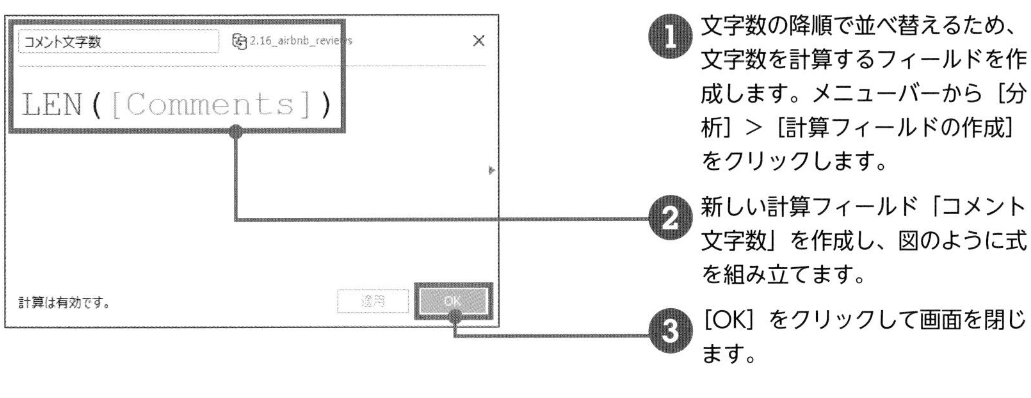

1. 文字数の降順で並べ替えるため、文字数を計算するフィールドを作成します。メニューバーから［分析］＞［計算フィールドの作成］をクリックします。
2. 新しい計算フィールド「コメント文字数」を作成し、図のように式を組み立てます。
3. ［OK］をクリックして画面を閉じます。

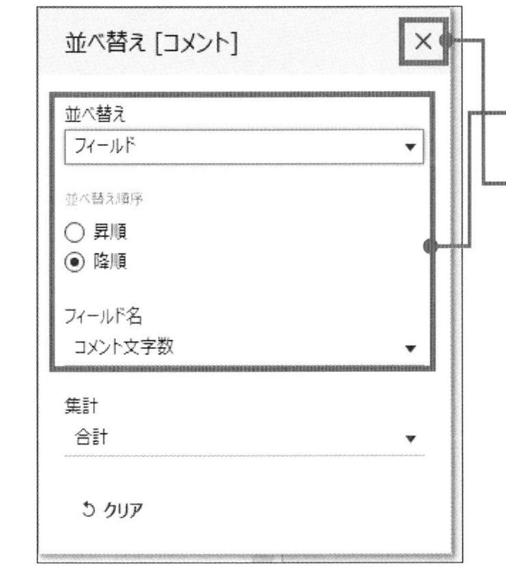

4. ［行］の「Comments」を右クリック＞［並べ替え］をクリックします。
5. 図のように指定します。
6. ［×］ボタンをクリックして画面を閉じます。

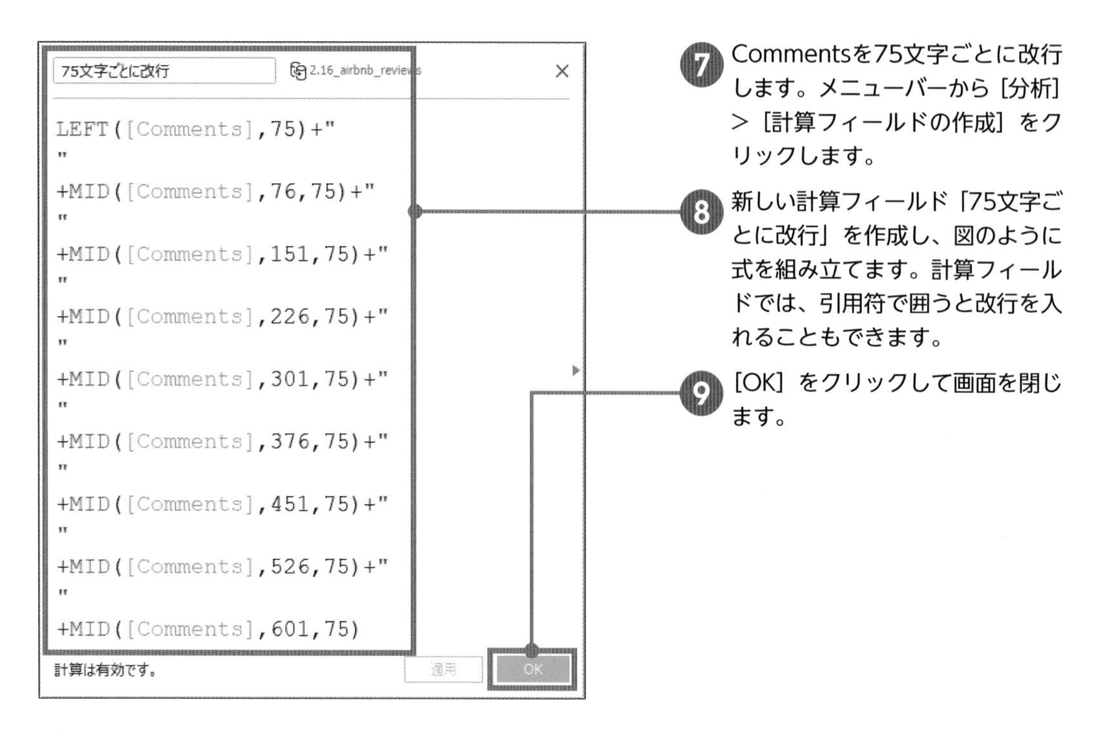

7 Commentsを75文字ごとに改行します。メニューバーから［分析］>［計算フィールドの作成］をクリックします。

8 新しい計算フィールド「75文字ごとに改行」を作成し、図のように式を組み立てます。計算フィールドでは、引用符で囲うと改行を入れることもできます。

9 ［OK］をクリックして画面を閉じます。

10 ［データ］ペインから「75文字ごとに改行」を［マーク］カードの［テキスト］にドロップします。ツールバーのプルダウンからビューのサイズを［幅を合わせる］に変更しておきます。

11 コメントが改行しても表示できるように、ヘッダー部分にカーソルを合わせ、ビュー上で行に高さを出します。

12 ［行］の「Comments」を右クリック >［ヘッダーの表示］をクリックして、ヘッダーを非表示にします。

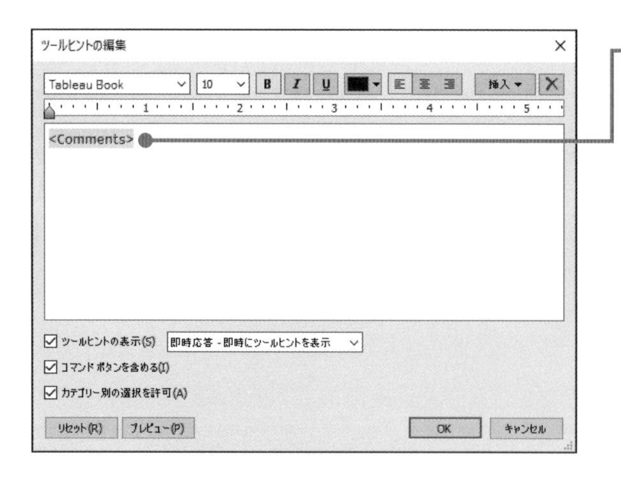

13 ［マーク］カードの［ツールヒント］をクリックして、「<Comments>」だけを残します。ツールヒントでは、改行を指示した計算フィールドより、元のフィールドのほうがきれいに改行されて見えます。

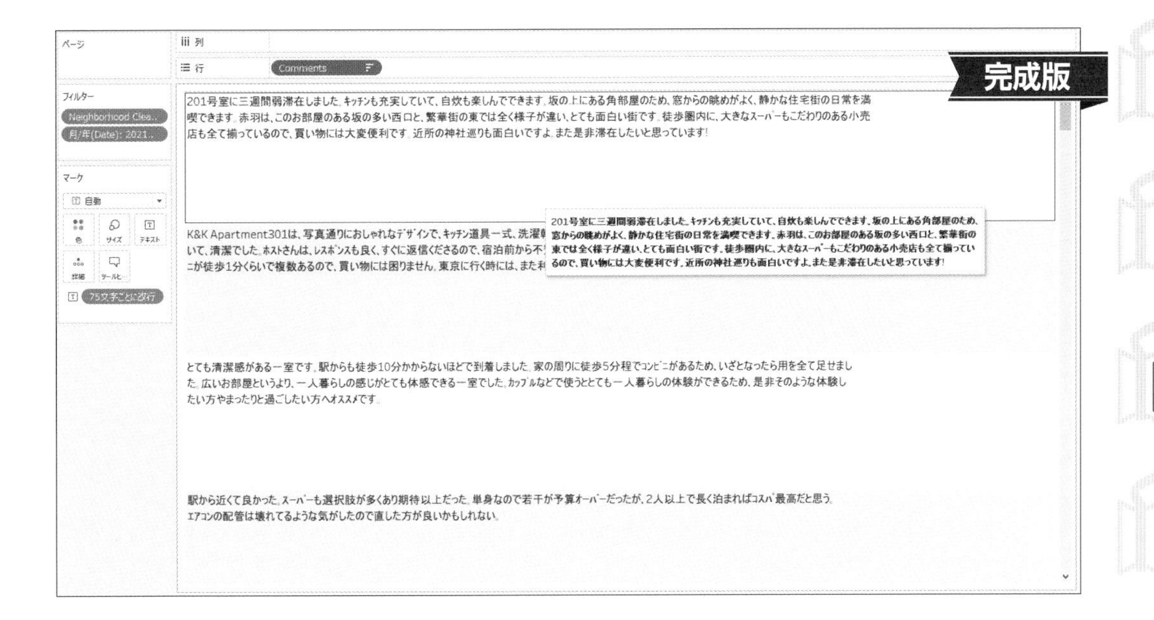

Point [データソース] ページのプレビュー表示

データソースページの下部にある [データソースのプレビュー] で、[今すぐ更新] や [自動更新] が表示されることがあります。クリックするとプレビューが表示されますが、クリックせずに進めても構いません。

Point ディメンションだけのクロス集計

ディメンションだけを表示するとき、ディメンションを [行] にドロップして見せると、ビューに「Abc」が表示されてしまいます。表示させたいディメンションを [マーク] カードの [テキスト] にもドロップし、[行] のディメンションのヘッダーは非表示にするときれいに見せられます。

Point マーク数によるパフォーマンスへの影響

完成したビューでフィルターを外してみると、表示までに時間がかかると思います。ビューのマーク数、すなわち描画された要素の数が多いと、ビューの表示に時間がかかります。クロス集計は、マーク数が多くなる傾向にあります。表示までの時間が気になったら、画面下部のステータスバーからマーク数を確認し、フィルターをしてから表示するなど、マーク数を減らすことを検討しましょう。

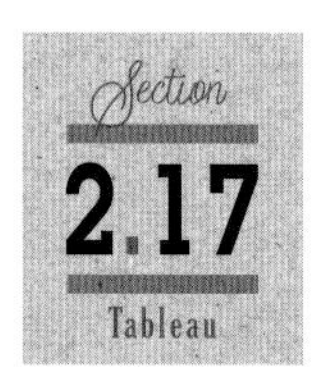

左右の軸の範囲を合わせたピラミッドチャート

¥Chap02¥2.17_population¥2.17_population(2019).csv
¥Chap02¥2.17_population¥2.17_population(2007_2019).xlsx

Technique

- 二重軸
- データソースの置換
- ループ再生
- ワイルドカードユニオン
- ページ

問題

男女の人数を表すとき、男女を左右に分けてピラミッドチャートで表すことがあります。この場合、男女の人数の多さに誤解が生じないよう、左右の軸の表示範囲は揃えて表示します。まず、2019年の人口推計のデータから、図のように男女で人口を表しましょう。

そして、左側の棒グラフの方向を逆で表し、2つの棒の軸の範囲を揃えてみましょう。

データソース	2.17_population(2019).csv
[列]	「合計（男）」、「合計（女）」
[行]	「年齢（ビン）」※ビンのサイズは「5」。[データ] ペインの「年齢」を右クリック ＞ [作成] ＞ [ビン] で作成
[マーク] カードの [マーク] タイプ	「棒」

解答

❶ まず、左の棒グラフの方向を、左に広がるように変更します。左の棒グラフの横軸を右クリック ＞［軸の編集］をクリックします。

❷［スケール］の［反転］にチェックを入れて、［×］ボタンをクリックして画面を閉じます。

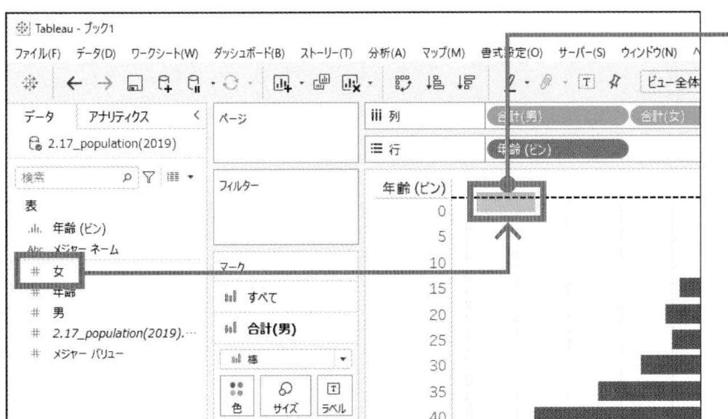

❸ 左の棒グラフの軸の範囲は5000強、右の棒グラフの軸の範囲は5000弱となっているため、左右の軸の範囲を揃えます。［データ］ペインの「女」を左の棒グラフの上側にドロップして、二重軸にします。

❹ 同様に、［データ］ペインの「男」を右の軸の上側にドロップします。

❺ 左右それぞれのグラフの上の軸を右クリック ＞［軸の同期］をクリックします。

❻ 上の軸を右クリック ＞［ヘッダーの表示］をクリックして、非表示にします。

❼ 軸のスケールを揃えるために、上の軸でビューに含めた2つの棒グラフを目立たなくします。［マーク］カードの「合計（女)」をクリックします。

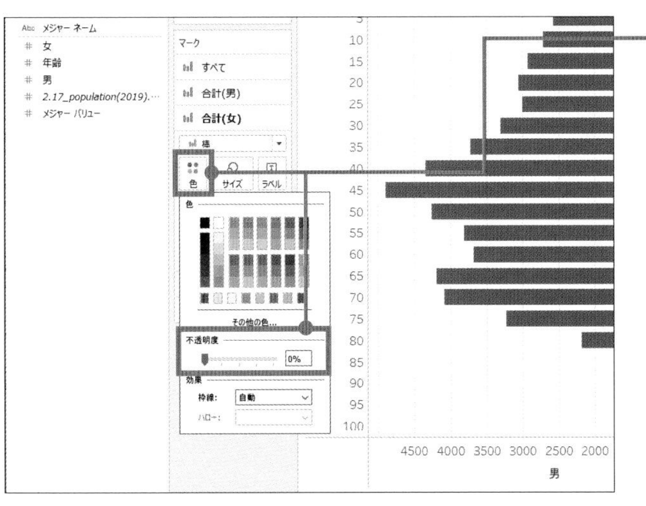

❽［マーク］カードの［色］をクリックして不透明度を0%まで下げます。

❾［マーク］カードの［サイズ］をクリックしてサイズを最小にします。

❿［マーク］カードの［ツールヒント］をクリックして、入力されているテキストをすべて削除します。

⓫［OK］をクリックして画面を閉じます。

⓬［マーク］カードの「合計（男）(2)」をクリックして、❽～⓫と同じ操作を行います。

⓭ 色を変更します。［マーク］カードの「すべて」をクリックして、［色］にある［複数のフィールド］を削除します。

⓮［マーク］カードの「合計（男)」と「合計（女）(2)」の［色］をクリックして、それぞれ色を変更します。

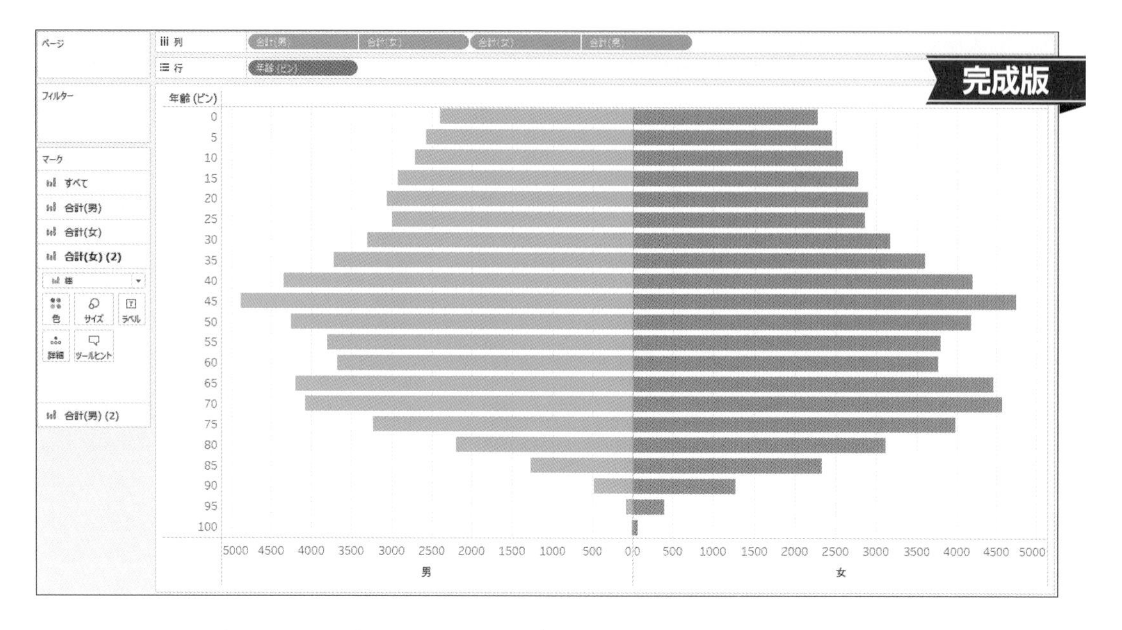

さらに、2007年から2019年まで含まれるデータに切り替えて、13年間の男女の人数の変化を動かして見てみましょう。

1. 13年間のデータが入っているデータソースに接続します。メニューバーの［データ］>［新しいデータソース］>［Microsoft Excel］をクリックして、データに「2.17_population(2007_2019).xlsx」を指定します。
2. データソースページの左側のペインから［ユニオンの新規作成］をキャンバスにドロップします。
3. ［ワイルドカード（自動）］タブをクリックし、［OK］をクリックして画面を閉じます。
4. 「シート」のフィールド名を「年」にして、データ型を［日付］に変更します。

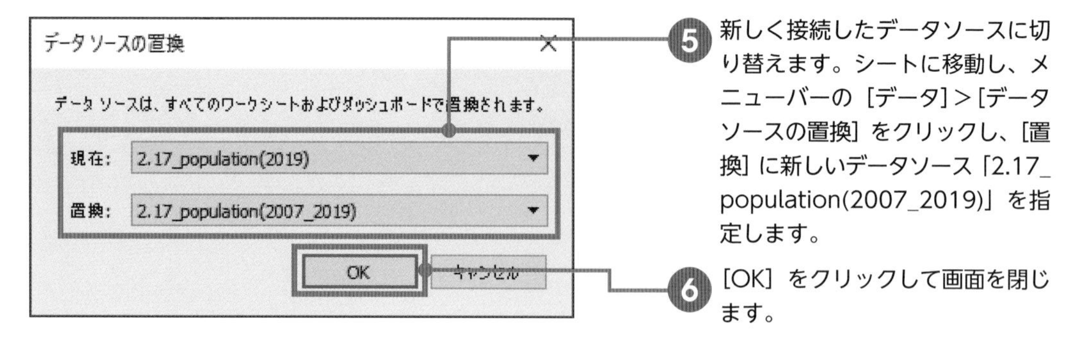

5. 新しく接続したデータソースに切り替えます。シートに移動し、メニューバーの［データ］>［データソースの置換］をクリックし、［置換］に新しいデータソース「2.17_population(2007_2019)」を指定します。
6. ［OK］をクリックして画面を閉じます。
7. 年の推移を動かして見られるようにします。［データ］ペインから「年」を［ページ］シェルフにドロップします。

8 年推移が繰り返し再生されるようにします。画面右上に表示された［ページ］カードのドロップダウン矢印［▼］をクリックし、［ループ再生］をクリックします。

9 ページが変わるたびに連続的な動きをさせます。メニューバーの［書式設定］>［アニメーション］をクリックし、図のように設定します。

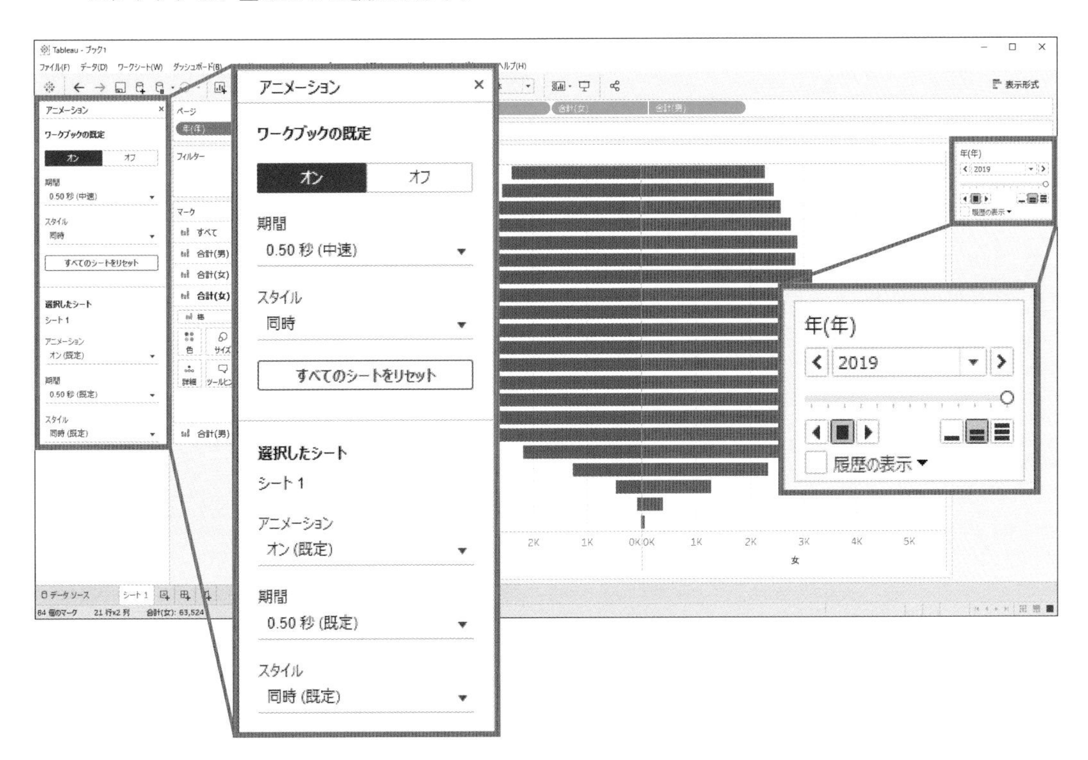

10 画面右上にある［ページ］カードの再生速度［速い］ボタン☰をクリックし、［再生］ボタン▶をクリックします。

Point 画面上に表示された色の抽出方法

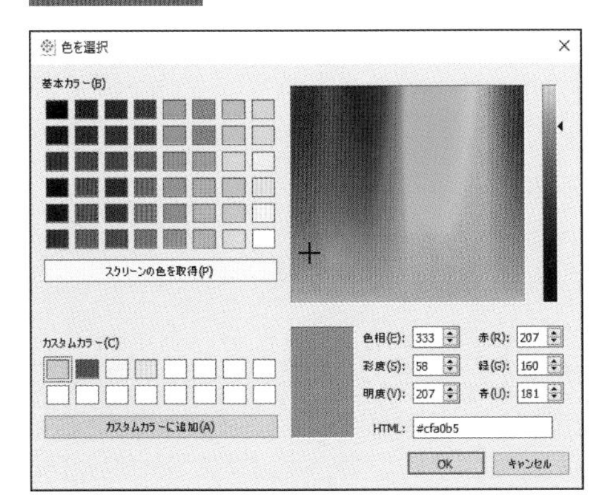

求める色を自在に取得しましょう。［マーク］カードの［色］>［その他の色］をクリックし、［スクリーンの色を取得］をクリックすると、PC上のあらゆるスクリーンから色を取得できます。

企業カラーなどよく使う色は、［カスタムカラーに追加］に登録しておくと、再度使用するときに利便性が向上します。

異なるデータの異なるフィールド値同士の比較

¥Chap02¥2.18_airbnb_reviews¥2.18_airbnb_reviews.csv
¥Chap02¥2.18_airbnb_reviews¥2.18_category_target.csv
¥Chap02¥2.18_airbnb_reviews¥2.18_category_en_jp.csv

Technique

- ☑対応データの活用
- ☑ブレンド
- ☑リファレンスライン
- ☑リレーションシップ
- ☑計算式

問題

業務では、商品グループ別の売上に対する予算や、工場別の製造数に対する出荷数など、異なるデータにあるフィールド同士を比較することがあります。しかし、商品グループや工場など、比較したいフィールドのもつ値が一致していないこともあります。

Airbnbのレビュー数に関して、東京23区の4エリアごとにレビューの目標値が定められているとします。まず、Airbnbの宿泊施設へのレビューデータ「2.18_airbnb_reviews.csv」から、図のように最新月のCategory（エリア）別レビュー数の棒グラフを作成しましょう。

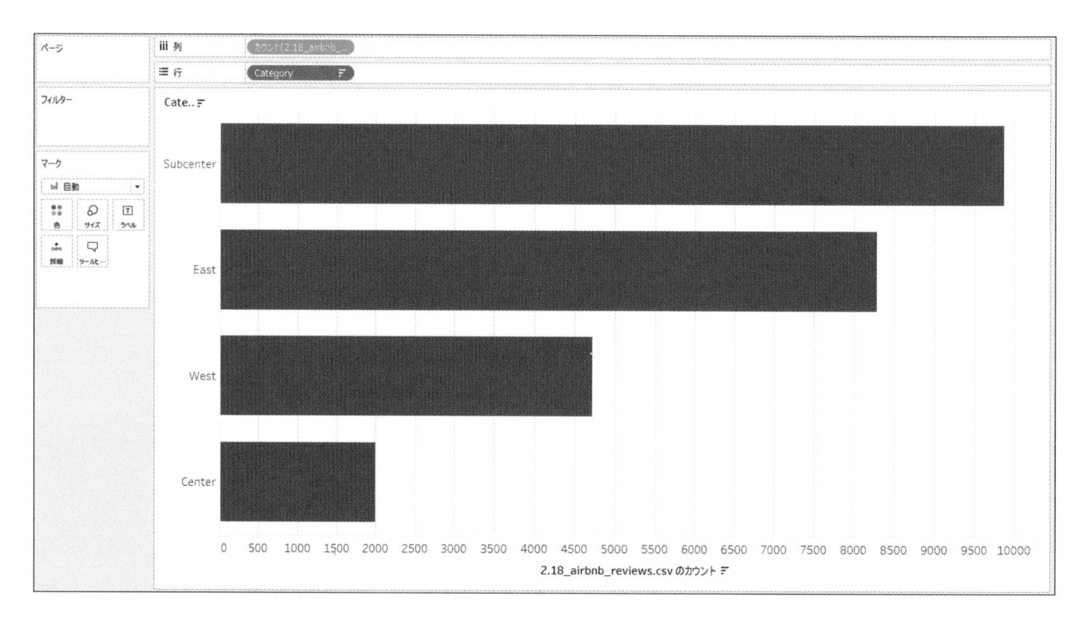

データソース	2.18_airbnb_reviews.csv
[列]	「カウント（2.18_airbnb_reviews.csv）」
[行]	「Category」
その他	降順で並べ替え

そして、月別目標レビュー数データ「2.18_category_target.csv」を使って、各Categoryのレビュー数がTarget（目標値）に到達したかリファレンスラインと色で確認してみましょう。

しかし、4エリアを表すフィールドは、レビューデータはCategory（英語）、目標レビュー数データはカテゴリ（日本語）です。日英対応データ「2.18_category_en_jp.csv」を使うと、Categoryとカテゴリを対応できます。

解答

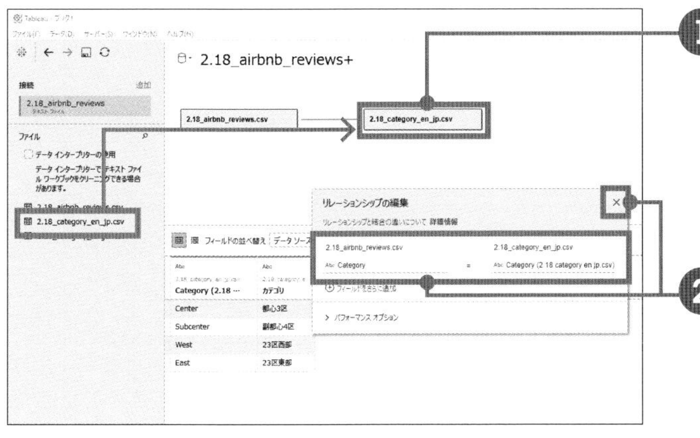

❶ Categoryとカテゴリを一致させるため、リレーションシップで対応データと組み合わせます。[データソース] ページで、左側のペインから「2.18_category_en_jp.csv」をキャンバスにドロップします。

❷ 2つのデータが「Category」で紐づいていることを確認して、[×] ボタンをクリックして画面を閉じます。

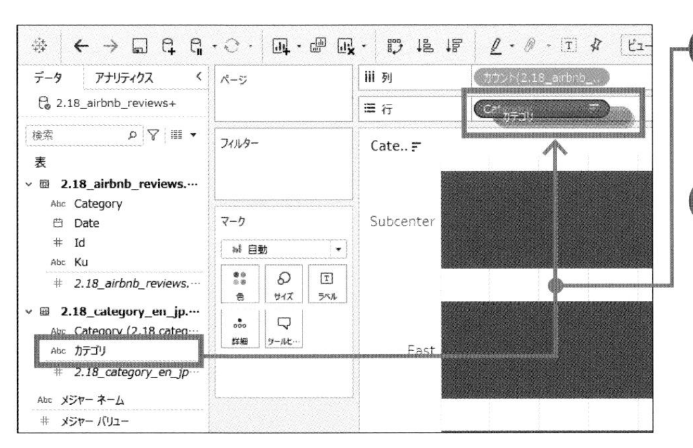

❸ シートに移動して、[データ] ペインの「カテゴリ」を [行] の「Category」の上にドロップして、フィールドを入れ替えます。

❹ ツールバーで、降順で並べ替えるボタンをクリックします。

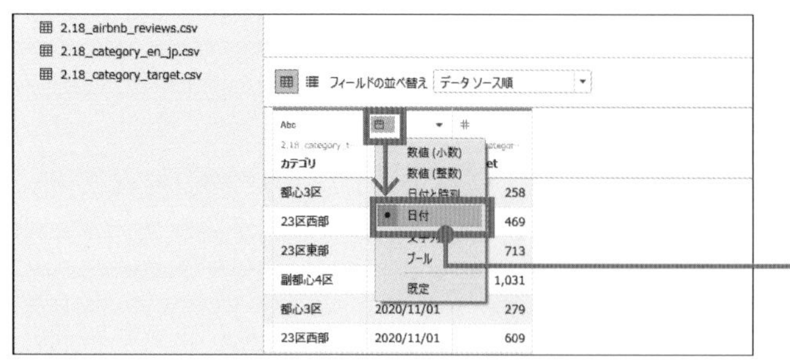

❺ 目標レビュー数データに接続します。メニューバーの［データ］>［新しいデータソース］をクリックして、「2.18_category_target.csv」に接続します。

❻ 「Date」のデータ型のアイコンをクリックし、「日付」に変更します。

❼ ❶〜❹のデータと、❺〜❻のデータをリンクします。シートに移動します。

❽ ［データ］ペインの「Date」の横にあるリンクフィールドアイコン（チェーンのマーク）をクリックして、オレンジ色にします。

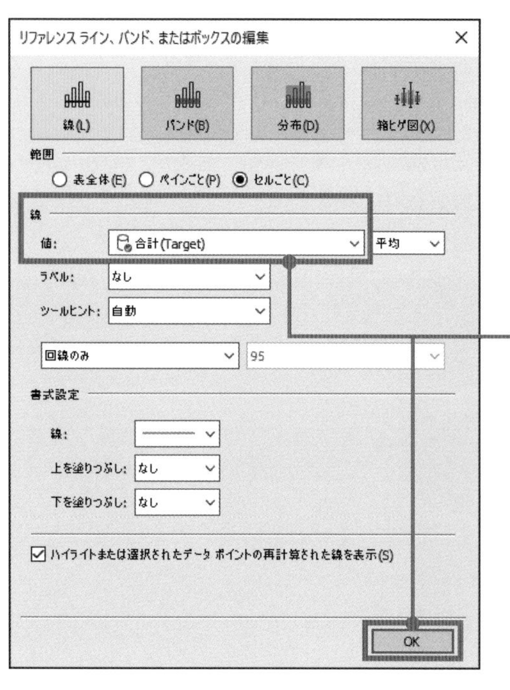

❾ ブレットグラフを作成します。［データ］ペインから「Target」を［マーク］カードの［詳細］にドロップします。

❿ ［アナリティクス］ペインの［リファレンスライン］をグラフ上にドラッグし、［セル］にドロップします。

⓫ ［値］は「合計（Target)」をクリックし、［OK］をクリックして画面を閉じます。

12 目標値を超えたかどうかを色分けします。メニューバーから［分析］＞［計算フィールドの作成］をクリックします。

13 新しい計算フィールド「目標値超え」を作成し、図のように式を組み立てます。

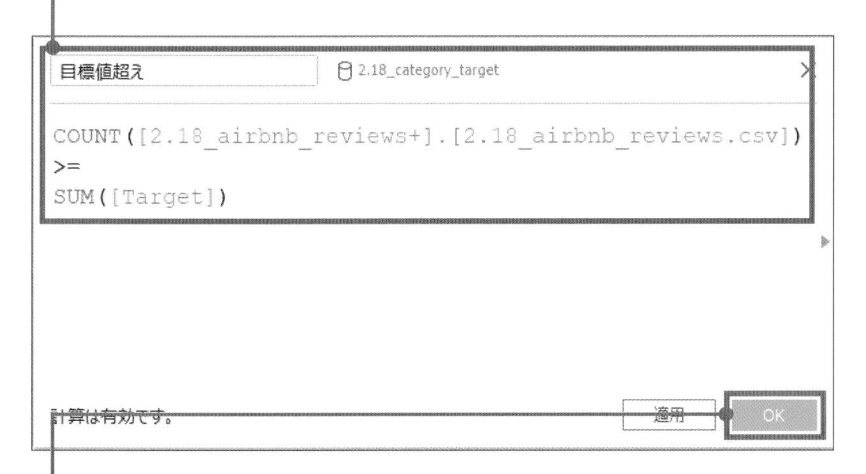

14 ［OK］をクリックして画面を閉じます。

15 ［データ］ペインから「目標値超え」を［マーク］カードの［色］にドロップします。

16 ［マーク］カードの［色］をクリックして、色を変更します。

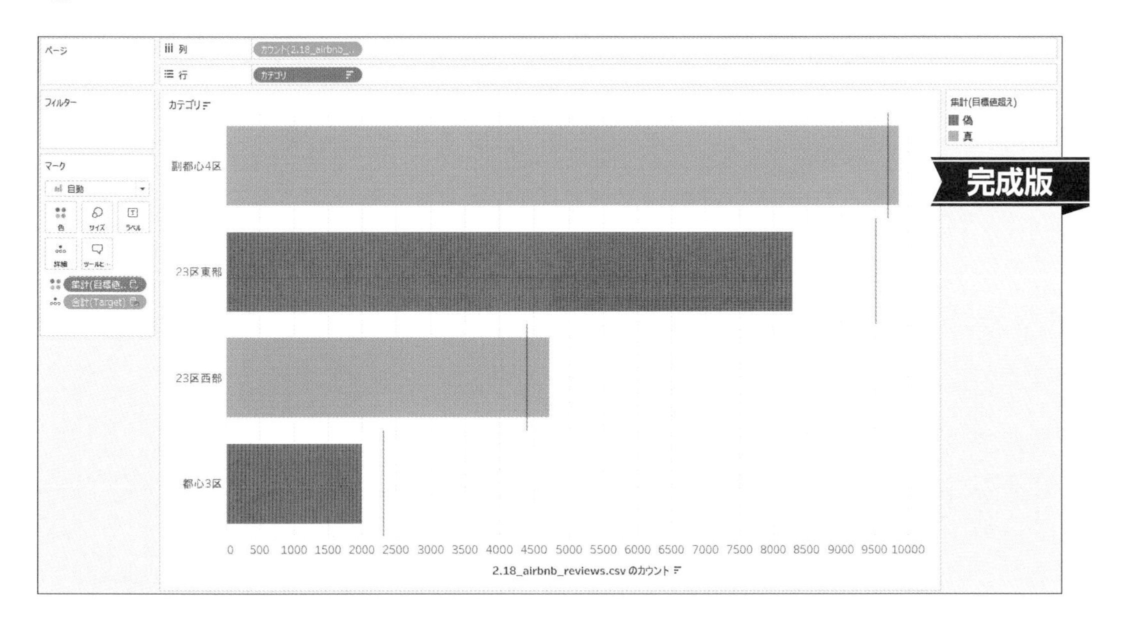

選択フィルター値を挿入したタイトル

¥Chap02¥2.19_world_happiness(2020).csv

Technique

✔色範囲の固定
✔タイトルに値の挿入

問題

フィルターで選択した値を、ダッシュボードのタイトルに反映させたいことがあります。まず、国別幸福度データから次のダッシュボード「幸福度」を作成しましょう。左の棒グラフをクリックすると、その棒の値で右の地図がフィルターされるようにします。さらに、タイトルを「<選択したRegional Indicator> の幸福度」に変更してみましょう。

ダッシュボード「幸福度」は、次の2つのシートを含みます。

A「地域ごとの平均幸福度」：Regional indicator（地域）別Ladder score（幸福度）の棒グラフ
B「国ごとの幸福度マップ」：Country name（国）別Ladder scoreの塗りつぶしマップ

Aでクリックした Regional indicatorで、Bがフィルターされるように設定します。

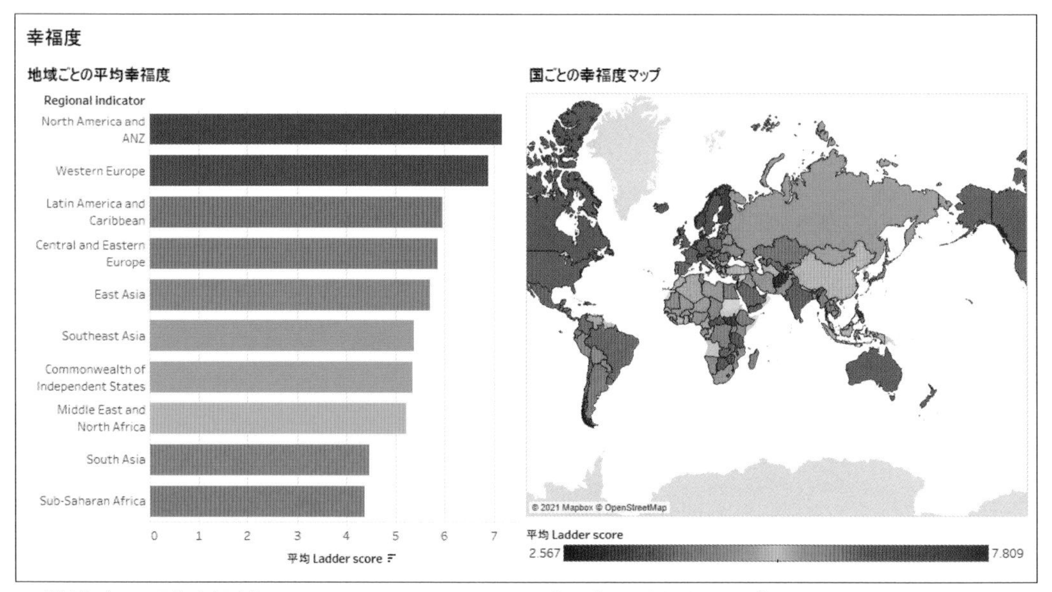

A「地域ごとの平均幸福度」　B「国ごとの幸福度マップ」

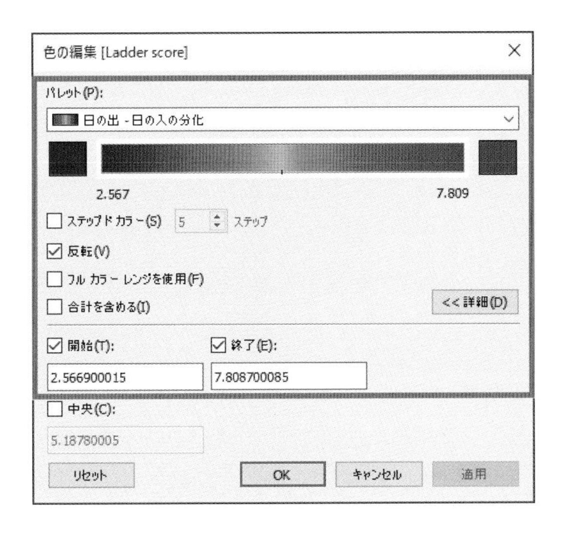

また、「Ladder score」の色を開始と終了が常に同じになるように、[データ] ペインの「Ladder score」を右クリック > [既定のプロパティ] > [色] をクリックして、左図のように変更しておきます。

A「地域ごとの平均幸福度」は、次の表を参考にビューを作成します。

[列]	「平均 (Ladder score)」
[行]	「Regional indicator」
[マーク] カードの [色]	「平均 (Ladder score)」
その他	降順で並べ替え

B「国ごとの幸福度マップ」は、次の表を参考にビューを作成します。

[マーク] カードの [詳細]	「Country name」
[列]	「経度 (生成)」
[行]	「緯度 (生成)」
[マーク] カードの [色]	「合計 (Ladder score)」

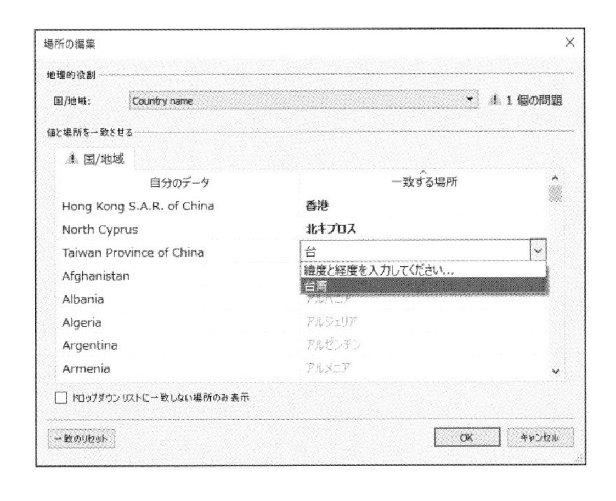

なお、地図の右下に表示された [3ヶ所が不明] をクリックして、図のように、一致する場所を割り当てます。

- Hong Kong S.A.R. of China－香港
- North Cyprus－北キプロス
- Taiwan Province of China－台湾

ダッシュボード「幸福度」では、Aをクリックしてグレーの枠線を表示し、ツールタブで［フィルターとして使用］アイコンをクリックし、白く塗りつぶした状態にしてフィルターします。

解答

❶ フィルターの値は、シートのタイトルに挿入できます。ダッシュボードのタイトルには挿入できないため、ダッシュボードのタイトルとして使用するための、新しいシートを開きます。

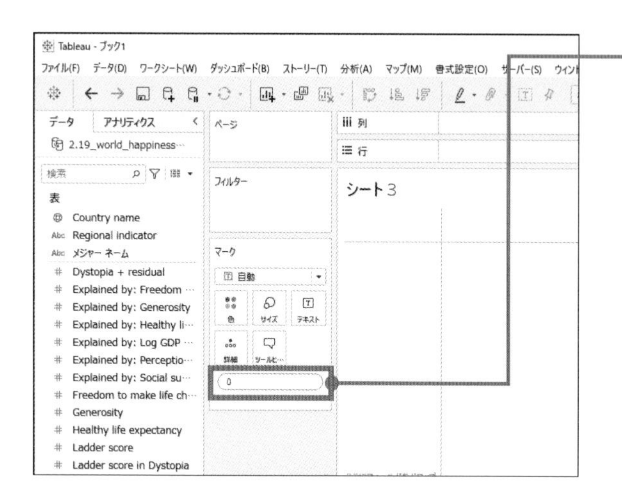

❷ シェルフに、いずれかのピルを含めます。図では、［マーク］カード上でダブルクリックして「0」を入力、［Enter］キーをクリックしています。［詳細］に「合計（0）」が入ります。どのようなピルを入れても構いません。

❸ B「国ごとの幸福度マップ」で、［フィルター］シェルフの「アクション（Regional indicator）」を右クリック＞［適用先ワークシート］＞［選択したワークシート］をクリックします。

❹ ❶で作成したシートにチェックを入れて、［OK］をクリックして画面を閉じます。

❺ ❶で作成したシートで、シートのタイトルを右クリック＞［タイトルの編集］をクリックします。

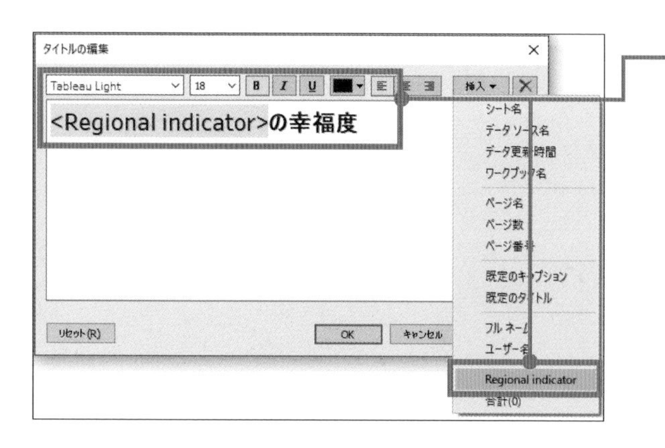

❻ 選択した地域名が表示されるようにします。［挿入］＞［Regional indicator］をクリックし、［タイトルの編集］ダイアログボックスのテキストを図のように入力します。タイトルには、ビューに含めたフィールド、フィルター値やパラメーター値なども挿入できます。

❼ ［OK］をクリックして画面を閉じます。

❽ ダッシュボード「幸福度」に移動し、❶で作成したシートのタイトルがダッシュボードのタイトルに見えるよう、そのシートを上部にドロップします。

❾ ドロップしたシートの高さを調整します。

10 ドロップしたシートのビューのサイズを、ツールバーで［標準］から［幅を合わせる］に変更して、タイトルを見えるようにします。

11 ダッシュボードのタイトルを非表示にします。画面左下［ダッシュボードのタイトルを表示］のチェックを外します。

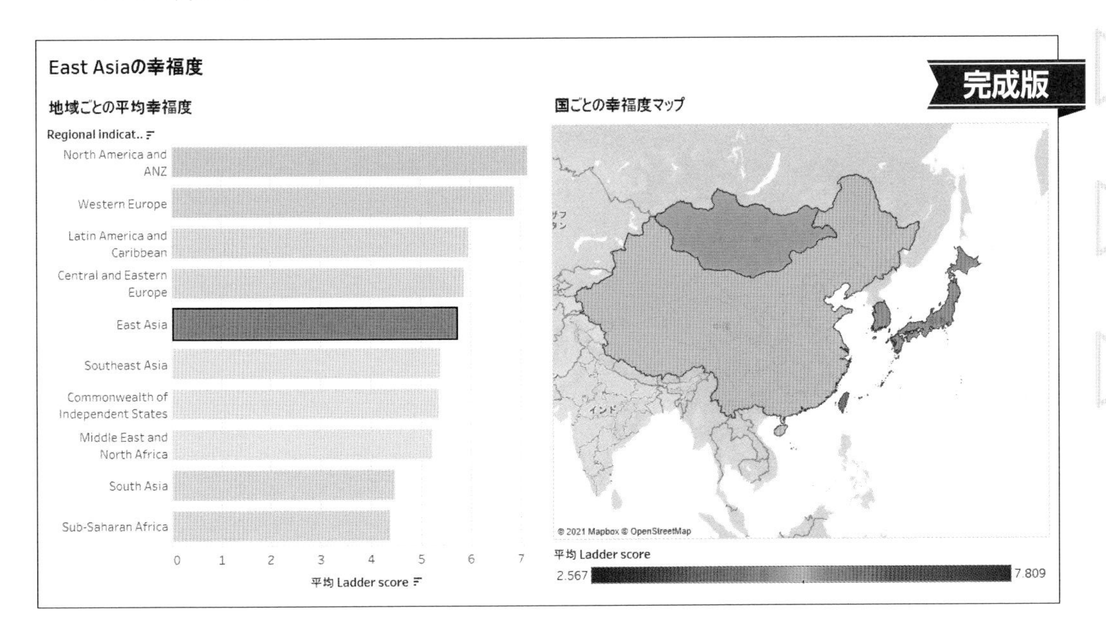

Point シート情報の取得

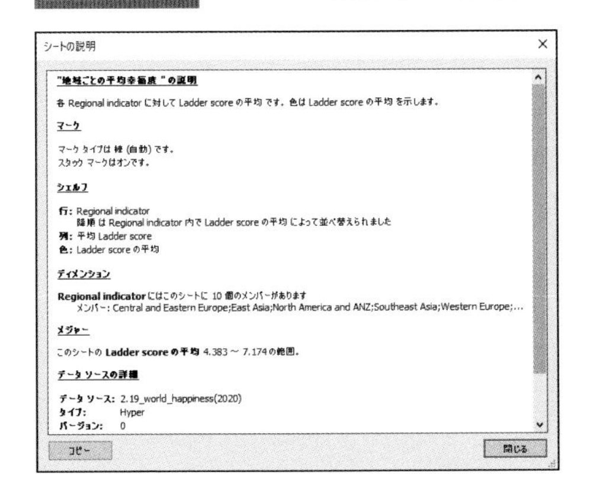

各シートで、どのようなビューを表示しているのか、文字でその情報を取得することができます。

メニューバーから［ワークシート］>［シートの説明］をクリックしてみましょう。グラフの種類や使用しているフィールド、データソース等の情報が表示されます。作成したビジュアル表現に対して、文書を残す必要がある場合に利用すると便利です。

異なるダッシュボードへのフィルターアクション

¥Chap02¥2.19_world_happiness(2020).csv

Technique

☑タイトルに値の挿入

問題

ダッシュボードは、フィルターの作り込み方で使いやすさが変わります。ここでは、**2.19**のダッシュボード「幸福度」を基にします。まず、2つ目のダッシュボード「詳細」を作成しましょう。さらに、「幸福度」の棒グラフでクリックしたRegional Indicatorで、「幸福度」にある地図と2つ目のダッシュボード「詳細」の両方をフィルターできるようにしてみましょう。

2つ目のダッシュボード「詳細」は、次のシートを含みます。

C「評価スコア」：Country name別での、Explainedから始まる6つの評価スコアの棒グラフ

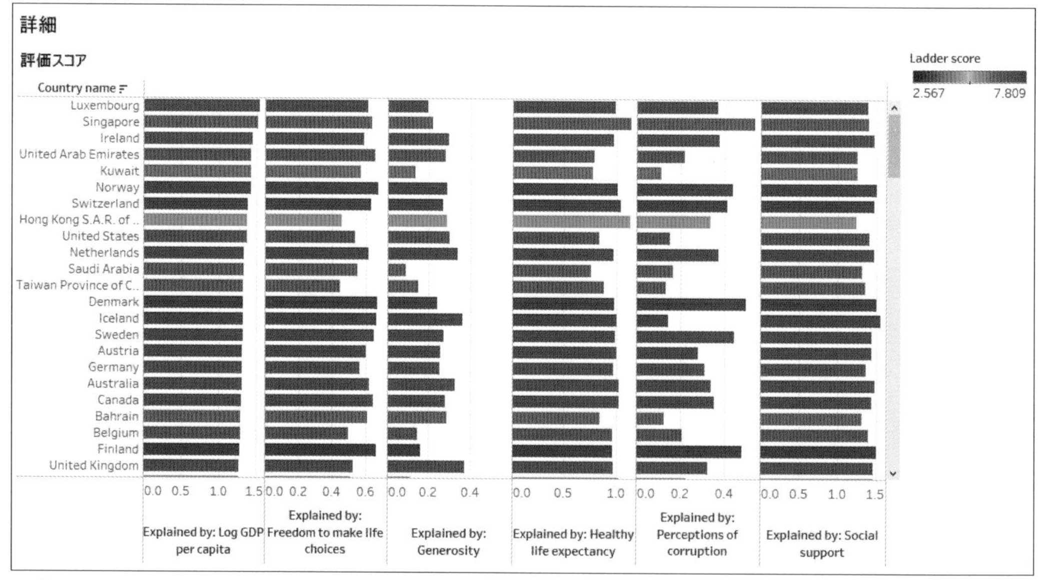

C「評価スコア」

C「評価スコア」は、次の表を参考にビューを作成します。

[列]	「合計（Explained by: Log GDP per capita)」 「合計（Explained by: Freedom to make life choices)」 「合計（Explained by: Generosity)」 「合計（Explained by: Healthy life expectancy)」 「合計（Explained by: Perceptions of corruption)」 「合計（Explained by: Social support)」
[行]	「Country name」
[マーク] カードの [色]	「合計（Ladder score)」
その他	降順で並べ替え

解答

❶「幸福度」ではAからBにフィルターアクションを適用しています。そのフィルターアクションをBで編集し、Cにも適用します。「幸福度」でAの棒をクリックしてから、Bのシートに移動します。

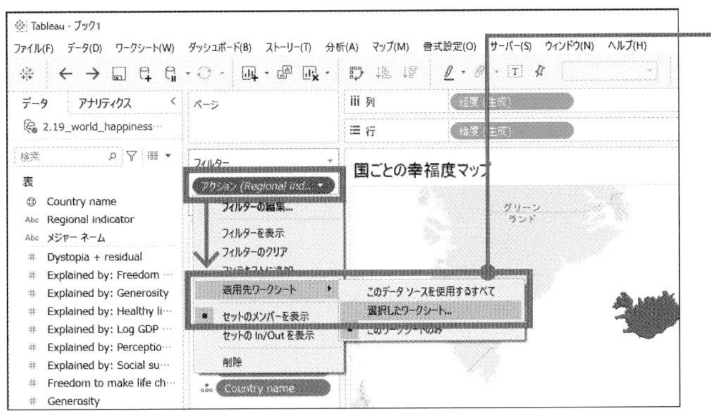

❷ フィルターアクションを設定されたシートには、アクションのフィルターが入ります。[フィルター] シェルフの「アクション (Regional indicator)」を右クリック > [適用先ワークシート] > [選択したワークシート] をクリックします。

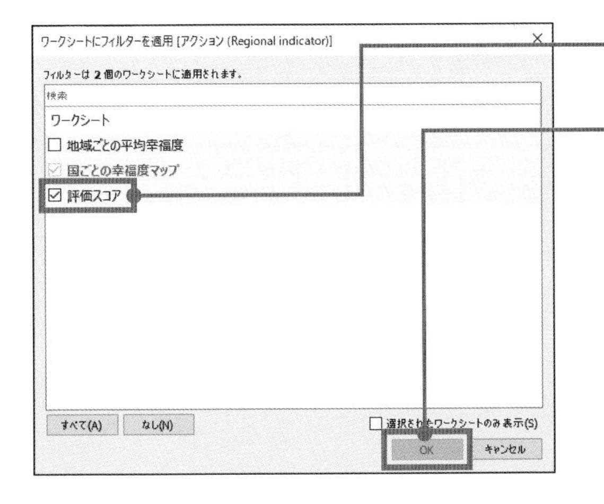

❸ Cのシート「評価スコア」にチェックを入れます。

❹ [OK] をクリックして画面を閉じます。

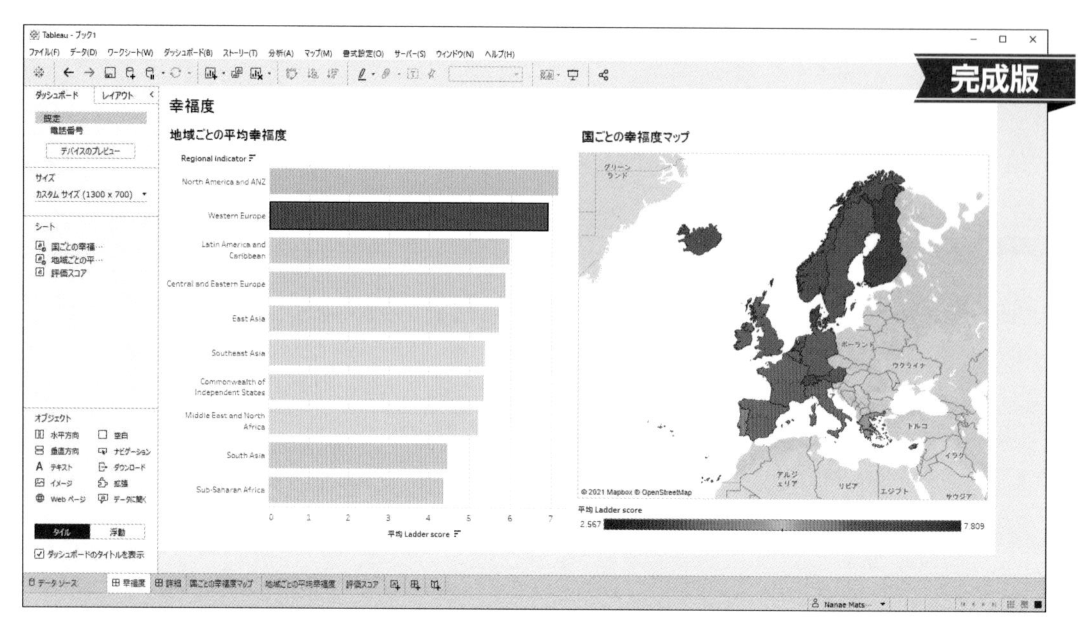
完成版
幸福度
地域ごとの平均幸福度
国ごとの幸福度マップ
Regional indicator
North America and ANZ
Western Europe
Latin America and Caribbean
Central and Eastern Europe
East Asia
Southeast Asia
Commonwealth of Independent States
Middle East and North Africa
South Asia
Sub-Saharan Africa
0 1 2 3 4 5 6 7
平均 Ladder score
平均 Ladder score
2.567
7.809
© 2021 Mapbox © OpenStreetMap
グリーンランド
ポーランド
ウクライナ
トルコ
イラク
アルジェリア
リビア
エジプト
サウジア
ダッシュボード
レイアウト
既定
電話番号
デバイスのプレビュー
サイズ
カスタム サイズ (1300 x 700)
シート
国ごとの幸福…
地域ごとの平…
評価スコア
オブジェクト
水平方向
空白
垂直方向
ナビゲーション
テキスト
ダウンロード
イメージ
拡張
Web ページ
データに聞く
タイル
浮動
ダッシュボードのタイトルを表示
データソース
幸福度
詳細
国ごとの幸福度マップ
地域ごとの平均幸福度
評価スコア

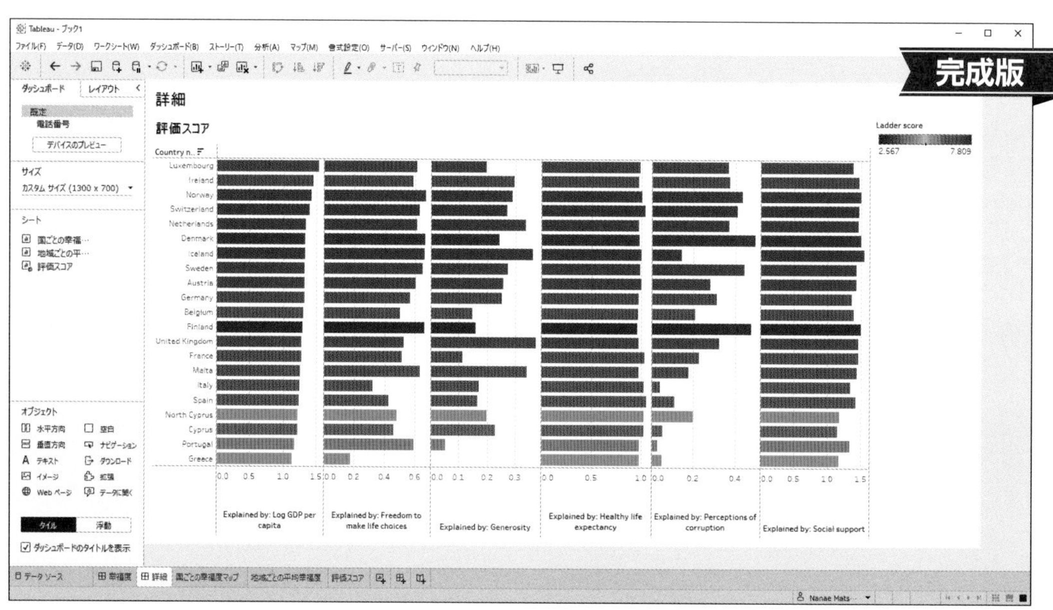
完成版
詳細
評価スコア
Ladder score
2.567
7.809
Country n..
Luxembourg
Ireland
Norway
Switzerland
Netherlands
Denmark
Iceland
Sweden
Austria
Germany
Belgium
Finland
United Kingdom
France
Malta
Italy
Spain
North Cyprus
Cyprus
Portugal
Greece
Explained by: Log GDP per capita
Explained by: Freedom to make life choices
Explained by: Generosity
Explained by: Healthy life expectancy
Explained by: Perceptions of corruption
Explained by: Social support
データソース
幸福度
詳細
国ごとの幸福度マップ
地域ごとの平均幸福度
評価スコア

COLUMN

頻繁に閲覧するダッシュボードへの容易なアクセス方法

ユーザーの所属する部署や階層などで、見るべきダッシュボードをすぐに見つけられるよう用意してあげると親切です。Tableau Server / Tableau Onlineのプロジェクトで整理したり、社内サイトに埋め込んだりとさまざまな方法がありますが、ここではダッシュボードでメニュー化するアイディア例を3つ紹介します。

次の例は、定期的に見るべきダッシュボードのリンクを一覧化したダッシュボードです。クリックすると、対象のダッシュボードに移動します。

同じワークブック内の異なるダッシュボードへの移動であれば、ナビゲーションオブジェクト（ダッシュボード編集画面左下の［オブジェクト］の［ナビゲーション］）、もしくは、シートに移動アクション（メニューバーの［ダッシュボード］＞［アクション］＞［シートに移動］）で設定します。異なるワークブックのダッシュボードへの移動であれば、Tableau Server / Tableau Onlineにパブリッシュした URLを利用して、URLアクション（メニューバーの［ダッシュボード］＞［アクション］＞［URLに移動］）で設定できます。

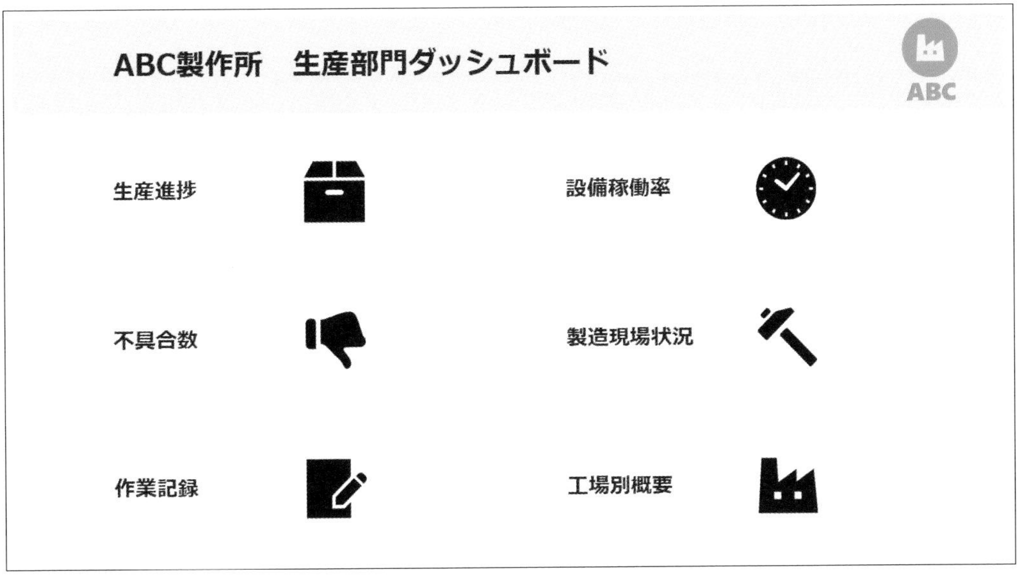

ABC製作所　生産部門ダッシュボード

ABC

生産進捗

設備稼働率

不具合数

製造現場状況

作業記録

工場別概要

次の例は、ダッシュボードのサムネイルを表示したダッシュボードです。スクリーンショットしたイメージ（画像）を表示しています。遷移先のダッシュボードで共通して使えるフィルターも、このメニュー画面で指定できるようにしています。

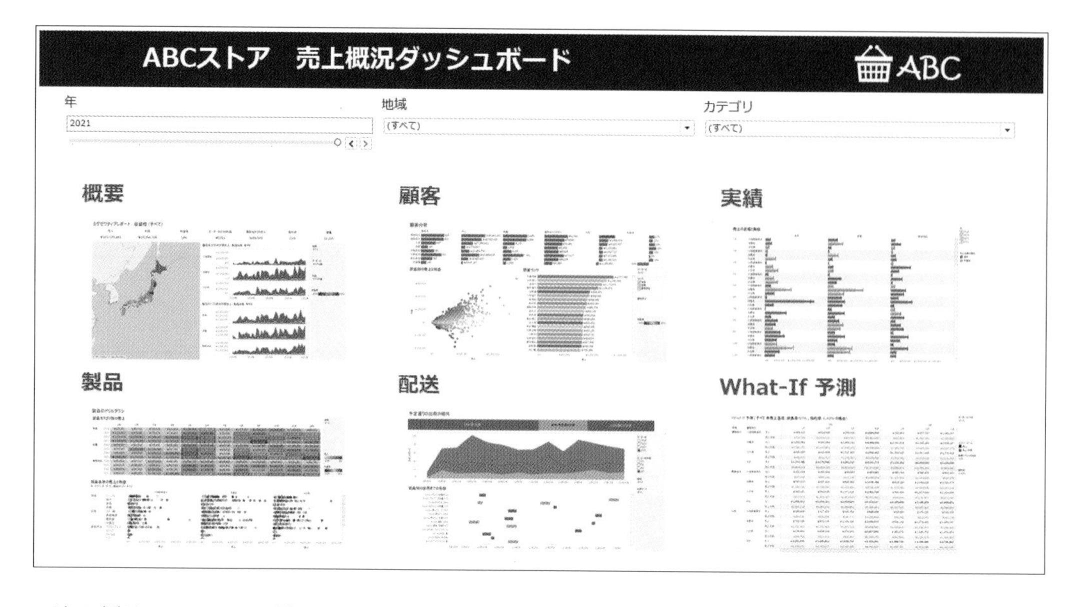

次の例は、タイトルの横で注文もしくは発送をクリックすると、クリックした対象のダッシュボードを表示するデザインです。各ダッシュボードを、タイトルのデザインや高さを同じように作成しておきます。右上のアイコンをクリックしたとき、タイトルとタイトルから下のビューのみを切り替えているように見せられます。ナビゲーションオブジェクトやシートに移動アクションを使って作成します。

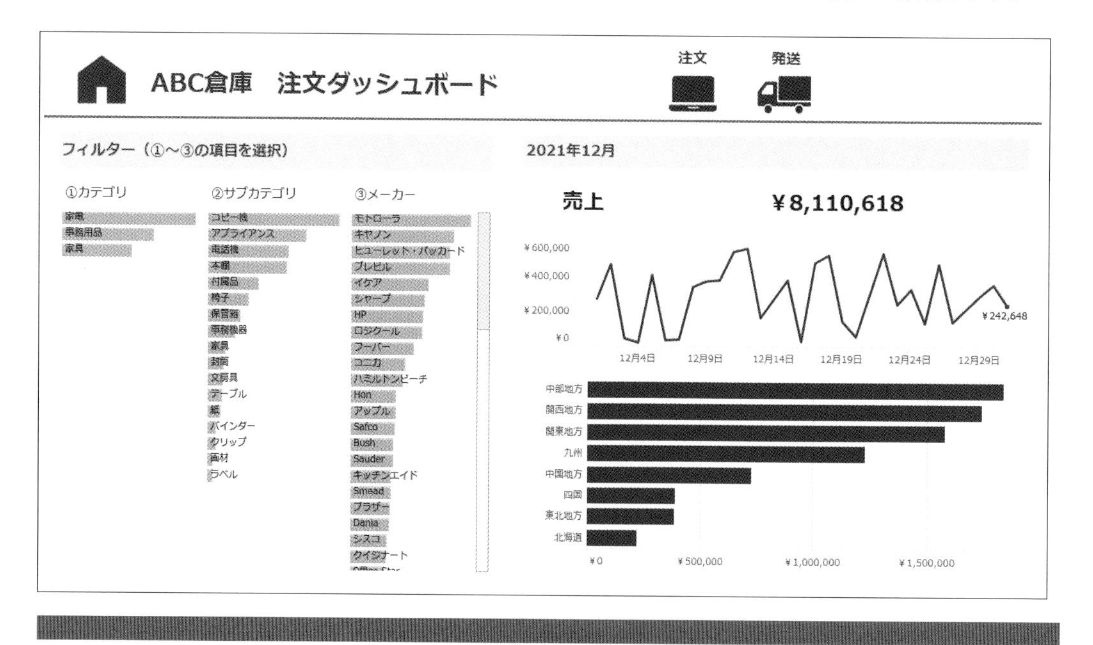

求める値の算出

問題文を読んで、データから答えを見つけましょう。本章では、次々と湧き出る疑問に答えられるよう、その場その場で求める値を出していく練習を行います。本章の内容は、Tableauの認定資格試験にも役立ちます。
なお、解説の手順は、解答を導く一例です。別の手順で解答を出せるかチャレンジしてみても練習になります。

不動産取引金額が最も大きい自治体は?

Data ¥Chap03¥3.1_trade_prices(2019).csv

Technique ✔カスタム分割

問題

システムから吐き出されるデータには、1つの列に「,」(カンマ)やスペースなどで区切られた複数の情報が含まれることがあります。

2019 年の不動産取引データのMunicipality(自治体)は、自治体の表記ルールに則って、「Shibuya Ward」や「Hachioji City」のように1つの名称が含まれる自治体もあれば、「Aoba Ward,Yokohama City」や「Abeno Ward,Osaka City」のように「,」で区切られ複数の名称が含まれる場合もあります。1つの名称が含まれる自治体と、「,」で区切った後ろ側の自治体の名称を対象に、合計Trade Price(取引金額)が最も多いMunicipalityはどこですか?

解答　正解は、Osaka City

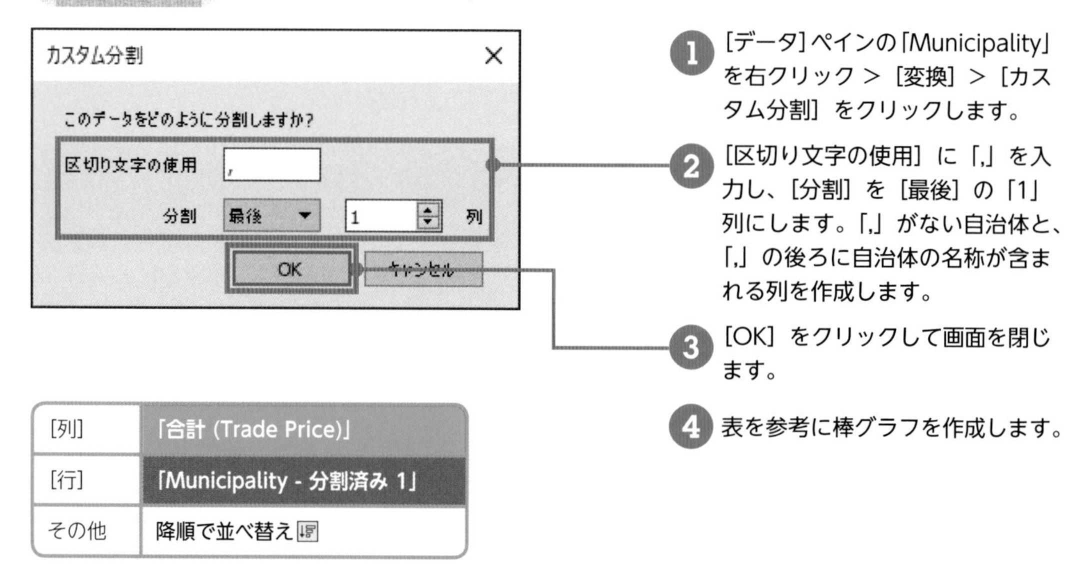

1. [データ]ペインの「Municipality」を右クリック > [変換] > [カスタム分割] をクリックします。
2. [区切り文字の使用] に「,」を入力し、[分割] を [最後] の「1」列にします。「,」がない自治体と、「,」の後ろに自治体の名称が含まれる列を作成します。
3. [OK] をクリックして画面を閉じます。
4. 表を参考に棒グラフを作成します。

[列]	「合計 (Trade Price)」
[行]	「Municipality - 分割済み 1」
その他	降順で並べ替え

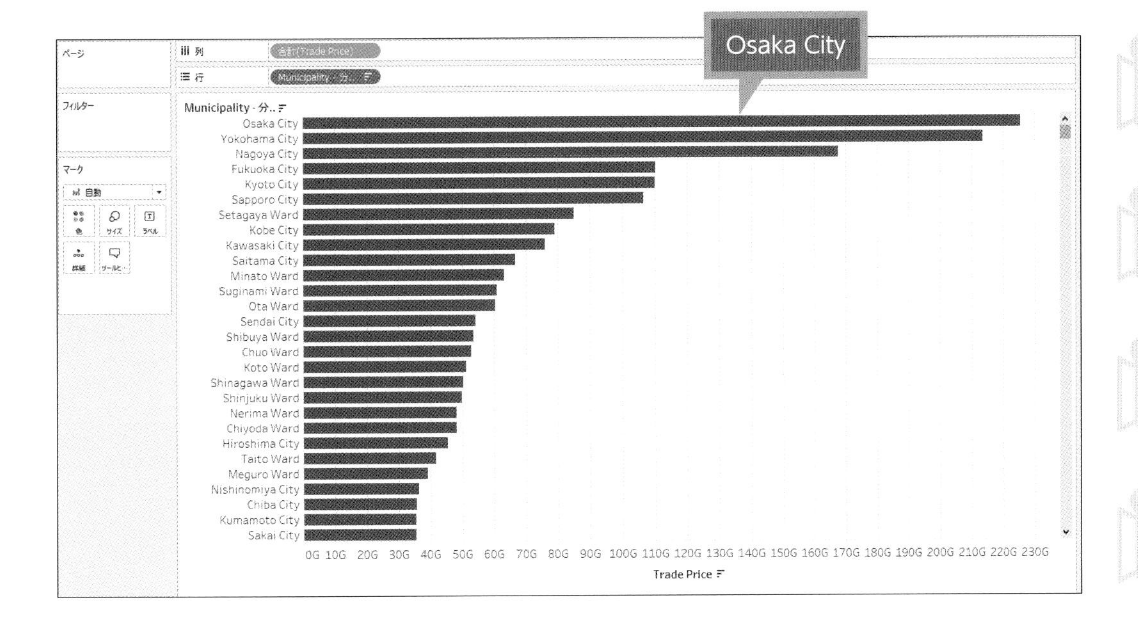

Point データソースの整理方法

接続したデータソースは、整理しながら分析しましょう。[データ] ペインのデータソースの名前を右クリック > [名前の変更] をクリックすると、Tableauで表示するデータソース名を変更できます。データソースの名前を右クリック > [閉じる] をクリックすると、接続を終了できます。複数のデータソースに接続しているときに便利です。

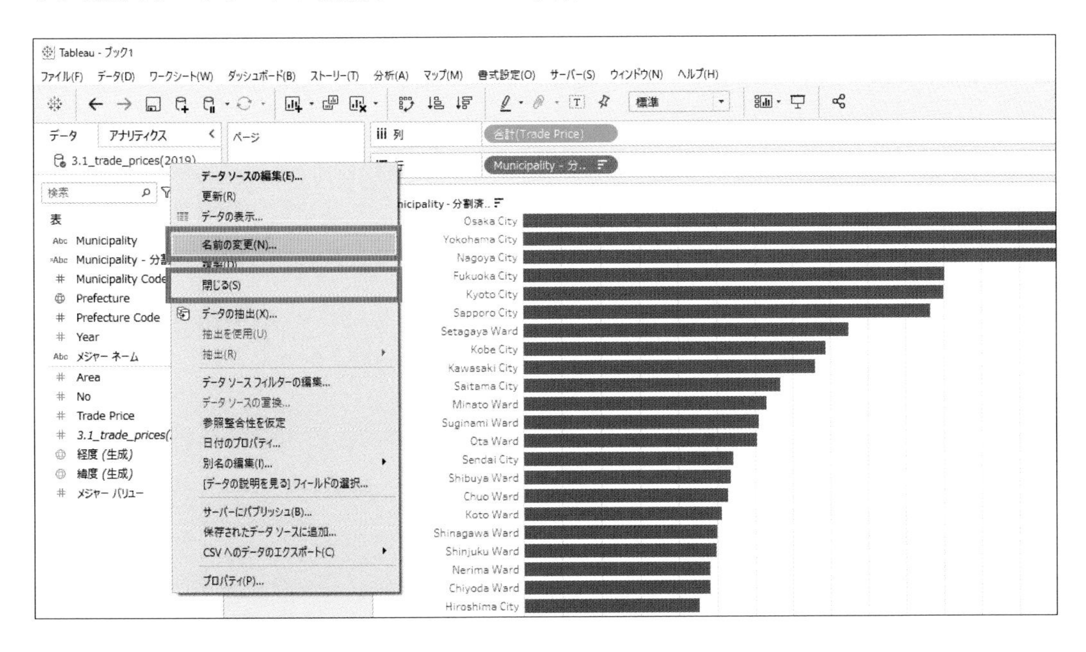

日本の幸福度を抜かした国は?

Data　¥Chap03¥3.2_world_happiness(2015_2020) 内の6つのcsv

Technique
- ✔ワイルドカードユニオン
- ✔フィールドのマージ
- ✔カスタム分割
- ✔軸の編集

問題

複数に分かれたデータを取得すると、同じような形のデータでも列名が揃っていないことがあります。

国名と幸福度を示す2列のデータを含む、2015年から2020年までのデータがあります。ファイルは1年ごとに6つに分かれていて、列名は揃っていません。2020年に発表されたGDP上位10か国のうち、データがある6年の間に、日本の幸福度を抜かした国はどこですか？

※GDP上位10か国：United States, China, Japan, Germany, India, France, United Kingdom, Italy, Brazil, Canada

解答　正解は、Italy

1. 6つに分かれたデータを縦に組み合わせて1つのデータにします。「2015.csv」に接続します。
2. キャンバスの「2015.csv」を右クリック ＞ ［ユニオンに変換］をクリックします。
3. ［ワイルドカード（自動）］タブをクリックし、［OK］をクリックして画面を閉じます。
4. データによって表記の異なる国名を1つのフィールドにまとめます。［Ctrl］キーを押しながら国名を表す3つのフィールド（Country、Country or region、Country name）を選択し、フィールド名を右クリック ＞ ［一致していないフィールドをマージ］をクリックします。

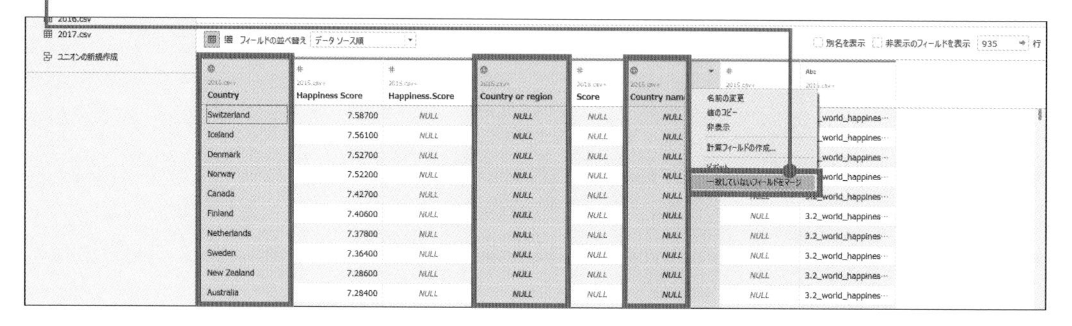

5 同様に、幸福度を表す4つのフィールド（Happiness Score、Happiness.Score、Score、Ladder score）を［Ctrl］キーを押しながら選択して、フィールド名を右クリック＞［一致していないフィールドをマージ］をクリックします。

6 「パス」から、年を抜き出します。「パス」のフィールド名を右クリック＞［カスタム分割］をクリックします。

7 ［区切り文字の使用］を「/」、［最後］の「1」列にし、［OK］をクリックして画面を閉じます。

8 「パス - 分割済み 1」を右クリック＞［カスタム分割］をクリックします。

9 ［区切り文字の使用］を「.」、［最初］の「1」列にし、［OK］をクリックして画面を閉じます。

10 「パス - 分割済み 1 - 分割済み 1」のデータ型のアイコンをクリックし、［日付］に変更します。

11 各列名を右クリック＞［名前の変更］をクリックして、最も左にある国名のフィールド名を「国」、幸福度のフィールド名を「幸福度」、⑩でデータ型を「日付」に変更したフィールドのフィールド名を「年」に変更します。

［フィルター］	「国」 ※GDP上位10か国を選択
［列］	「年(年)」
［行］	「平均（幸福度）」
［マーク］カードの［色］	「国」
［マーク］カードの［ラベル］	「国」

12 表を参考にグラフを作成します。

13 縦軸を右クリック＞［軸の編集］をクリックします。

14 ［ゼロを含める］のチェックを外し、［×］ボタンをクリックして画面を閉じます。

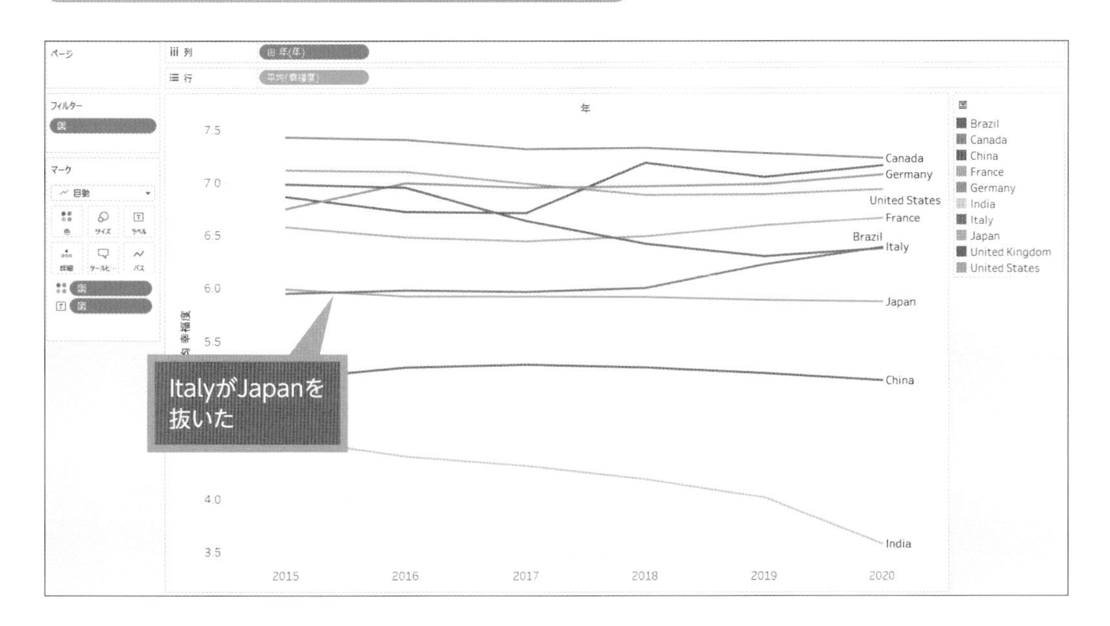

評価を行う割合の高いアニメの提供方法は?

¥Chap03¥3.3_anime¥3.3_anime_rating.csv
¥Chap03¥3.3_anime¥3.3_anime_listings.csv

Technique

- ✔非集計の計算
- ✔簡易表計算とその指定
- ✔別名
- ✔ビュー上の並べ替え

問題

利益が出た取引かどうか、目標値以上かどうかなど、ある一定の値を満たしているかどうかを確認し、条件を満たしたものが全体の中でどれくらいあるのか、その割合を分析することがあります。

アニメの視聴データ「3.3_anime_rating.csv」から、Rating（評価）を行った割合が最も高いName（アニメ作品名）のType（提供方法）はどれですか？ Ratingは、評価をしていなければ-1、評価をしていれば1～10の評価が入ります。なお、Typeは、アニメの一覧情報「3.3_anime_listings.csv」に含まれます。

解答　正解は、TV

1. まず、2つのデータを組み合わせます。「3.3_anime_rating .csv」に接続します。
2. 左側のペインから「3.3_anime_listings.csv」をキャンバスにドロップします。
3. 「Anime_Id」で紐づいていることを確認して、画面を閉じます。

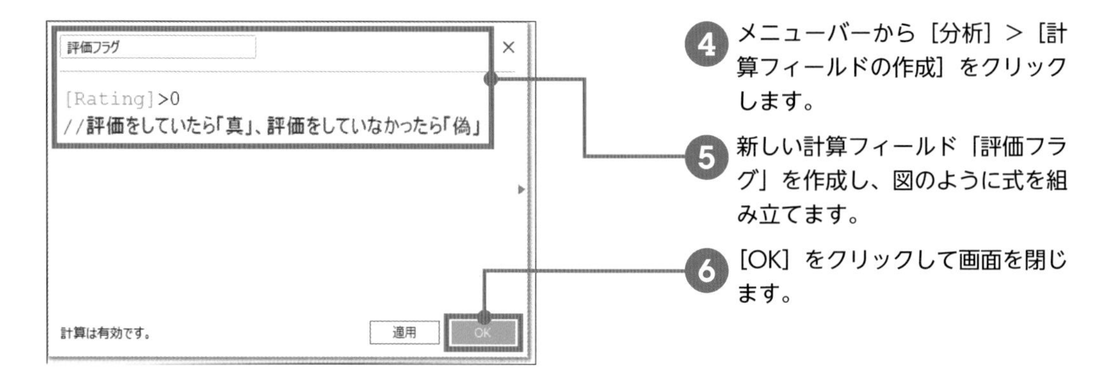

4. メニューバーから［分析］>［計算フィールドの作成］をクリックします。
5. 新しい計算フィールド「評価フラグ」を作成し、図のように式を組み立てます。
6. ［OK］をクリックして画面を閉じます。

7 [データ] ペインの「評価フラグ」を右クリック > [別名] をクリックします。

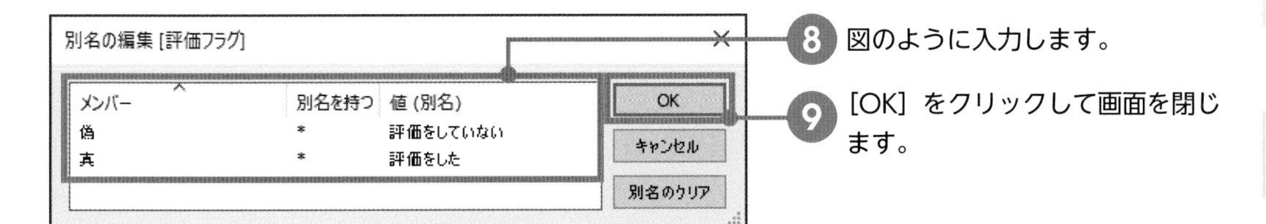

8 図のように入力します。

9 [OK] をクリックして画面を閉じます。

10 割合を表す100%帯グラフを作成します。表を参考にビューを作成します。

[列]	カウント(3.3_anime_rating.csv)
[行]	「Type」
[マーク] カードの [色]	「評価フラグ」

11 [列] の「カウント(3.3_anime_rating.csv)」を右クリック > [簡易表計算] > [合計に対する割合] をクリックします。

12 [列] の「カウント(3.3_anime_rating.csv)」を右クリック > [次を使用して計算] > [表(横)] をクリックします。

13 ビュー上で「評価をした」を表すオレンジ色の棒をクリックします。

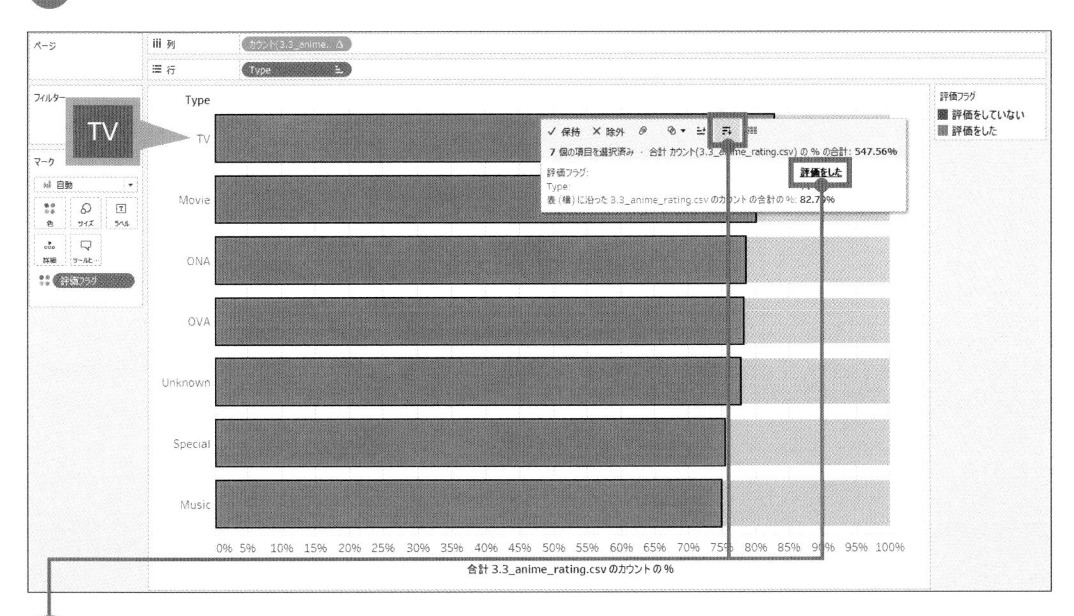

14 ツールヒントで「評価をした」をクリック、降順で並べ替えるボタンをクリックします。

PCR民間検査会社が占める陽性者割合は?

¥Chap03¥3.4_pcr_case_daily.csv

Technique

- ✔ピボット
- ✔簡易表計算とその指定

問題

値の比較や割合の算出は、頻繁に行う分析です。

COVID-19のPCR検査を実施した検査機関別陽性者数データから、民間検査会社が地方衛生研究所・保健所よりも初めて多くの陽性者を出した日にちと、その日に民間検査会社が占める陽性者割合はいくつでしたか？

解答

正解は、2020年5月7日、40.08%

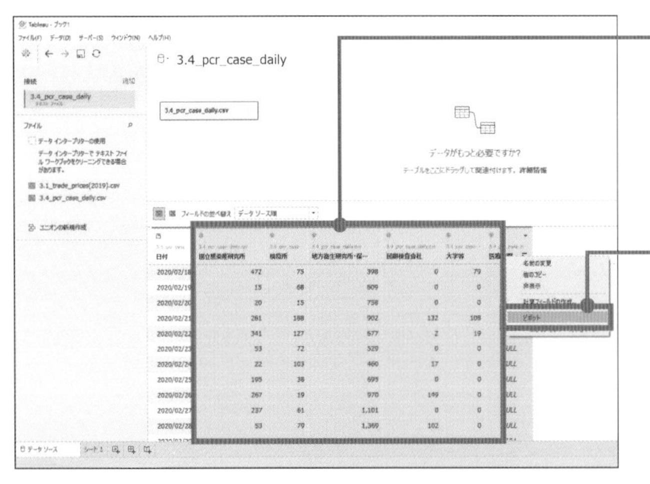

❶ まずデータを、横方向に広がる形から縦方向に広がる形に変換します。 データソースページで、「日付」以外の6つのフィールドを、[Shift] キーを押しながらすべて選択します。

❷ 複数のフィールドが選択された状態で右クリック > [ピボット] をクリックします。

❸ フィールド名を変更します。「ピボットのフィールド名」を「検査機関」に、「ピボットのフィールド値」を「陽性者数」に、名前を変更します。

[列]	「日(日付)」
[行]	「合計（陽性者数）」
[マーク] カードの [色]	「検査機関」

❹ 表を参考にビューを作成します。

❺ [データ] ペインから「日付」を [フィルター] シェルフにドロップします。

6 [日付の範囲] をクリックして、[次へ] をクリックします。

7 スライダーを動かし、[適用] をクリックしてグラフを確認しながら、民間検査会社が地方衛生研究所・保健所を上回った時期に絞っていき、2020年5月1日〜2020年5月31日にフィルターします。

8 [OK] をクリックして画面を閉じます。

9 割合をグラフ下側に表示します。[データ] ペインの「陽性者数」を [行] にドロップします。

10 [行] にある右側の「合計 (陽性者数)」を右クリック ＞ [簡易表計算] ＞ [合計に対する割合] をクリックします。

11 [行] にある右側の「合計 (陽性者数)」を右クリック ＞ [次を使用して計算] ＞ [検査機関] をクリックします。

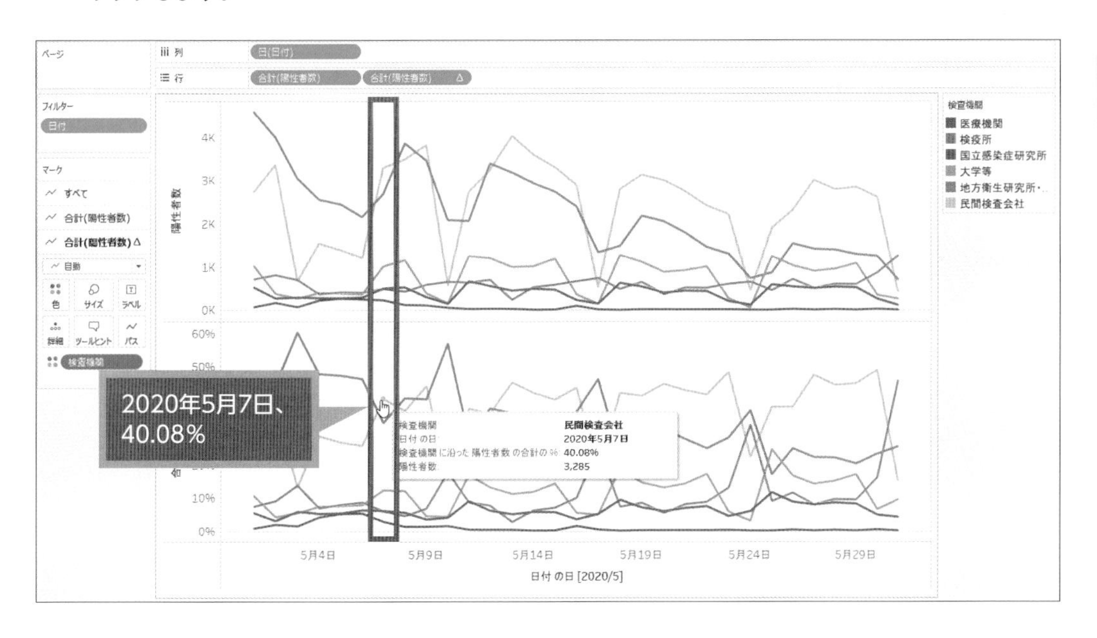

Point クリックしたデータのラベルを表示

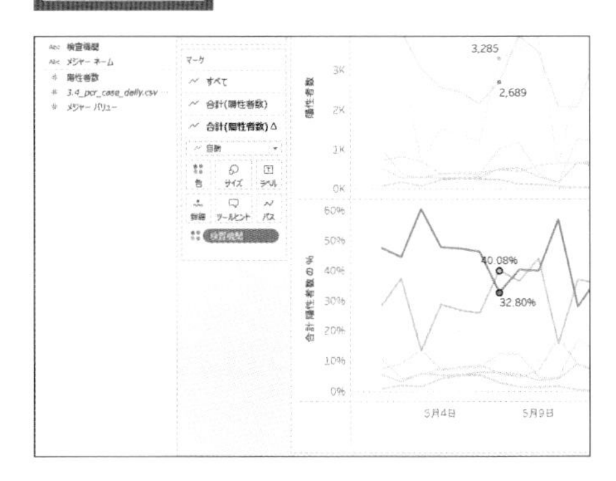

クリックしたマークだけラベルを出すとわかりやすくなります。[マーク] カードの [ラベル] をクリックします。[マークラベルを表示] にチェックを入れ、[ハイライト済み] をクリックしてから、ビューのマークをクリックしてみましょう。

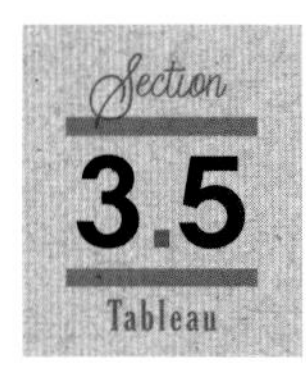

複数国で死者を出した津波が発生した国は？

Section 3.5 Tableau

Data

¥Chap03¥3.5_tsunami¥3.5_waves.csv
¥Chap03¥3.5_tsunami¥3.5_sources.csv

Technique

☑リレーションシップ
☑条件フィルター

問題

複数のデータを扱うとき、各データの1行1行はどのような粒度なのか、複数データを紐づけるキーとなるフィールドはどれか、キーのフィールドは「1：1」対応できるか、理解しながら進めましょう。

「3.5_waves.csv」は津波ごとのデータ、「3.5_sources.csv」は津波の発生源ごとのデータで、2つのデータはSource Id（発生源ID）で紐づきます。西暦2000年以降に、複数のCountry（国）でFatalities（死者）を出した津波は、どのCountryで発生しましたか？

解答　正解は、INDONESIA、JAPAN、SAMOA

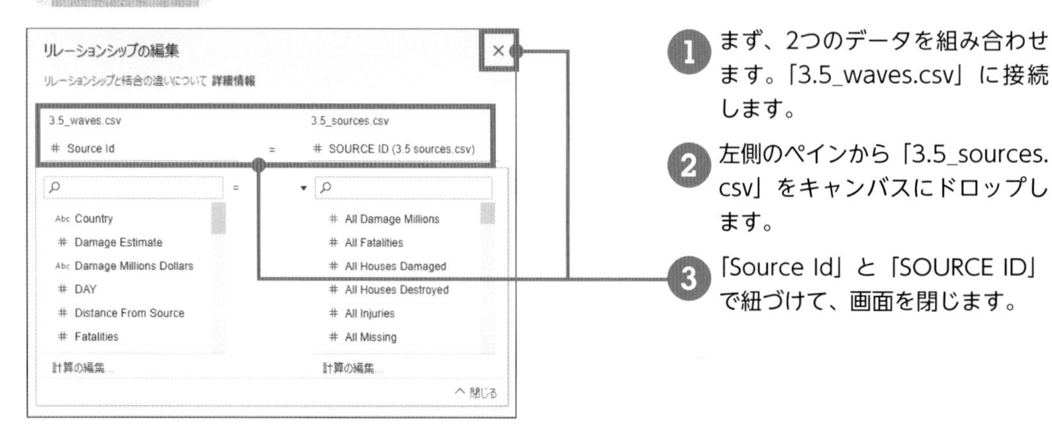

❶ まず、2つのデータを組み合わせます。「3.5_waves.csv」に接続します。

❷ 左側のペインから「3.5_sources.csv」をキャンバスにドロップします。

❸ 「Source Id」と「SOURCE ID」で紐づけて、画面を閉じます。

[列]	「個別のカウント（Country）」
[行]	「Source id」

❹ 「3.5_waves.csv」のデータから、Source Idごとに被害のあったCountryの数を表します。表を参考にグラフを作成します。

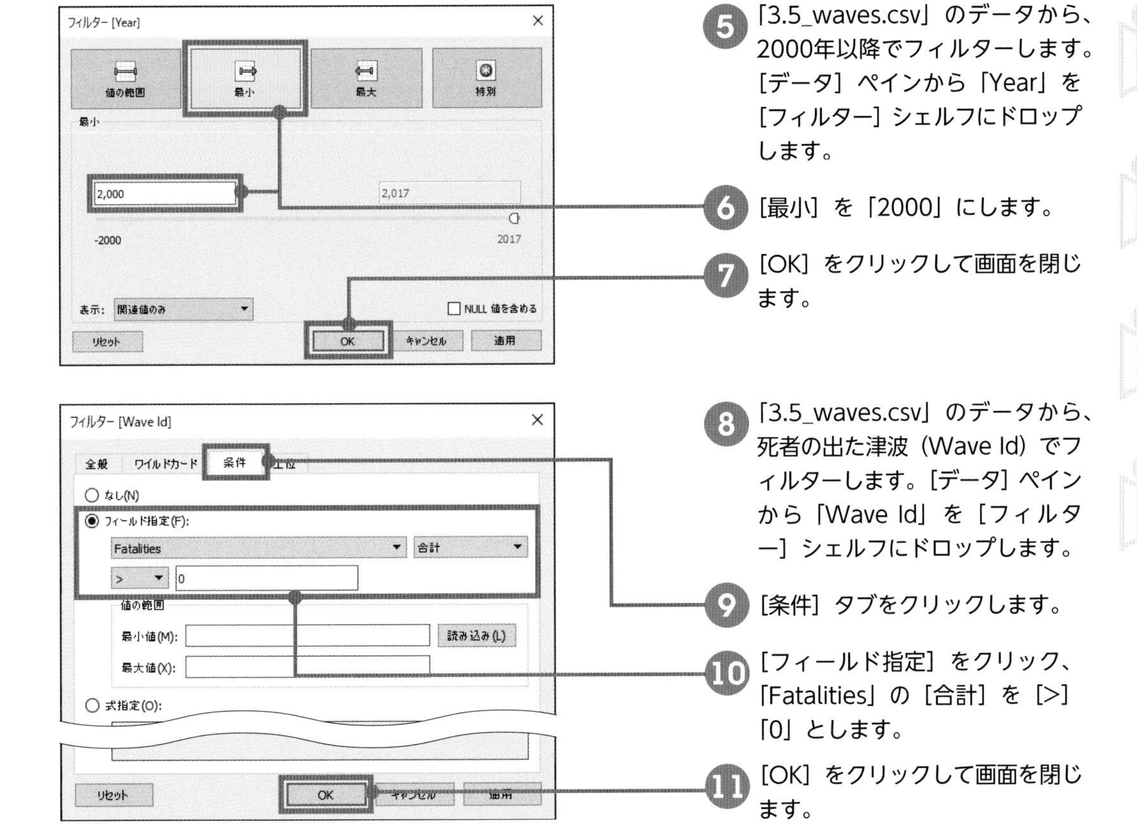

5 「3.5_waves.csv」のデータから、2000年以降でフィルターします。[データ] ペインから「Year」を [フィルター] シェルフにドロップします。

6 [最小] を「2000」にします。

7 [OK] をクリックして画面を閉じます。

8 「3.5_waves.csv」のデータから、死者の出た津波（Wave Id）でフィルターします。[データ] ペインから「Wave Id」を [フィルター] シェルフにドロップします。

9 [条件] タブをクリックします。

10 [フィールド指定] をクリック、「Fatalities」の [合計] を [>]「0」とします。

11 [OK] をクリックして画面を閉じます。

12 津波が発生した国を表示します。「3.5_sources.csv」のデータから、[データ] ペインの「COUNTRY (3.5_sources.csv)」を [行] の一番左にドロップします。

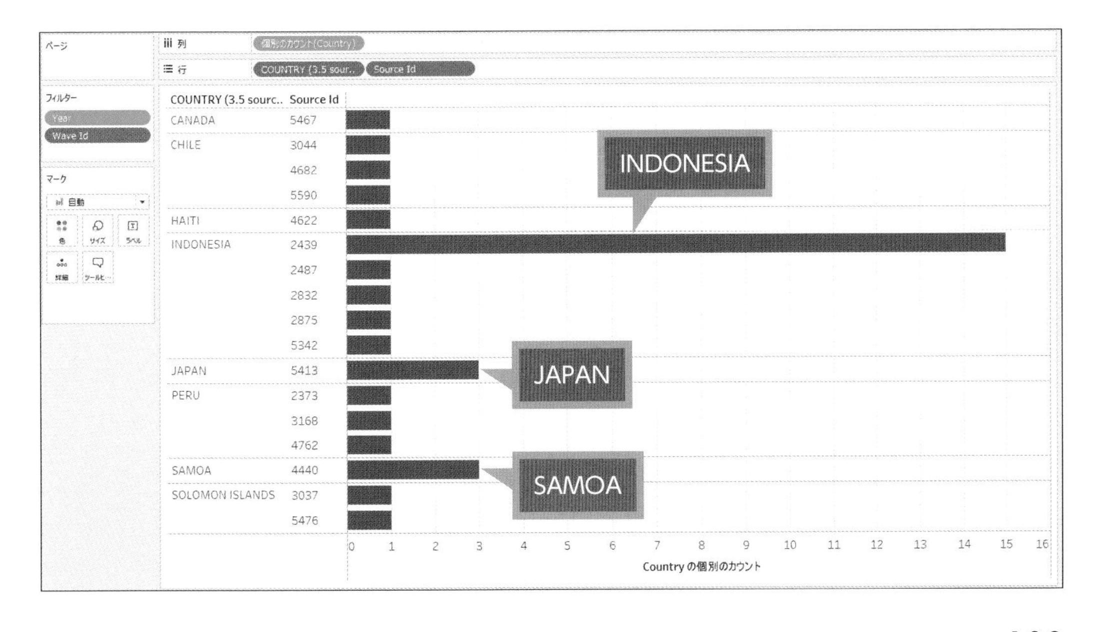

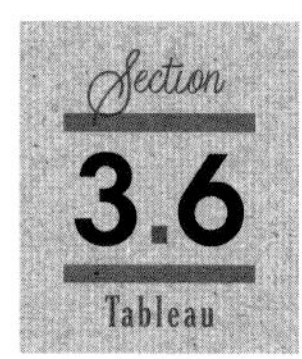

1つのデータにあって もう1つのデータにない値は?

¥Chap03¥3.6_world_happiness(2018_2019) ¥3.6_2018.csv
¥Chap03¥3.6_world_happiness(2018_2019) ¥3.6_2019.csv

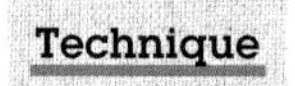

✔結合（左結合）
✔NULLでフィルター

問題

Tableauは、データの可視化やビジュアル分析のほか、日報の共有やデータのエクスポートなどさまざまな用途で使用されています。ここでは、複数データの差分を発見する目的で使用してみましょう。

世界幸福度報告データにおいて、2018年では調査対象だったが、2019年では対象外だったCountry or region（国または地域）はどこですか？

解答

正解は、Angola、Belize、Macedonia、Sudan

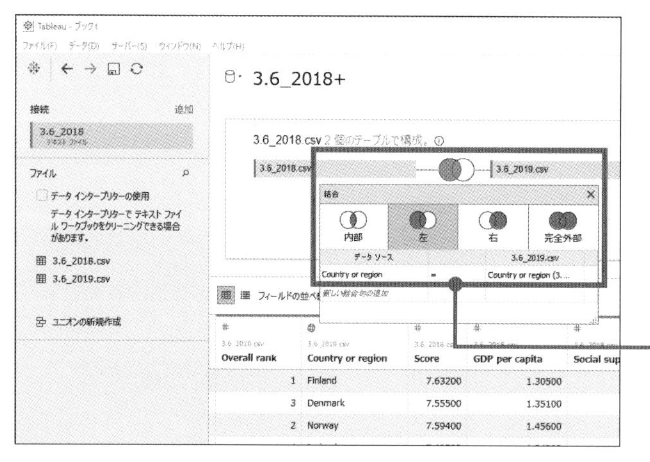

❶ まず、2つのデータを結合します。「3.6_2018.csv」に接続します。

❷ キャンバスの「3.6_2018.csv」を右クリック＞［開く］をクリックします。

❸ 左側のペインから「3.6_2019.csv」をキャンバスにドロップします。

❹ 2つのデータをつなぐ結合ダイアログ（ベン図のアイコン）をクリックし、図のように「Country or region」で左結合します。

❺ 2018年にはデータがあり、2019年にはデータがないCountry or regionを表示します。表を参考にビューを作成します。

[行]	「Country or region」、「Country or region (3.6_2019.csv)」
[フィルター]	「Country or region (3.6_2019.csv)」※「NULL」のみ選択

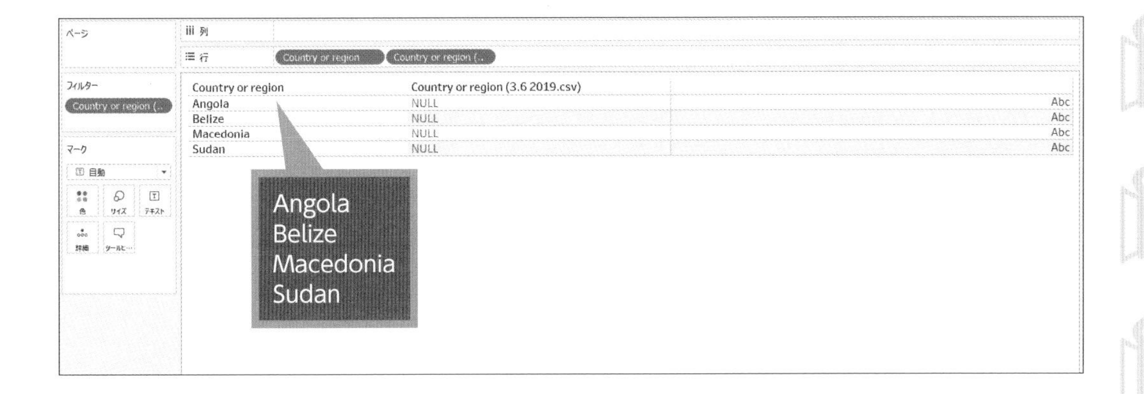

Point 別解

操作数の少ない結合の手順を示しましたが、リレーションシップ、ユニオン、ブレンドでも最終形は同じような表で差分を表示可能です。それぞれ試してみてください。ここでは、フィルターの考え方が異なるユニオンについて、具体的な手順を示します。

1. まず、2つのデータをユニオンします。「3.6_2018.csv」に接続します。

2. キャンバスの「3.6_2018.csv」を右クリック > [ユニオンに変換] をクリックします。

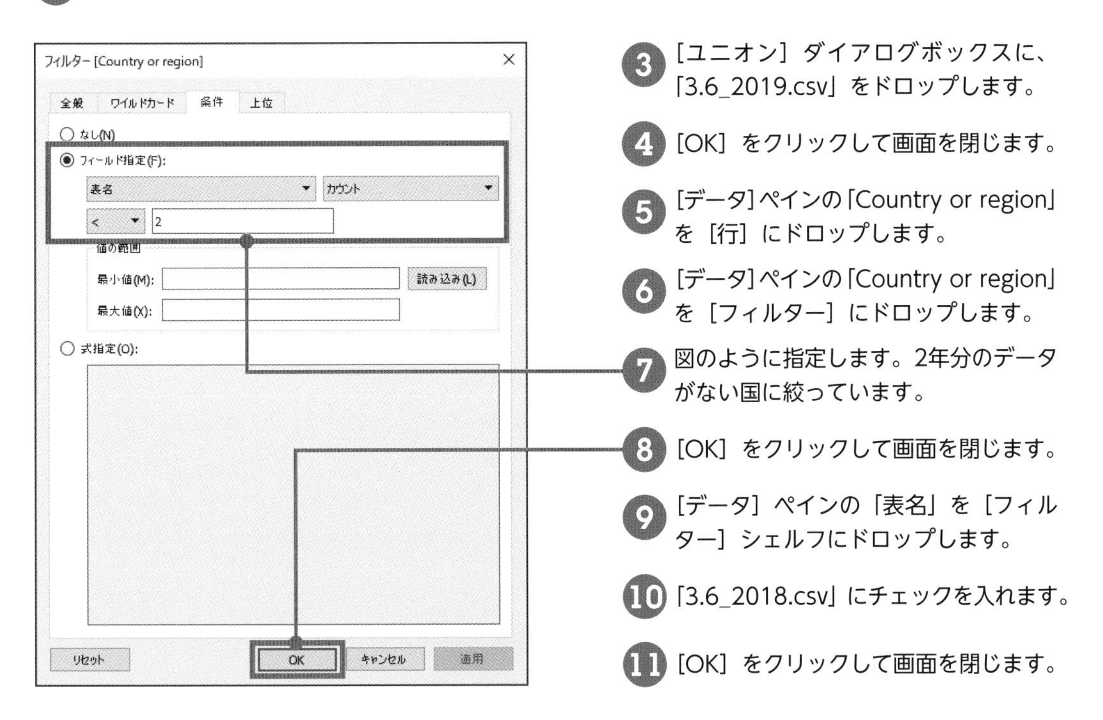

3. [ユニオン] ダイアログボックスに、「3.6_2019.csv」をドロップします。

4. [OK] をクリックして画面を閉じます。

5. [データ] ペインの「Country or region」を [行] にドロップします。

6. [データ] ペインの「Country or region」を [フィルター] にドロップします。

7. 図のように指定します。2年分のデータがない国に絞っています。

8. [OK] をクリックして画面を閉じます。

9. [データ] ペインの「表名」を [フィルター] シェルフにドロップします。

10. 「3.6_2018.csv」にチェックを入れます。

11. [OK] をクリックして画面を閉じます。

金額上位10000の取引が占める割合が最も高い市区町村は?

¥Chap03¥3.7_trade_prices(2020).csv

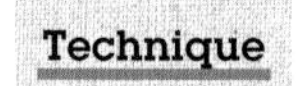

- ✔メジャーとディメンション
- ✔セット
- ✔簡易表計算とその指定
- ✔ビュー上で積み上げ棒の並べ替え

問題

全体の大部分は一部の要素が生み出しているといわれます。たとえば、いくつかの大規模商談が売上の多くを占めていたり、一部の優良顧客が販売数の多くを占めていたりします。

2020年の東京都の不動産取引データで、東京の取引価格（総額）上位10000に入る取引の占める価格の割合が、最も高い市区町村はどこですか？

解答　正解は、千代田区

❶ 「No」をディメンションに変換します。[データ] ペインの「No」を、メジャーからディメンションにドラッグします。

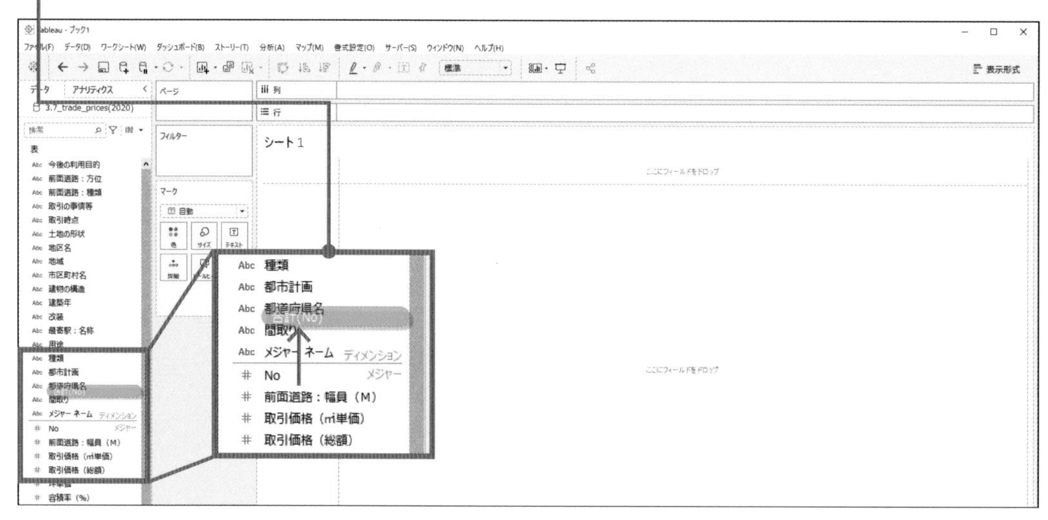

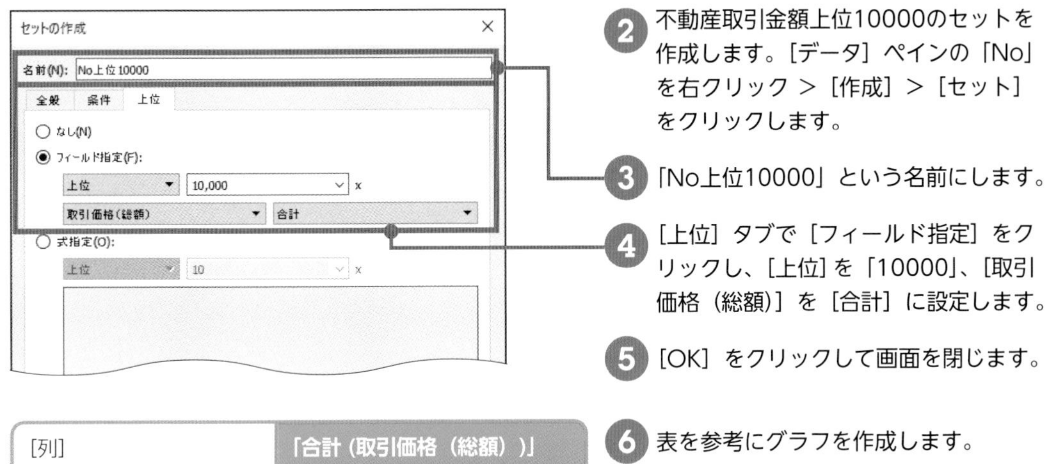

❷ 不動産取引金額上位10000のセットを作成します。[データ] ペインの「No」を右クリック > [作成] > [セット] をクリックします。

❸ 「No上位10000」という名前にします。

❹ [上位] タブで [フィールド指定] をクリックし、[上位] を「10000」、[取引価格（総額）] を [合計] に設定します。

❺ [OK] をクリックして画面を閉じます。

❻ 表を参考にグラフを作成します。

[列]	「合計（取引価格（総額））」
[行]	「市区町村名」
[マーク] カードの [色]	「IN/OUT（No上位10000）」

❼ 次に、取引金額の大きさを割合に変更します。[列] の「合計（取引価格（総額））」を右クリック > [簡易表計算] > [合計に対する割合] をクリックします。

❽ [列] の「合計（取引価格（総額））」を右クリック > [次を使用して計算] > [表（横）] をクリックします。

❾ ビュー上で「In」を表す青色の棒をクリックします。

❿ ツールヒントで「In」をクリックし、そのままツールヒントの中にある降順で並べ替えるボタンをクリックします。

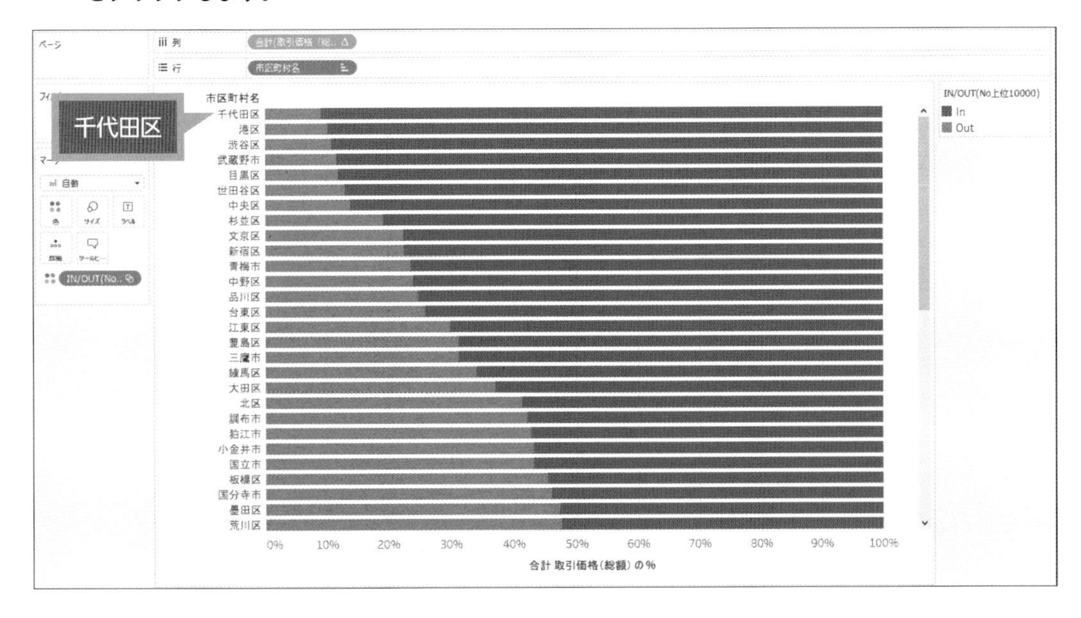

GDPと幸福度の相関が高い地域グループは?

¥Chap03¥3.8_world_happiness(2020).csv

Technique

- ✔グループ
- ✔傾向線とその読み取り方

問題

フィールドの値が多いとき一部をまとめると、傾向をつかみやすくなることがあります。

2020年の世界幸福度報告データを使って、10に分かれたRegional indicator（地域）を、値に「Asia」「America」「Europe」「Africa」を含む地域と残りの地域の、5つの地域グループにまとめて傾向を捉えることにします。その地域グループごとにLadder score（幸福度）とExplained by: Log GDP per capita（1人当たりGDP）をCountry name（国）別の散布図で表したとき、傾向線（直線）が最もデータをよく説明している地域グループはどれですか？

解答　正解は、ヨーロッパ

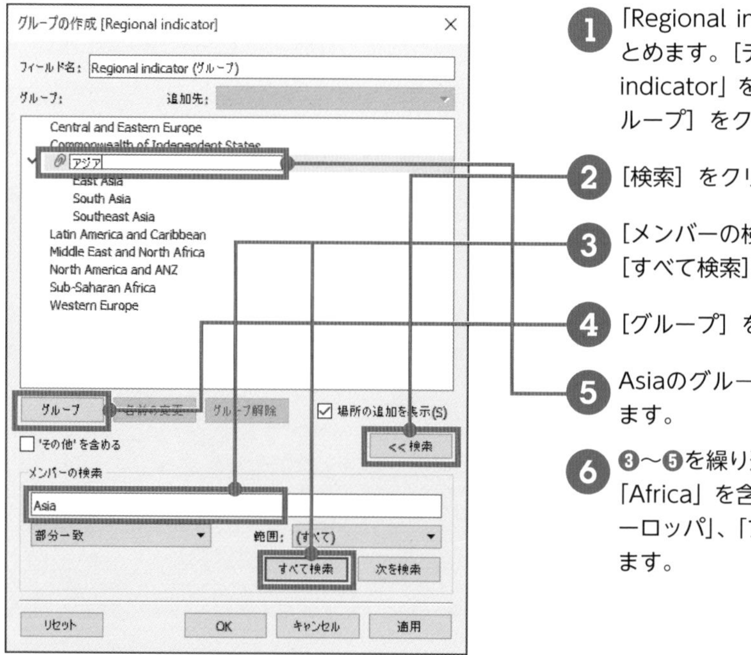

❶「Regional indicator」の地域を5つにまとめます。[データ] ペインの「Regional indicator」を右クリック > [作成] > [グループ] をクリックします。

❷ [検索] をクリックします。

❸ [メンバーの検索] に「Asia」を入力して、[すべて検索] をクリックします。

❹ [グループ] をクリックします。

❺ Asiaのグループ名に「アジア」を入力します。

❻ ❸〜❺を繰り返し、「America」、「Europe」、「Africa」を含む地域に、「アメリカ」、「ヨーロッパ」、「アフリカ」という名前をつけます。

7 ['その他' を含める] のチェックを入れ、「その他」のグループ名をクリックします。

8 [名前の変更] をクリックして、「独立国家共同体」という名前にします。

9 [OK] をクリックして画面を閉じます。

10 散布図と傾向線を作成します。表を参考にビューを作成します。

[列]	「Regional indicator (グループ)」 「平均 (Explained by: Log GDP per capita)」
[行]	「平均 (Ladder score)」
[マーク] カードの [詳細]	「Country name」
[マーク] タイプ	「円」

11 [アナリティクス] ペインから [傾向線] をビューにドラッグし、[線形] にドロップします。

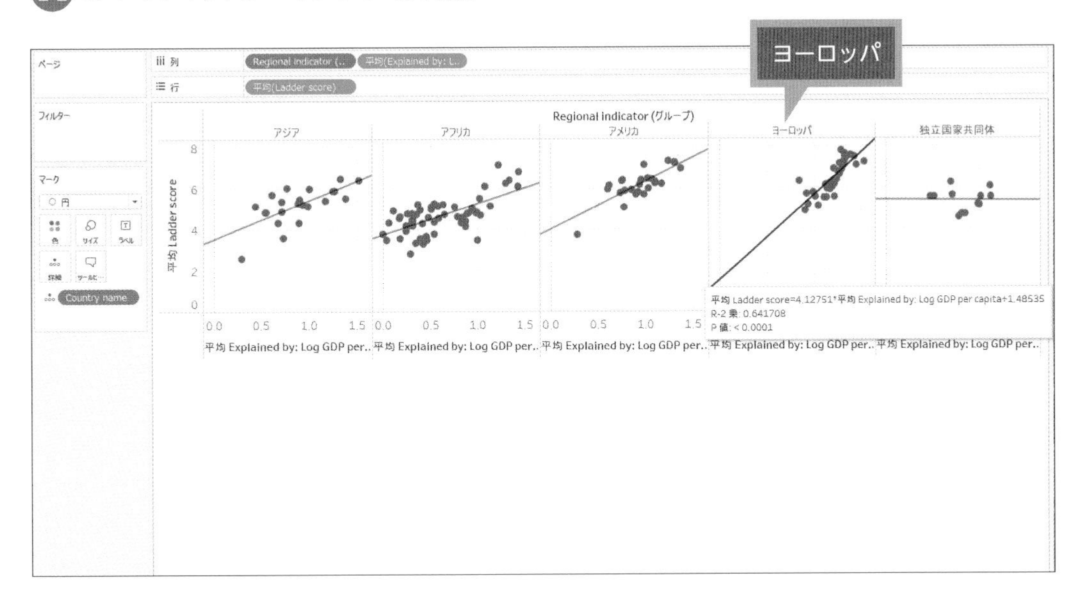

Point R-2乗とP値

傾向線が、データをよく説明しているかどうかは、線をマウスオーバーして、R-2乗とP値から判断しましょう。R-2乗は、そのデータへの直線の当てはまりのよさの尺度で、値が大きいほどあてはまっています。P値は、偶然出てきた線ではない、信頼できる線であるかを確認する値で、値が小さいほど信頼でき、一般に5%または1%あれば問題ないとされています。ここでは、ヨーロッパは、P値が低く、R-2乗が最も高いです。

GDPと寿命と都市化率がすべて上位5以内の国は?

¥Chap03¥3.9_world¥3.9_gdp_per_capita.csv
¥Chap03¥3.9_world¥3.9_life_expectancy.csv
¥Chap03¥3.9_world¥3.9_urbanization_rate.csv

Technique

- ✔結合（内部結合）
- ✔結合セット
- ✔セット

問題

複数の条件を満たす値を探しましょう。

2020年の国別で、1人当たりGDPが含まれるデータ「3.9_gdp_per_capita.csv」と、平均寿命が含まれるデータ「3.9_life_expectancy.csv」と、都市化率が含まれるデータ「3.9_urbanization_rate.csv」があります。GDP per capita（1人当たりGDP）、Life expectancy（平均寿命）、Urbanization rate（都市化率）がすべて上位5に入る国はどこですか？

解答　正解は、Singapore

1. まず、3つのデータを結合します。「3.9_gdp_per_capita.csv」に接続します。キャンバスの「3.9_gdp_per_capita.csv」を右クリック＞［開く］をクリックします。
2. 左側のペインから「3.9_life_expectancy.csv」と「3.9_urbanization_rate.csv」をキャンバスにドロップします。

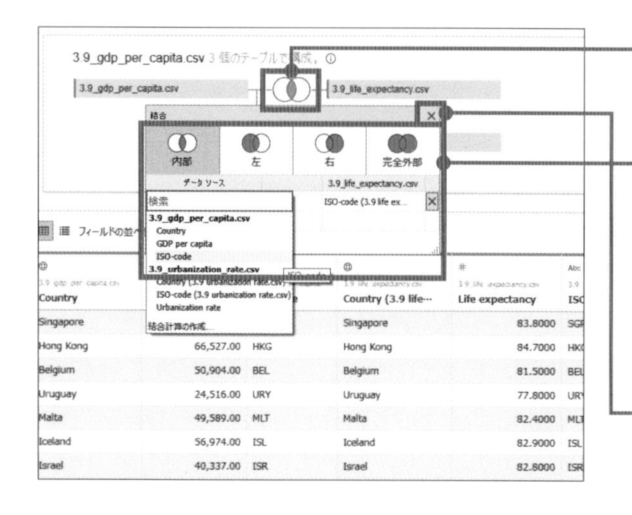

3. データをつなぐ結合ダイアログ（ベン図のアイコン）をクリックします。
4. 図のように、結合タイプは内部結合のままにして、「3.9_gdp_per_capita.csv」の「ISO-code」と、「3.9_life_expectancy.csv」の「ISO-code」を指定します。内部結合することで、両方のデータに含まれる国だけを対象とします。
5. ［×］ボタンをクリックして画面を閉じます。

6 ❹と同様に、内部結合のままにして、「3.9_gdp_per_capita.csv」の「ISO-code」と、「3.9_urbanization_rate.csv」の「ISO-code」を指定します。

7 [×] ボタンをクリックして画面を閉じます。

8 表を参考に棒グラフを作成します。

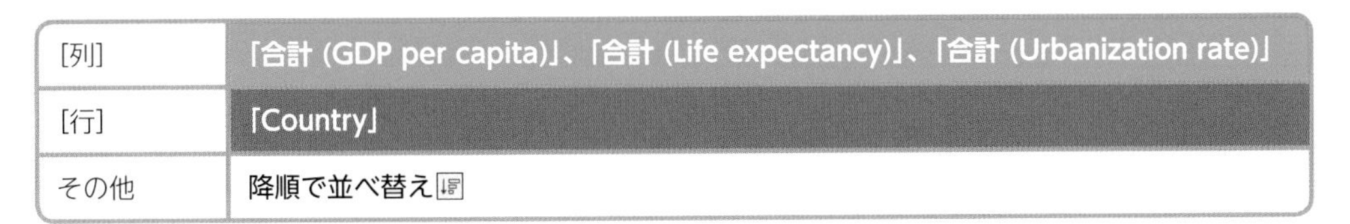

[列]	「合計 (GDP per capita)」、「合計 (Life expectancy)」、「合計 (Urbanization rate)」
[行]	「Country」
その他	降順で並べ替え

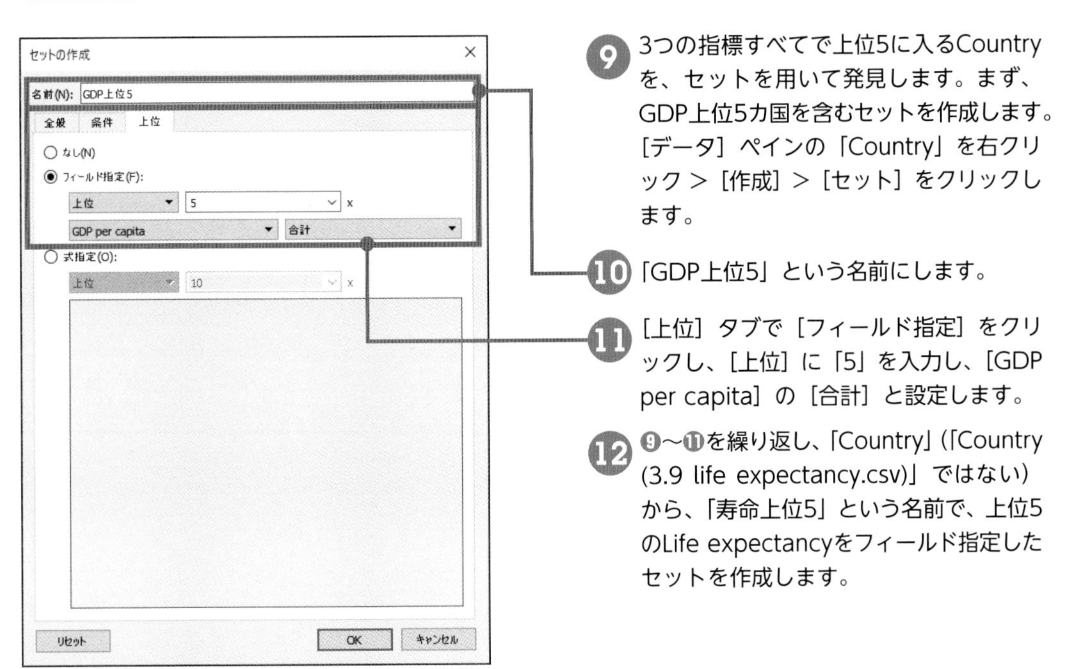

9 3つの指標すべてで上位5に入るCountryを、セットを用いて発見します。まず、GDP上位5カ国を含むセットを作成します。[データ] ペインの「Country」を右クリック > [作成] > [セット] をクリックします。

10 「GDP上位5」という名前にします。

11 [上位] タブで [フィールド指定] をクリックし、[上位] に「5」を入力し、[GDP per capita] の [合計] と設定します。

12 ❾〜⓫を繰り返し、「Country」(「Country (3.9 life expectancy.csv)」ではない) から、「寿命上位5」という名前で、上位5のLife expectancyをフィールド指定したセットを作成します。

13 同様に❾〜⓫を繰り返し、「Country」(「Country (3.9 life expectancy.csv)」ではない) から、「都市化上位5」という名前で、上位5のUrbanization rateをフィールド指定したセットを作成します。

14 3つのセットを組み合わせます。[データ] ペインで、[Ctrl] キーを押しながら「GDP上位5」と「寿命上位5」を選択します。

15 選択したフィールドを右クリック > [結合セットの作成] をクリックします。

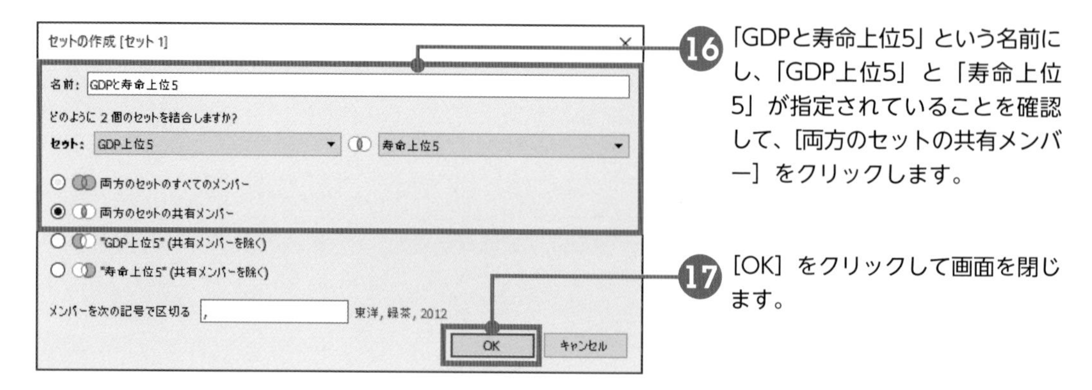

⑯「GDPと寿命上位5」という名前にし、「GDP上位5」と「寿命上位5」が指定されていることを確認して、[両方のセットの共有メンバー]をクリックします。

⑰[OK]をクリックして画面を閉じます。

⑱⑭〜⑰を繰り返し、⑭で作成した「GDPと寿命上位5」と「都市化上位5」の結合セットを作成します。[データ]ペインで、「GDPと寿命上位5」と「都市化上位5」を選択します。

⑲選択したフィールドを右クリック > [結合セットの作成]をクリックします。

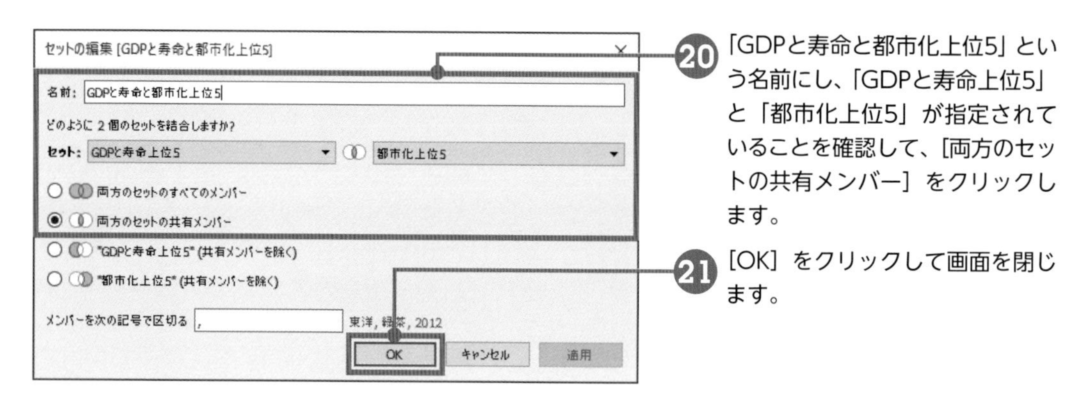

⑳「GDPと寿命と都市化上位5」という名前にし、「GDPと寿命上位5」と「都市化上位5」が指定されていることを確認して、[両方のセットの共有メンバー]をクリックします。

㉑[OK]をクリックして画面を閉じます。

㉒[データ]ペインの「GDPと寿命と都市化上位5」を[行]の一番左にドロップします。3つのセットをすべて満たす「In」には「Singapore」が含まれることがわかります。

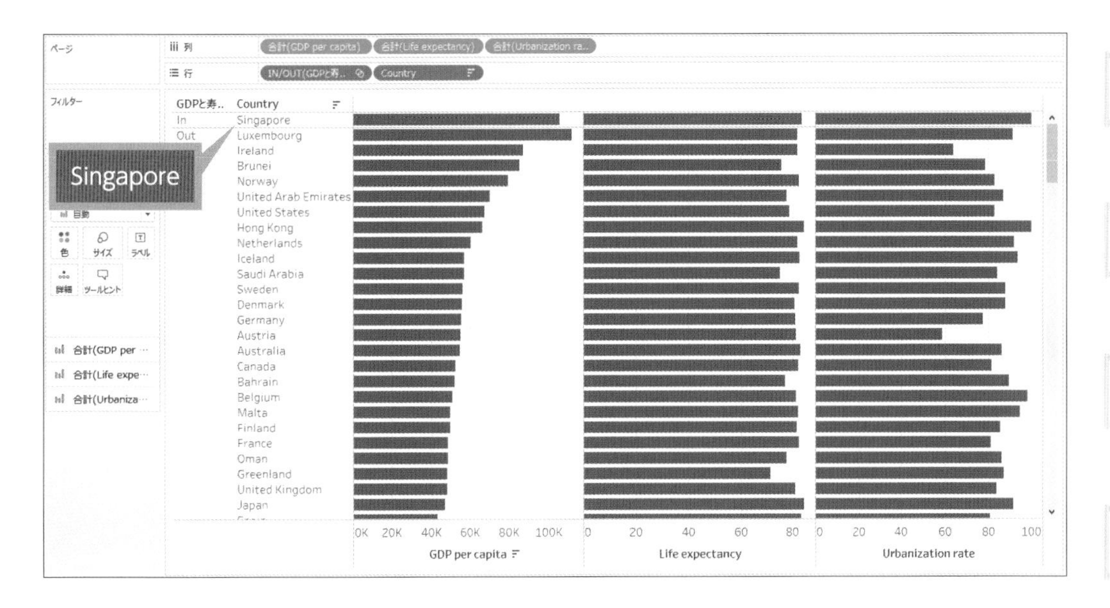

Point IDによる複数データの紐づけ

❹と❻で3つのデータを紐づける際、CountryではなくISO-codeを指定しました。複数データの紐づけは、名称でなくコードやIDなど、一意に定まり、表記揺れ（大韓民国と韓国など）の起こらないフィールドを使用するとよいでしょう。手戻りが減り、誤ったデータで分析を進めるリスクを減らせます。

Point データを組み合わせる方法の選択基準

ここでは、3つのデータを組み合わせるために結合を使いました。見つけ出したいCountryはすべてのデータに含まれるので、内部結合でCountryを絞り込むと手順数を少なくできたためです。データ量が小さく、1行ずつ組み合わせられるデータだったことも、結合に向いていました。各データに含まれるCountryは異なるので、リレーションシップを利用すると、ビューでNULLが出現します。NULLが表示された理由を考え、NULLをフィルターすれば、同様に結合セットの手順で操作できます。

データや知りたいことによって、結合、リレーションシップ、ユニオン、ブレンドによる、向き・不向き、分析しやすさ、手順数が変わります。複数の方法を扱え、適切な方法を選定できるよう、多くのパターンで練習していきましょう。

入院治療を要する者のうち重症者の割合は?

¥Chap03¥3.10_covid19¥3.10_cases_total.csv
¥Chap03¥3.10_covid19¥3.10_severe_daily.csv

Technique

- ✔リレーションシップ
- ✔計算式
- ✔既定の数値形式を指定

問 題

2つのメジャーから割合を計算すると、1つのメジャーで状況が把握できるようになることがあります。

COVID-19の、入院治療を要する者の数を日別に集計したデータ「cases_total.csv」と、重傷者数を日別に集計したデータ「severe_daily.csv」があります。入院治療を要する者の数が最も多かった日における、入院治療を要する者のうち重症者の割合は?

解 答　正解は、1.67%

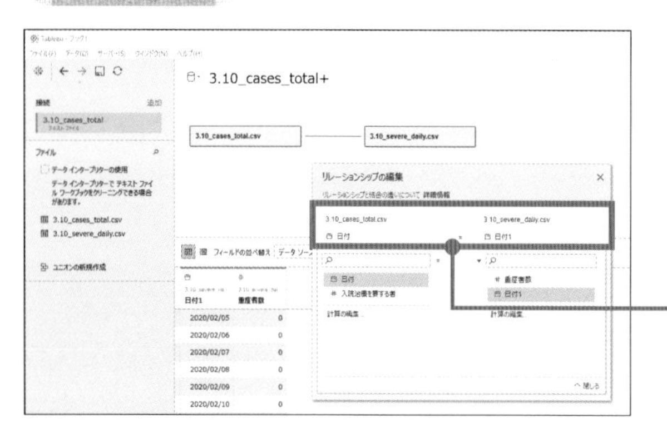

1. まず、2つのデータを組み合わせます。「3.10_cases_total.csv」に接続します。
2. 左側のペインから「3.10_severe_daily.csv」をキャンバスにドロップします。
3. 図を参考に、「日付」で紐づけて、画面を閉じます。
4. 表を参考にビューを作成します。

[列]	「日 (日付)」
[行]	「合計 (入院治療を要する者)」
[フィルター]	「日付」 ※「日付の範囲」を選択。右クリック > [フィルターを表示] をクリックして、ビューに表示

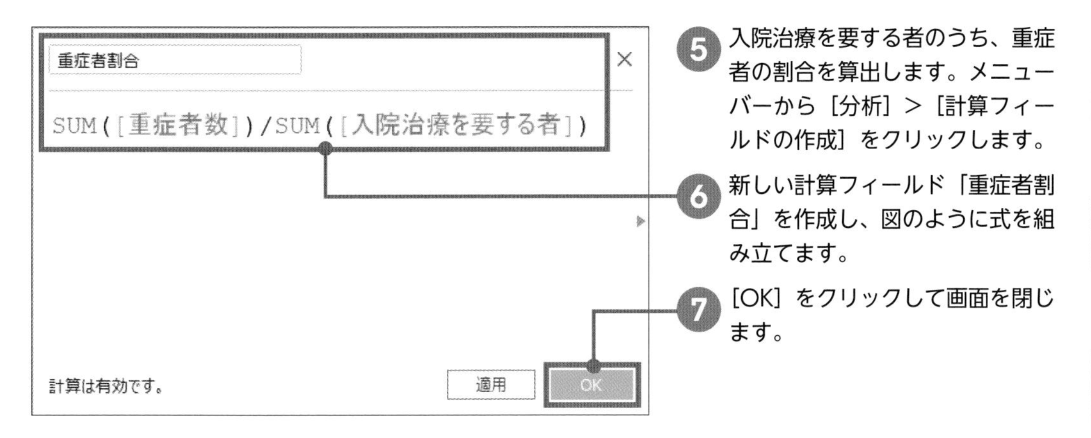

5 入院治療を要する者のうち、重症者の割合を算出します。メニューバーから［分析］＞［計算フィールドの作成］をクリックします。

6 新しい計算フィールド「重症者割合」を作成し、図のように式を組み立てます。

7 ［OK］をクリックして画面を閉じます。

8 重症者割合をパーセントで表示します。［データ］ペインの「重症者割合」を右クリック＞［既定のプロパティ］＞［数値形式］をクリックします。

9 ［パーセンテージ］をクリックします。

10 ［OK］をクリックして画面を閉じます。

11 ［データ］ペインの「重症者割合」を［行］にドロップします。

12 フィルターのスライダーを調整し、入院治療を要する者の最大日を探ります。

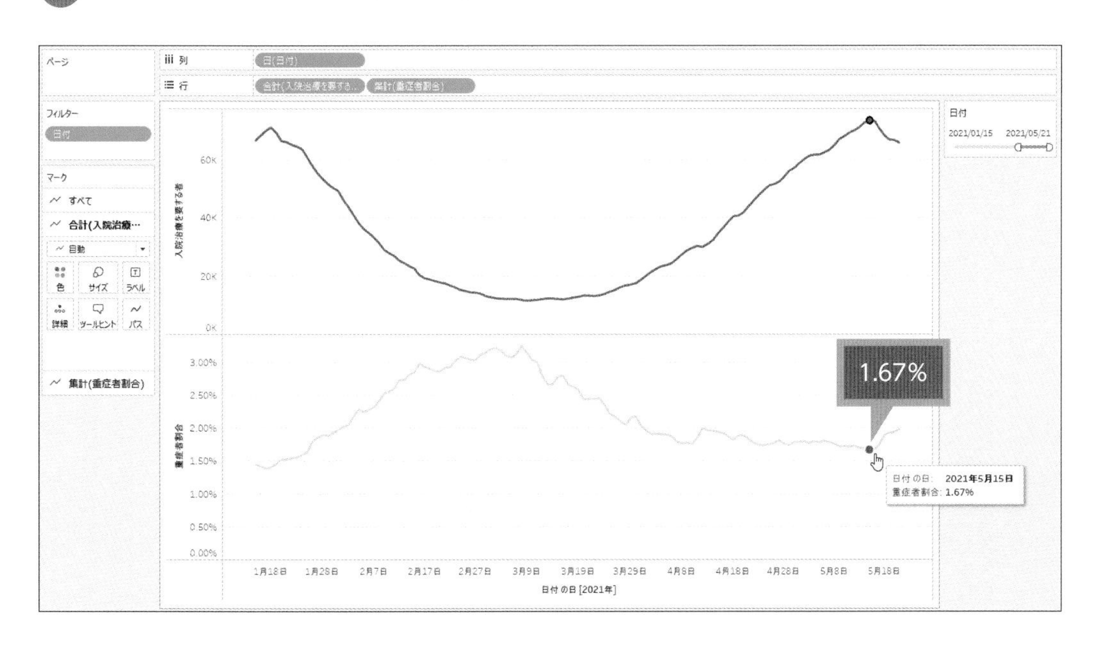

レビューされた期間が長い部屋の種類は?

Data ¥Chap03¥3.11_airbnb_listings.csv

Technique ✔日付の計算

問題

時系列に関する分析は、頻繁に行う分析の1つです。

Airbnbの東京の宿泊施設データで、First Review（最初のレビュー日）からLast Review（最終レビュー日）までの平均期間が最も長いRoom Type（部屋の種類）はどれですか？

解答 正解は、Private room

1. First ReviewからLast Reviewまでの月数差を算出します。メニューバーから［分析］＞［計算フィールドの作成］をクリックします。

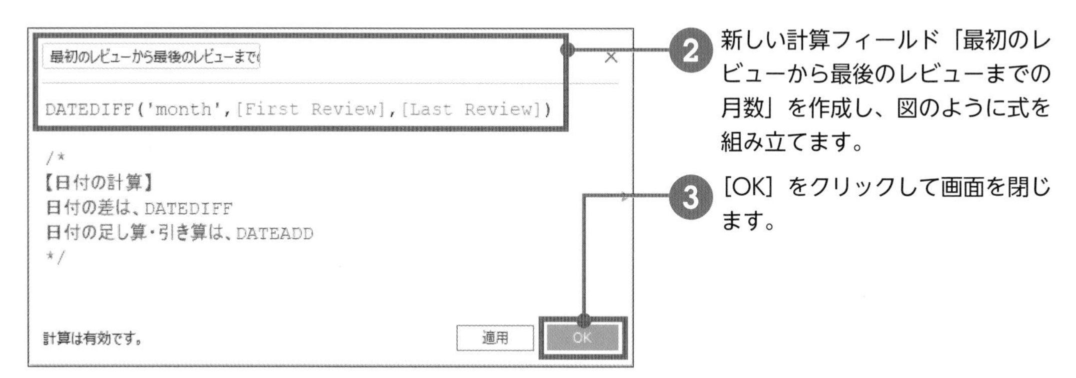

2. 新しい計算フィールド「最初のレビューから最後のレビューまでの月数」を作成し、図のように式を組み立てます。

3. ［OK］をクリックして画面を閉じます。

4. 表を参考にグラフを作成します。

［列］	「平均（最初のレビューから最後のレビューまでの月数）」
［行］	「Room Type」
その他	降順で並べ替え

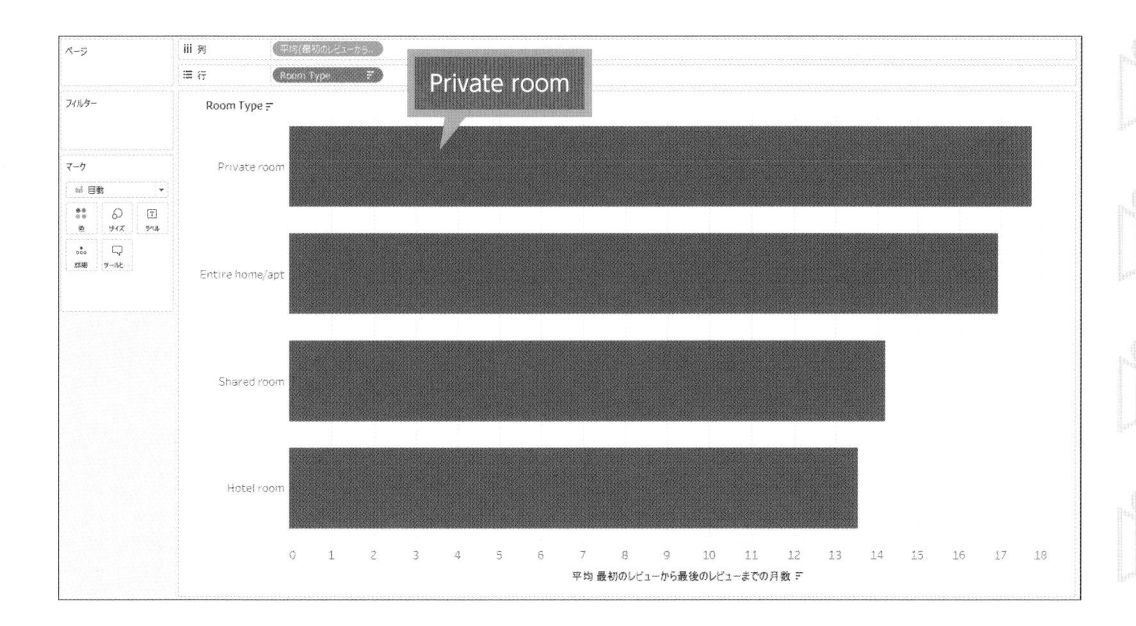

Point 計算フィールドでコメント化する方法

計算フィールドには、演算処理に含まれないコメントを書くことができます。コメントが単一行の場合は、**3.3**の「評価フラグ」のように2つのスラッシュ（//）から行末までをコメントアウトします。複数行の場合は、本節の「最初のレビューから最後のレビューまでの月数」のようにスラッシュとアスタリスク（/* */）に挟まれた文字をコメントアウトします。

Point ［データ］ペインに並ぶフィールドの整理整頓方法

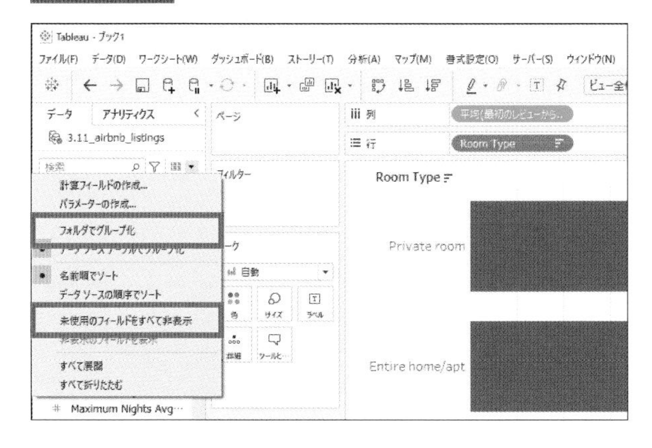

フィールドが多いとき、［データ］ペインメニューを使って整理しましょう。

［フォルダでグループ化］をクリックすると、フィールドを含めるフォルダを作成できます。また、一通り作成が終わったら、［未使用のフィールドをすべて非表示］を選択してもよいでしょう。

幸福度が高い健康寿命年齢帯は?

¥Chap03¥3.12_world_hapiness(2020).csv

Technique

☑ビン
☑別名

問題

あるメジャーをビンで分けてから、カウント数やそのメジャーではない、他のメジャーを使ってビジュアル化すると、2つのメジャーを組み合わせた発見を得られることがあります。

2020年の世界幸福度報告のデータから、Healthy life expectancy（健康寿命）を5歳ずつで分けたとき、平均Ladder Score（幸福度）が最も高いのは何歳から何歳ですか？

解答　正解は、70歳以上75歳未満

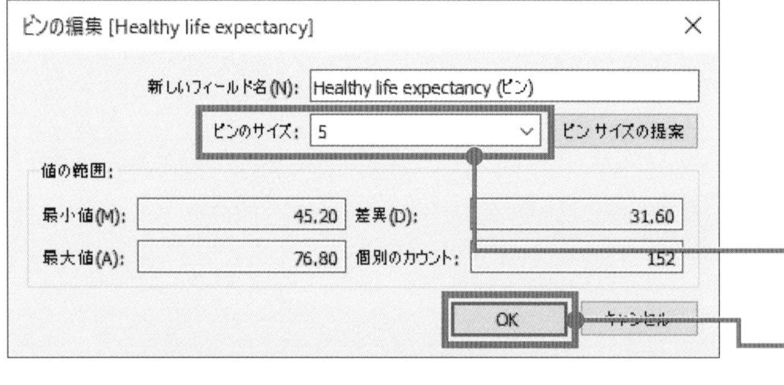

1. Healthy life expectancyを5歳ずつに分けます。[データ] ペインの「Healthy life expectancy」を右クリック > [作成] > [ビン] をクリックします。
2. [ビンのサイズ] に「5」を入力します。
3. [OK] をクリックして画面を閉じます。
4. 表を参考にビューを作成します。

[列]	「Healthy life expectancy (ビン)」
[行]	「平均（Ladder score)」

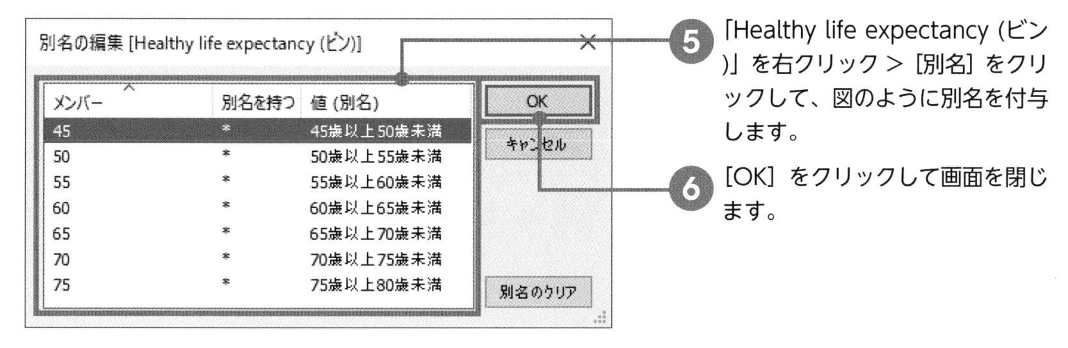

5 「Healthy life expectancy (ビン)」を右クリック > [別名] をクリックして、図のように別名を付与します。

6 [OK] をクリックして画面を閉じます。

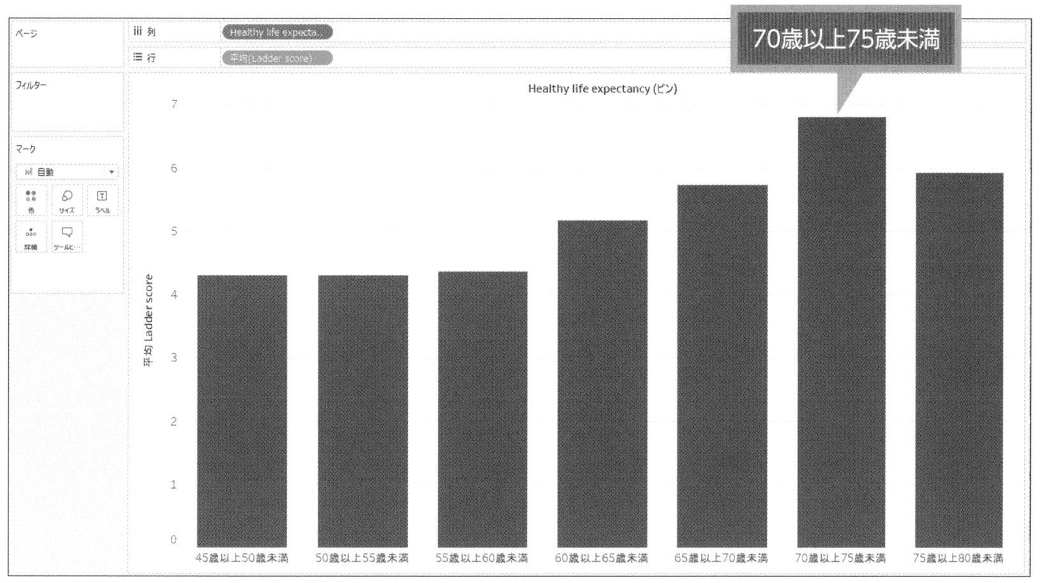

Point シートの表示と操作

シートが増えてきたら、シートに色をつけて整理してみましょう。シート名を右クリック > [色] から色をつけられます。

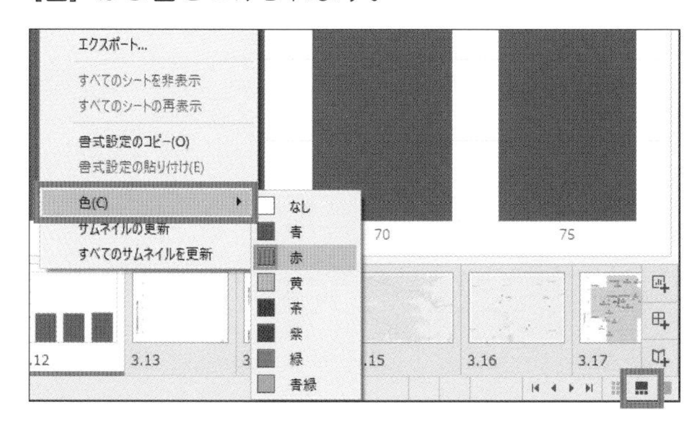

また、シートをサムネイル表示にすると便利です。ワークブック右下のステータスバーで [フィルムストリップの表示] ボタンをクリックします。シート名をクリックして、キーボードの右矢印キーや左矢印キーをクリックすると、右左のシートに移動することもできます。

陽性者数の7日間移動平均は?

¥Chap03¥3.13_pcr_positive_daily.csv

Technique

- ✔簡易表計算とその指定
- ✔最大値にラベル

問題

変動幅が大きいグラフでは、移動平均を表示すると見やすくなるかもしません。変動する周期があればその期間で平均をとると、周期的な増減が吸収されて傾向を把握しやすくなります。

COVID-19の陽性者数の集計データには、1週間の周期で増減に傾向があります。当日を含めたPcr検査陽性者数（単日）の7日間移動平均の値が最も大きかった日のPcr7日間移動平均は何人でしたか？

解答

正解は、6,369人

[列]	「日(日付)」
[行]	「合計(Pcr 検査陽性者数(単日))」

❶ 表を参考にビューを作成します。

❷ 7日間の移動平均となるよう変更します。[行] の「合計(Pcr 検査陽性者数(単日))」を右クリック > [簡易表計算] > [移動平均] をクリックします。

❸ [行] の「合計(Pcr 検査陽性者数(単日))」を右クリック > [表計算の編集] をクリックします。

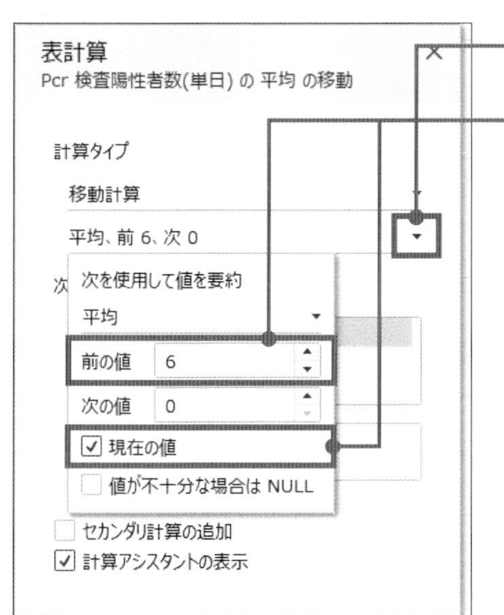

4 [平均, 前 2, 次 0] の [▼] をクリックします。

5 [現在の値] にチェックを入れ、[前の値] は「6」を指定します。

6 [×] ボタンをクリックして画面を閉じます。

7 最大値のラベルを表示します。[行] の「合計(Pcr 検査陽性者数(単日))」を、[Ctrl] キーを押しながら [マーク] カードの [ラベル] にドロップします。

8 [マーク] カードの [ラベル] をクリックします。

9 [ラベルにマーク] の [最小値/最大値] をクリックし、[オプション] の [ラベル最小値] のチェックをを外します。

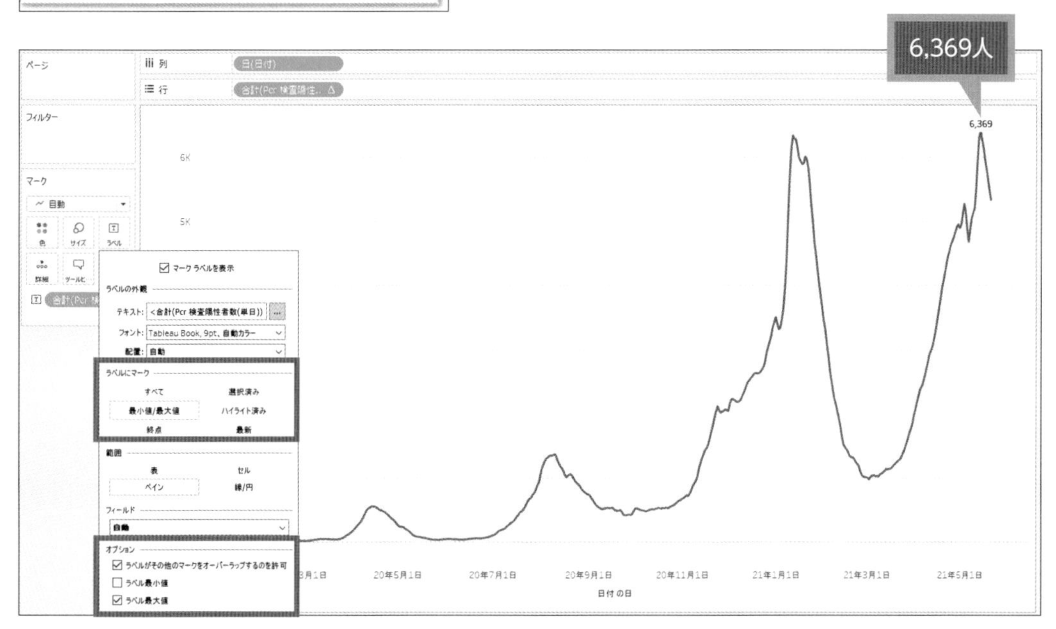

Point グラフ上のラベル表示

一般的に、グラフ上にラベルは表示せず、マウスオーバーしてツールヒントで確認するほうが、傾向を把握しやすいです。ラベルを表示したいとき、すべてのマークにつけるのではなく、[マーク] カードの [ラベル] をクリックし、[ラベルにマーク] から [すべて] 以外のいずれかで表示できるか検討しましょう。折れ線グラフは、最新の値のみ表示させることが適している場合が多いです。

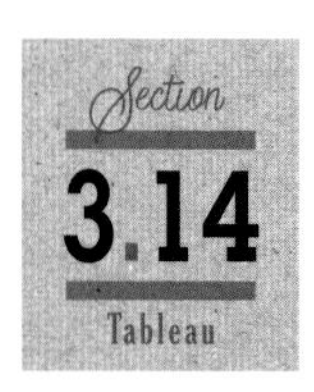

平方メートルあたりの年別平均金額の範囲は?

Data ¥Chap03¥3.14_trade_prices_tokyo.csv

Technique
✔非集計の計算式
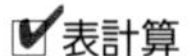
✔表計算

問題

ビュー上で集計した結果を基に計算する「表計算」を使いこなせるようになると、算出できる値の幅が広がります。

東京都の不動産取引データを用い、各取引に対してTrade Price（取引金額）とArea（面積）から平方メートルあたりの金額を算出するとき、Year（年）別平均で最小と最大の平方メートルあたりの金額差はいくらですか？

解答　正解は、212,056円

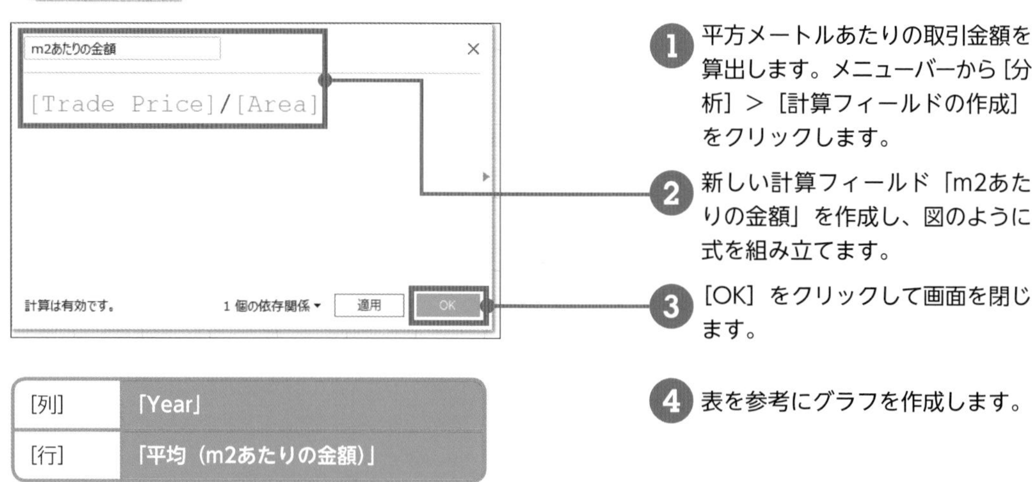

1. 平方メートルあたりの取引金額を算出します。メニューバーから［分析］＞［計算フィールドの作成］をクリックします。
2. 新しい計算フィールド「m2あたりの金額」を作成し、図のように式を組み立てます。
3. ［OK］をクリックして画面を閉じます。
4. 表を参考にグラフを作成します。

[列]	「Year」
[行]	「平均（m2あたりの金額）」

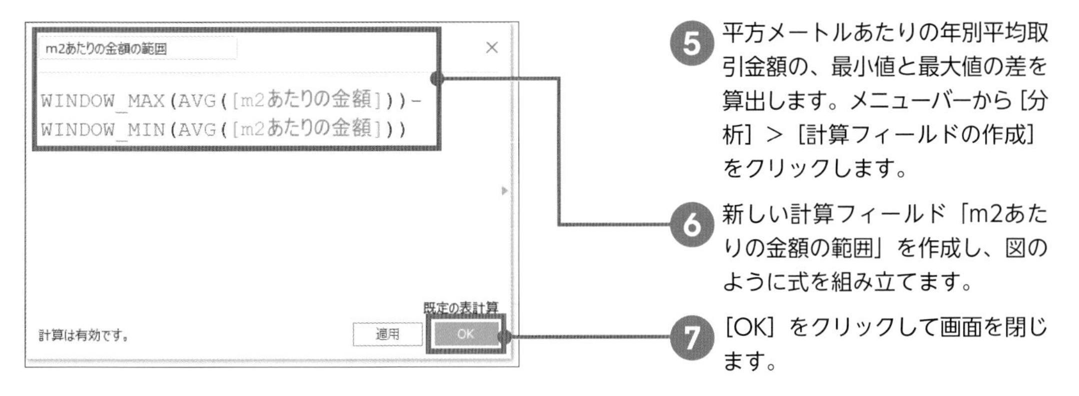

❺ 平方メートルあたりの年別平均取引金額の、最小値と最大値の差を算出します。メニューバーから［分析］＞［計算フィールドの作成］をクリックします。

❻ 新しい計算フィールド「m2あたりの金額の範囲」を作成し、図のように式を組み立てます。

❼ ［OK］をクリックして画面を閉じます。

❽ 計算した値をビューに表示します。［データ］ペインから「m2あたりの金額の範囲」を［行］にドロップします。ここでは、正解がわかりやすいようにビュー上に線で表示していますが、［行］でなく［マーク］カードの［ツールヒント］にドロップし、マークにカーソルを当てて出てくるツールヒントで確認してもいいでしょう。

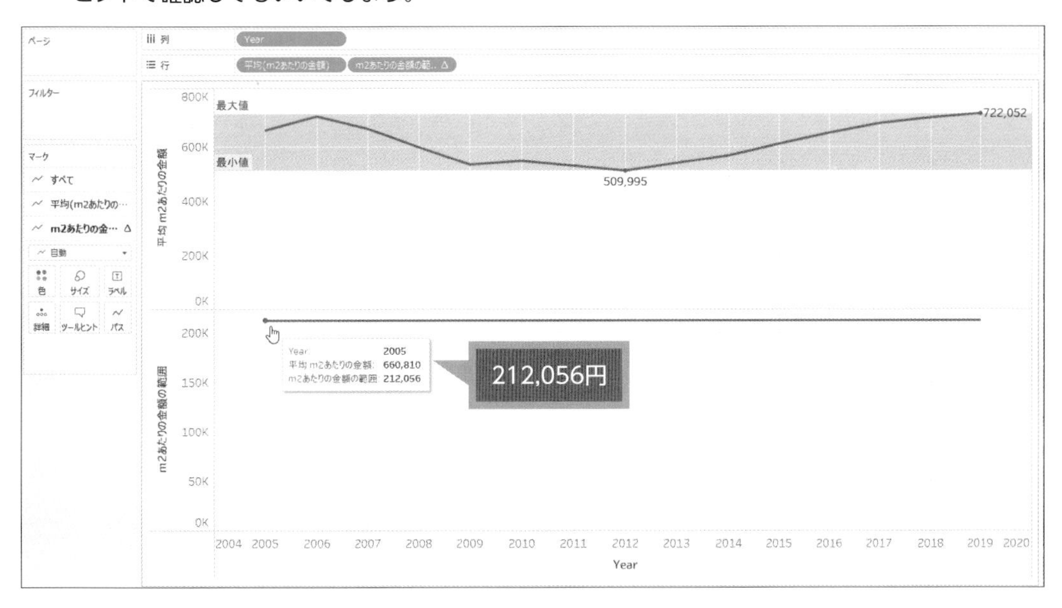

Point 最小値、最大値のバンドとラベルの表示

上の図では、最小値～最大値の範囲をリファレンスバンドで、最小値、最大値の数字をラベルで表現しています。

最小値と最大値の範囲の幅に色をつけるには、［アナリティクス］ペインの［リファレンスバンド］をビューにドラッグし、「平均（m2あたりの金額）」の［表］にドロップします。また、最小値と最大値の数字をビューに表示するには［マーク］カードの上側にある「平均（m2あたりの金額）」で［ラベル］をクリックして、［マークラベルを表示］にチェックを入れてから、［ラベルにマーク］の［最小値/最大値］をクリックします。

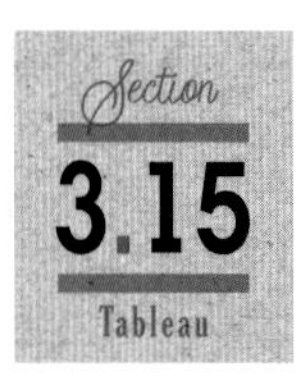

3.15 津波の震源2地点間の距離は?

¥Chap03¥3.15_sources.csv

Technique

✔地図上での検索
✔地図の操作

問題

Tableauは、容易に地図上にデータをプロットできます。地図の操作に慣れましょう。

過去に津波を引き起こした震源地を含むデータがあります。都内で発生した2つの地震のSource id（震源地）間の距離は何kmですか？

解答　正解は、11km

1 表を参考に震源地を地図にプロットします。

[列]	「平均 (Longitude)」
[行]	「平均（Latitude)」
[マーク] カードの［詳細]	「Source Id」
[マーク] カードの［色]	「合計（Primary Magnitude)」※色を変更。色の追加は、解答に直結しません

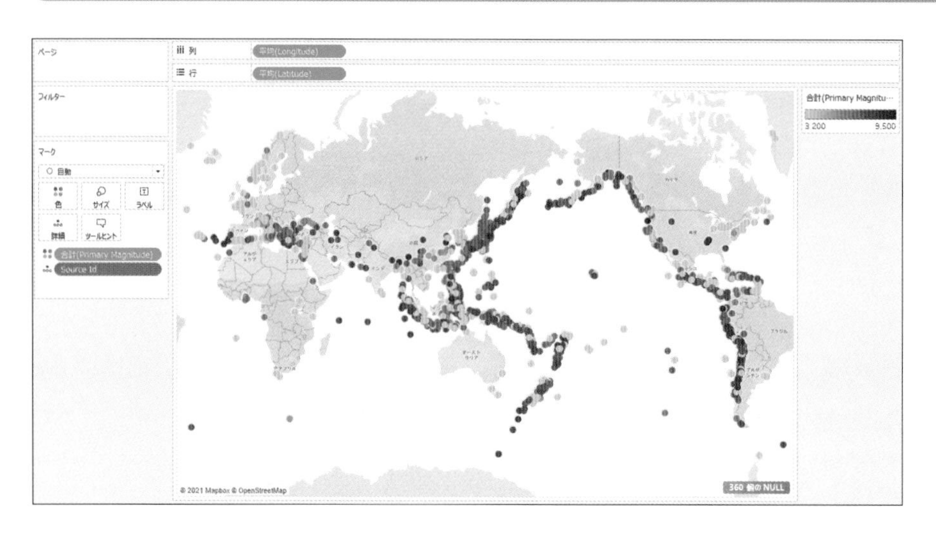

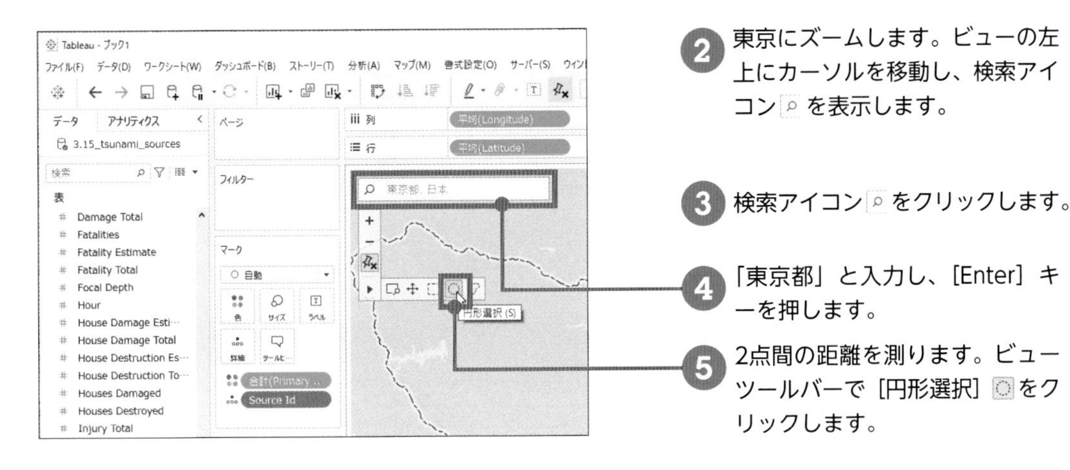

❷ 東京にズームします。ビューの左上にカーソルを移動し、検索アイコンを表示します。

❸ 検索アイコンをクリックします。

❹ 「東京都」と入力し、[Enter] キーを押します。

❺ 2点間の距離を測ります。ビューツールバーで [円形選択] をクリックします。

❻ 片方の中心点から円を描き、距離を確認します。

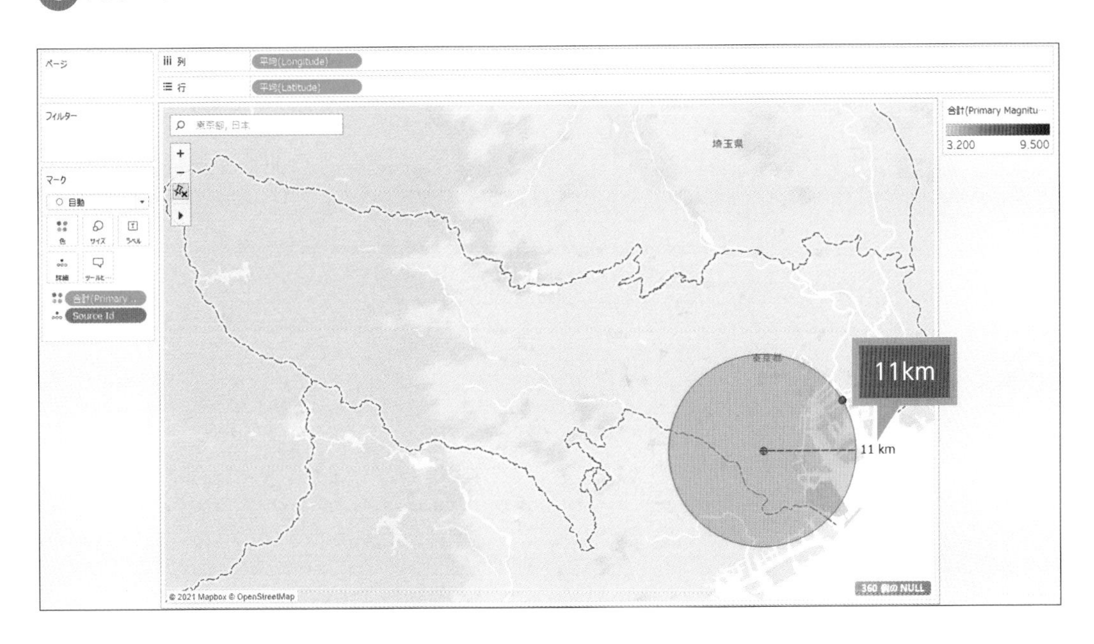

Point 地理的役割とデータ型の自動設定

本問の場合、データ接続時から「Latitude」(経度)と「Longitude」(緯度)に対して、地理的役割が付与されていました。地理的役割をもつフィールド名が英語であれば、フィールド名から地理的役割が自動設定されます。「Country」は国/地域が自動で割り当てられる、といった動きです。

日本語のフィールドでも、データの中身からフィールドのデータ型を自動で判断します。日時を表すフィールドは日付型、文字を含むフィールドは文字列型、といった判断が自動でなされているはずです。

井の頭公園に最も近い宿泊施設の金額は?

¥Chap03¥3.16_airbnb_summary_listings.csv

Technique

- ✔地図上での検索
- ✔地図の操作
- ✔マップレイヤー

問題

地理関係を踏まえて可視化する場合、地図上のプロットが不可欠です。

Airbnbのld（宿泊施設）ごとのデータがあります。三鷹市の井の頭公園に最も近いldの平均Price（金額）はいくらですか？

解答 正解は、4,200円

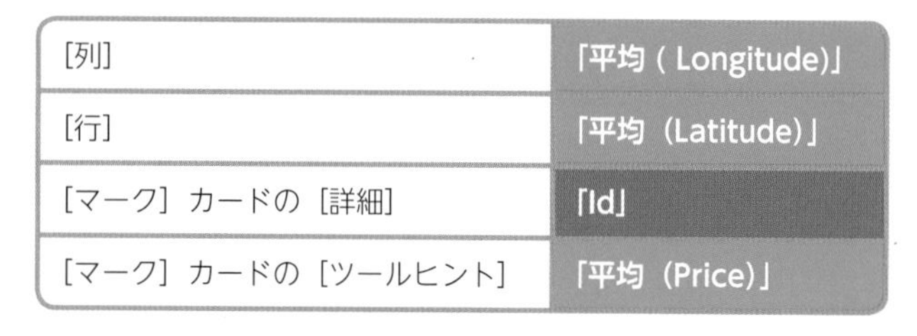

［列］	「平均（Longitude)」
［行］	「平均（Latitude)」
［マーク］カードの［詳細］	「Id」
［マーク］カードの［ツールヒント］	「平均（Price)」

1. 表を参考にldを地図にプロットします。

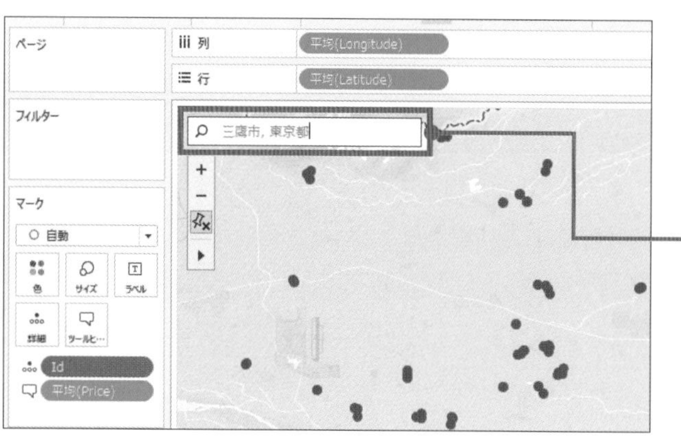

2. 三鷹市にズームします。ビュー左上にカーソルを移動し、検索アイコン をを表示します。
3. 検索アイコン をクリックします。
4. 「三鷹市」と入力し、［Enter］キーを押します。

❺ 井の頭公園がどこかわかるように、背景に表示する地図情報を変更します。メニューバーから［マップ］＞［マップレイヤー］をクリックします。

❻ ［マップレイヤー］の［市区町村］と［目標物］にチェックを入れます。

❼ マウスをスクロールしてズームするか、ビューツールバーのプラスマークをクリックしてズームし、地図上で「三鷹市」という表示を見つけます。ビューツールバーで［パン］をクリックすると、地図の表示エリアを動かせます。

❽ 三鷹市にズームすると、地図上に「井の頭公園」という場所の名前が見えます。井の頭公園に最も近い宿泊施設をマウスオーバーして、ツールヒントで金額を確認します。

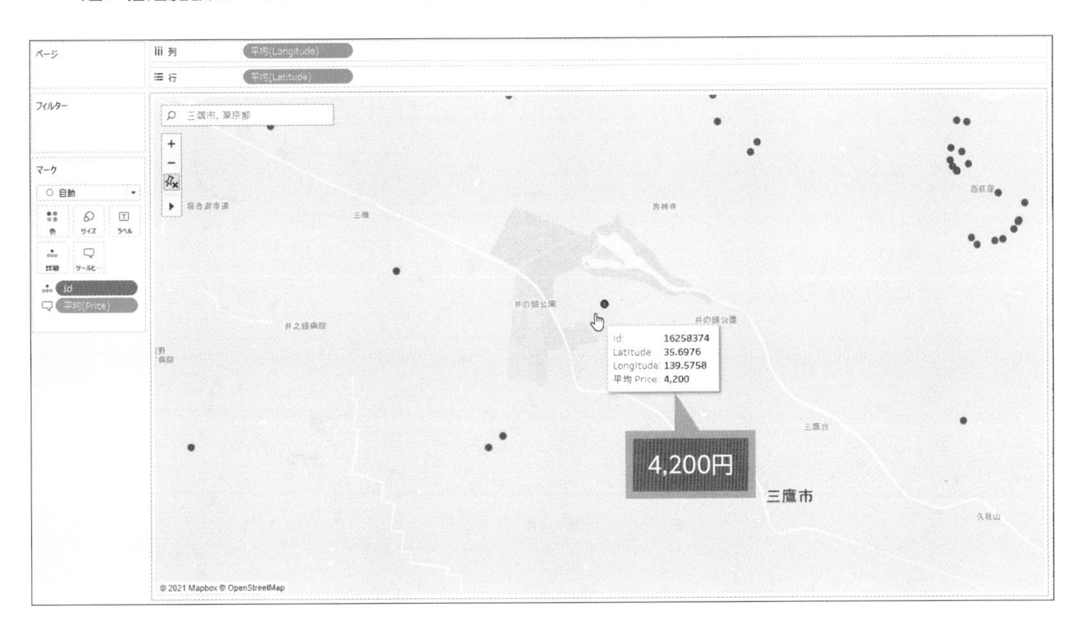

Point 日本の地図表示

地図で表す際は、インターネット経由で表示する背景の地図と、その上にTableauで表示するプロット（各地点を地図上に描画）を分けて考えましょう。背景の地図は、地図の左下に示されている通り、地図情報サービスを提供するMapbox社が用意した地図を表示します。Mapbox社は、日本ではゼンリン社と連携しており、ズームしても道路名や店舗情報など精度の高い地図情報を表示します。

マークをプロットするには、フィールドに地理的役割を付与して行うことが多いです。日本の地理的フィールドでは、都道府県、市区町村、郵便番号のフィールドに対して地理的役割を付与でき、緯度と経度をもたなくてもプロットできます。Tableauが保持するデータから緯度と経度を割り当てられるためです。

上記以外の地理的フィールドでも、マークしたい場所の緯度と経度を用意すればプロットできます。その場合は、緯度と経度のそれぞれに地理的役割を付与します。

常用漢字数も画数も標準偏差1を上回る部首は?

Data ¥Chap03¥3.17_joyo_kanji.csv

Technique ✔分布バンド（標準偏差）

問題

データの散らばりを表す統計指標「標準偏差」を使って、集団から外れた値を探してみましょう。

常用漢字一覧データから、Radical（部首）ごとに常用漢字の数と平均Strokes（画数）の関係を見るとき、その両方で標準偏差1を上回るのはどのRadicalですか？

解答

正解は、金、言。

1 表を参考に散布図を作成します。

[列]	「カウント (3.17_joyo_kanji.csv)」
[行]	「平均（Strokes)」
[マーク] カードの [ラベル]	「Radical」

2 [アナリティクス] ペインから [分布バンド] をビューにドラッグし、[表] の [カウント (3.17_joyo_kanji.csv)] にドロップします。

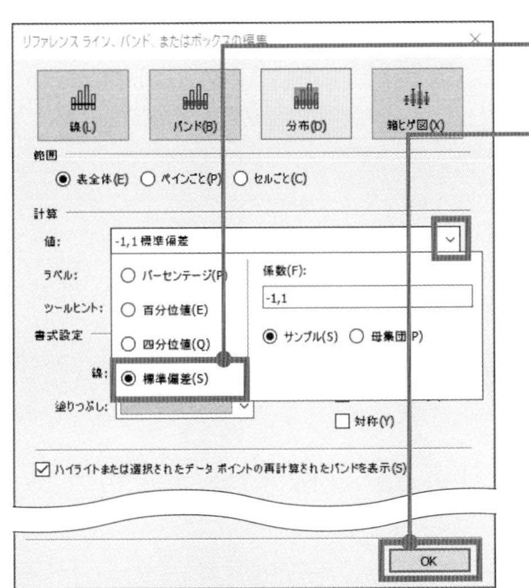

❸ ［値］のドロップダウンリストから［標準偏差］をクリックします。

❹ ［OK］をクリックして画面を閉じます。

❺ ［アナリティクス］ペインから［分布バンド］をビューにドラッグし、［表］の［平均（Strokes）］にドロップします。

❻ ❸と❹を繰り返します。金と言を部首にもつ常用漢字は、その常用漢字数も平均画数も多いことがわかります。

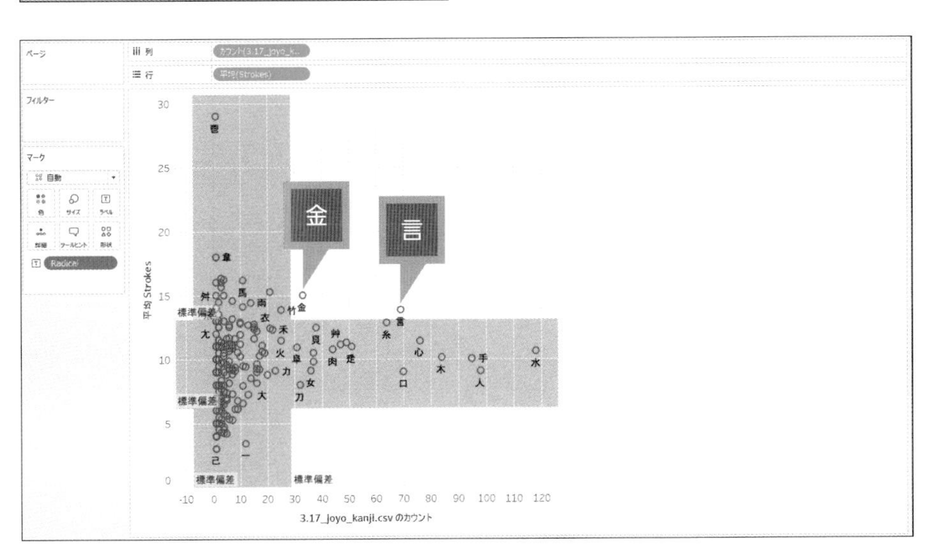

Point ［アナリティクス］ペインで表示した線、分布バンドを削除する方法

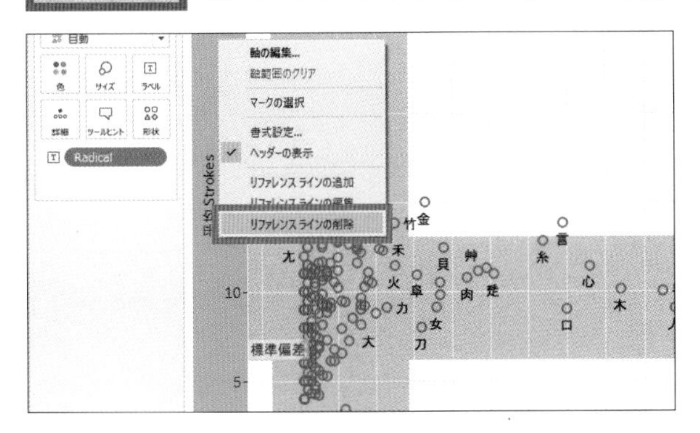

標準偏差の分布バンドを削除するには、分布バンドをドラッグしてビューの外側にドロップします。［アナリティクス］ペインから表示した線、バンド、箱ヒゲ図は、いずれも同様に操作可能です。

また、軸を右クリック ＞［リファレンスラインの削除］をクリックして、削除することもできます。

8四半期後に予測される金額は?

¥Chap03¥3.18_trade_prices_tokyo.csv

Technique

- ✔日付フィールドの作成
- ✔予測とその編集

問題

Tableauでは将来の値をドラッグアンドドロップで予測できます。簡単な操作で大まかな予測値を把握でき、将来に備えることができます。

2019年第3四半期まで入った、東京都の不動産取引データから、2021年第2四半期のTrade Price（取引金額）の平均はいくらになると予測されますか？日付は、Year（年）とQuarter（四半期）を使い、第1四半期は1月開始とします。

解答　正解は、61,156,823円

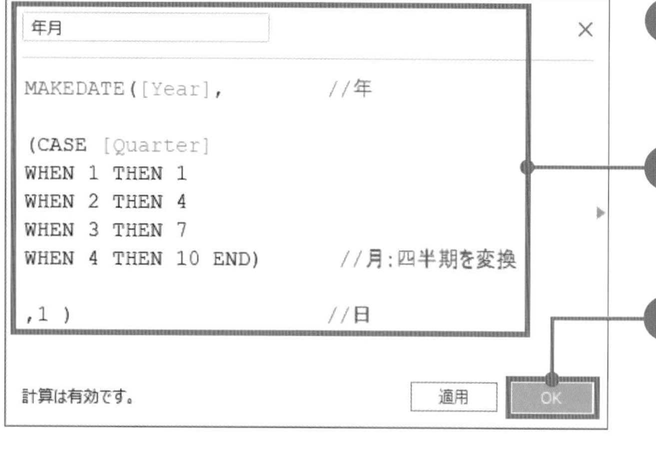

1. 年月の日付フィールドを作成します。メニューバーから［分析］>［計算フィールドの作成］をクリックします。
2. 新しい計算フィールド「年月」を作成し、図のように式を組み立てます。
3. ［OK］をクリックして画面を閉じます。

［列］	「四半期（年月）」
［行］	「平均（Trade Price）」

4. 表を参考に折れ線グラフを作成します。

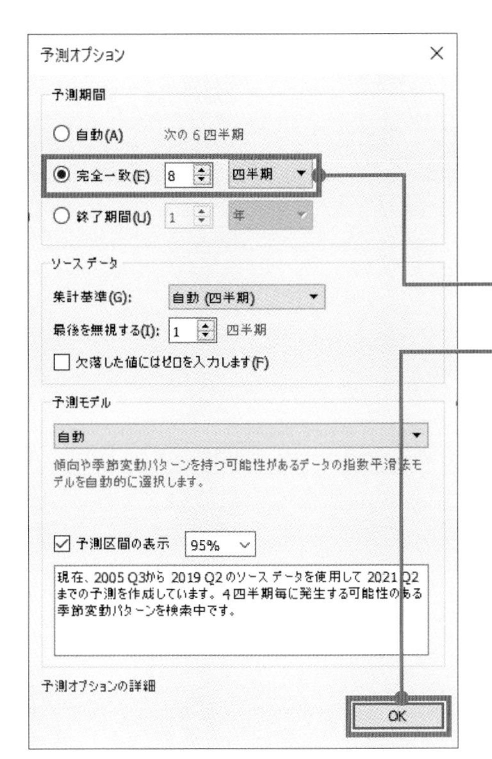

5. 予測の線を表示します。[アナリティクス] ペインから [予測] をビューにドラッグし、[予測] にドロップします。

6. 予測する期間を変更します。メニューバーから [分析] > [予測] > [予測オプション] をクリックします。

7. 図のように、予測範囲を「8四半期」まで広げます。

8. [OK] をクリックして画面を閉じます。

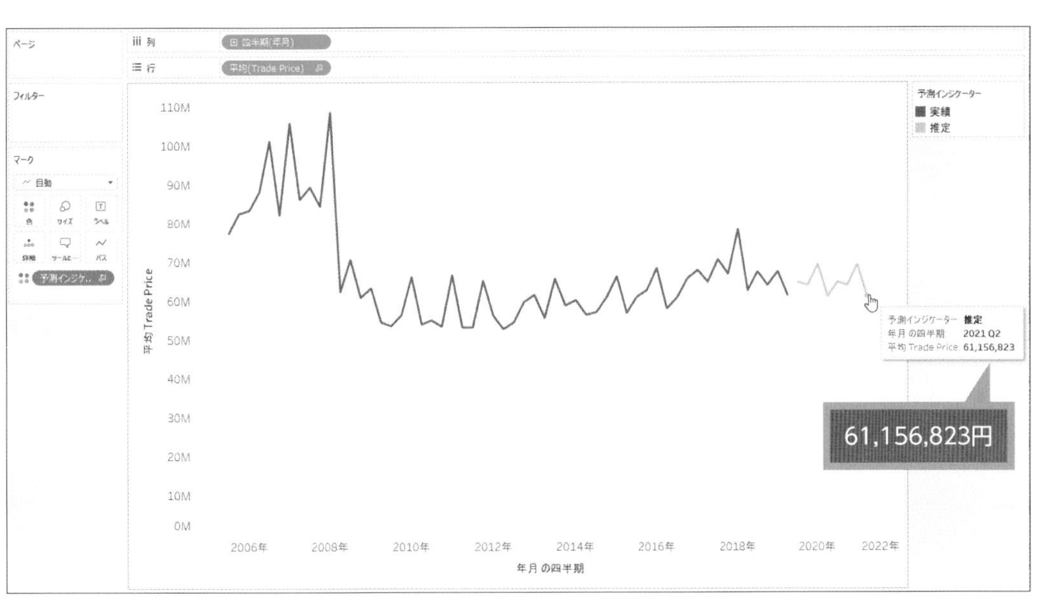

国別幸福度の中央50%の範囲が最も広い地域は?

¥Chap03¥3.19_world_hapiness(2020).csv

Technique

✔箱ヒゲ図の作成と読み取り方

問題

箱ヒゲ図やヒストグラムは、フィールド値のばらつきを調べるのに適したグラフです。

2020年の世界幸福度報告データから、Regional indicator(地域)ごとに、Country name(国)別でLadder score(幸福度)の分布を確認します。そのとき、中央の50%に位置するCountry nameがもつLadder scoreの広がりが最大のRegional indicatorはどこですか?

解答

正解は、Middle East and North Africa

1. 表を参考にグラフを作成します。

[列]	「合計 (Ladder score)」
[行]	「Regional indicator」
[マーク] カードの [詳細]	「Country name」
[マーク] タイプ	「円」

2. マークをビュー全体に見せるために、横軸の範囲を変更します。横軸上で右クリック > [軸の編集] をクリックします。

3. [ゼロを含める] のチェックを外し、[×] ボタンをクリックして画面を閉じます。

4. [アナリティクス] ペインから [要約] にある [箱ヒゲ図] をビューにドラッグし、[セル] にドロップします。

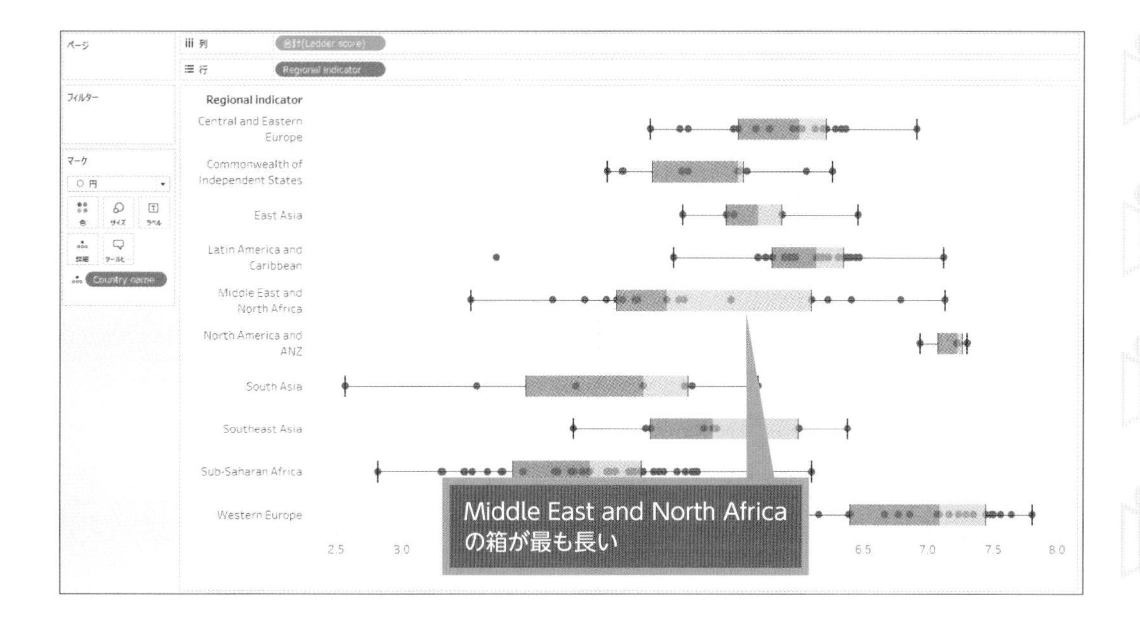

Point 箱ヒゲ図の読み方

箱ヒゲ図は、箱と呼ばれる四角い範囲の中に、全体の50%が含まれます。マークの小さい順に並べて、箱の左側は25%、箱の中で色が変化する部分は50%（中央値）、箱の右側は75%のマークが位置します。箱の左右に伸びるヒゲは、箱の両端から箱の長さ×1.5の範囲にある最も外側のマークまでが含まれます。ヒゲの先端より外側は、外れ値と解釈できます。

Point 元データの確認方法

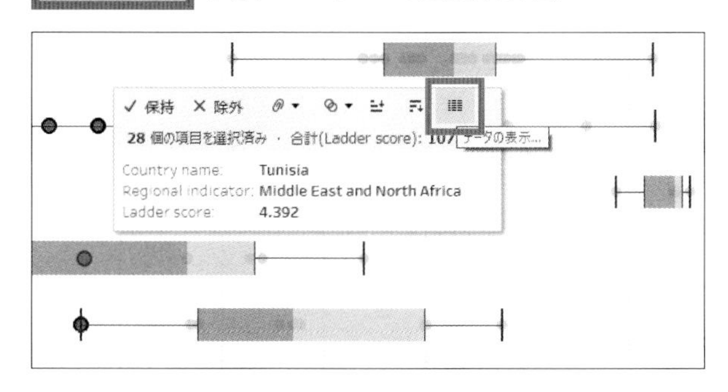

ビューで表示したマークの元データを確認できます。マーク上でクリックし、表示されたツールヒントで［データの表示］アイコン をクリックします。

平均取引価格が大きな市区町村とその理由は?

¥Chap03¥3.20_trade_prices_tokyo(2010_2020).csv

Technique

✔箱ヒゲ図
✔データの説明を見る

問題

ビジュアル分析でデータのまとまりから外れたマークを発見したとき、その後の分析は通常、業務知識や分析経験、勘などで仮説を立てて掘り下げていくことになるでしょう。外れた位置にあるマークに対して、その理由をビジュアル表現と日本語の文章で提案する「データの説明を見る(Explain Data)」という機能を使ってみましょう。

2010年から2020年の東京都の不動産取引データから、平均取引価格（総額）で市区町村名の分布を調べてみましょう。データのまとまりから最も遠い位置にいる市区町村はどこですか？「データの説明を見る」によると、その市区町村の値が高いまたは低い理由として、どのような可能性を説明していますか？

解答　正解は、千代田区。理由は、特に大きな価格の取引があったこと

[列]	「平均（取引価格（総額））」
[マーク] カードの [ラベル]	「市区町村名」
[マーク] タイプ	「円」

1. 表を参考にグラフを作成します。
2. [アナリティクス] ペインから [要約] の [箱ヒゲ図] をビューにドラッグし、[セル] にドロップします。
3. 「データの説明を見る」を使います。ビュー上で、最も右側にある「千代田区」をクリックします。
4. ツールヒントで [データの説明を見る] アイコン をクリックします。

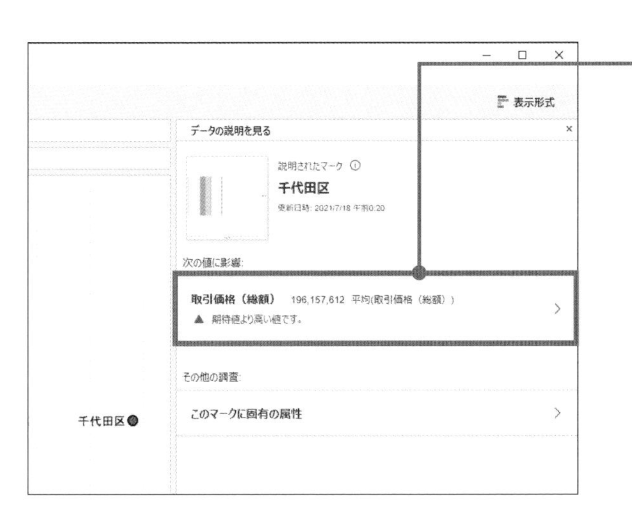

5 ［次の値に影響］の「取引価格（総額）」をクリックします。

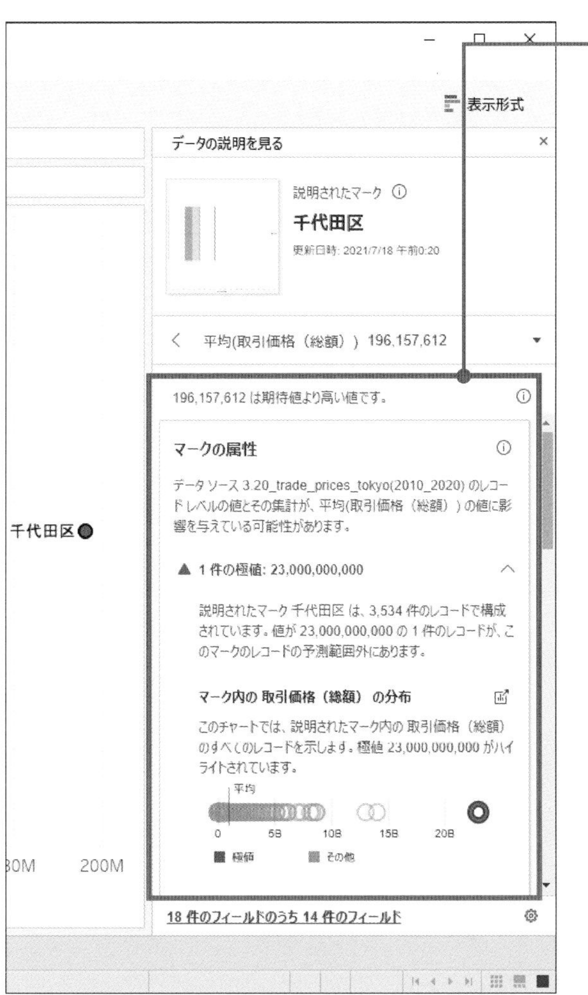

6 金額が非常に大きい取引が、千代田区全体の平均取引価格に影響を与えている可能性があるとわかります。1件の極値として230億円の取引があることが、ビジュアルでも示されています。
「データの説明を見る」を利用すると、分析者自身が、非常に大きな取引価格が全体を引き上げているのではないか？などと仮説を立てて調べなくても、Tableauがデータから理由を説明してくれます。他の説明もクリックして確認してみましょう。

海に面した市区町村で、金額もレビュー数も平均以上のホテルは?

¥Chap03¥3.21_airbnb_summary_listings.csv

Technique

- マップレイヤー
- 平均線
- フィルターアクション
- 地図の操作

問題

求める値を探すには、複数のシートをダッシュボードで組み合わせて、ビュー上で掘り下げるフィルターアクションが役立ちます。

Airbnbの宿泊施設ごとのデータから、海に面したNeighbourhood（市区町村）の中で、Room TypeはHotel roomを対象にしたとき、平均Price（金額）が平均値以上で、合計Number Of Reviews（レビュー数）が平均値以上のName（宿泊施設名）はどこですか？

解答

正解は、Keyaki/90 sq. m easy access from Haneda, Narita、205_BUREAU TAKANAWA/Shinagawa/Remotework&Free wifi

[列]	「平均（Longitude）」
[行]	「平均 (Latitude)」
[マーク] カードの [詳細]	「Neighbourhood」

1 Neighbourhoodを表示した地図でフィルターをかけて、指定の条件のNameを探します。表を参考に、フィルターする元シートとなる、1つ目の地図を作成します。

2 メニューバーから [マップ] > [マップレイヤー] をクリックし、[マップレイヤー] の [郡境] にチェックを入れます。

3 新しいシートを開き、表を参考に、フィルターする先のシートとなる2つ目の散布図を作成します。

[列]	「平均 (Price)」
[行]	「合計（Number Of Reviews)」
[マーク] カードの [詳細]	「Name」
[フィルター]	「Room Type」 ※「Hotel room」を選択。単一値（リスト）でフィルターを表示

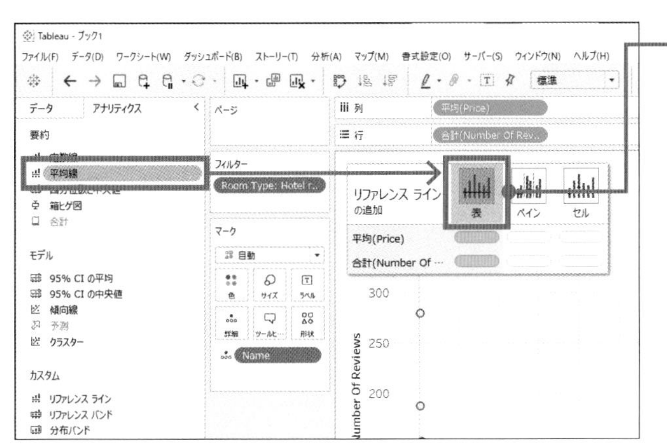

4 平均値で線を引きます。［アナリティクス］ペインから［平均線］をビューにドラッグし、［表］の上にドロップします。

5 ダッシュボードに、2つのシートを含めます。

6 1つ目のシートをクリックしてグレーの枠線を表示します。

7 ツールタブで［フィルターとして使用］アイコンをクリックし、白く塗りつぶした状態にしてフィルターします。

8 1つ目のシートで、海に面したNeighbourhoodを選択しやすくします。ビュー左上にカーソルを移動し、▶から［投げ縄選択］をクリックします。

9 海に面したNeighbourhoodを選択します。

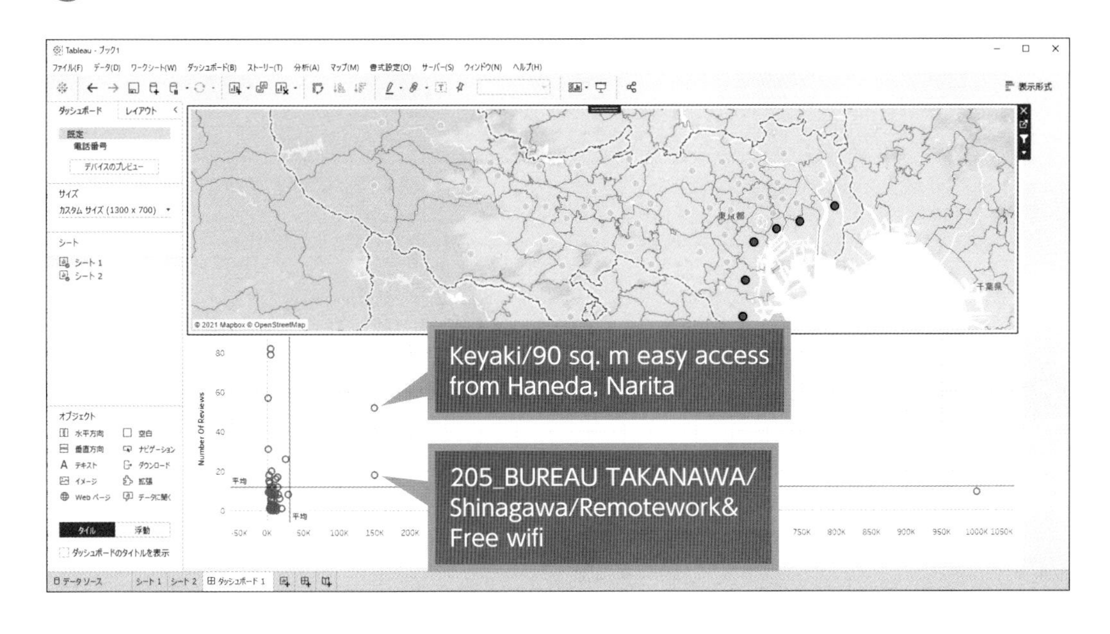

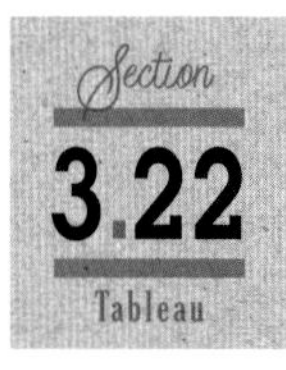

最新の年に購入履歴がある顧客割合は?

¥マイ Tableau リポジトリ¥データ ソース¥＜バージョン番号＞¥ja_JP-Japan¥サンプル - スーパーストア.xlsの「注文」シート
※「マイ Tableauリポジトリ」フォルダーは、Windowsでは［ドキュメント］や［マイドキュメント］配下、Macでは［書類］配下に生成されています。

Technique

- ✔FIXEDの式
- ✔簡易表計算
- ✔［Ctrl］キーを押しながらドロップ

問題

販売データを扱うときは、顧客行動に焦点を当てて分析する機会が多いです。

スーパーストアの購買データから、すべての顧客のうち、データがもつ最新の年に購入した顧客の割合はいくつですか？

解答 正解は、88.04%

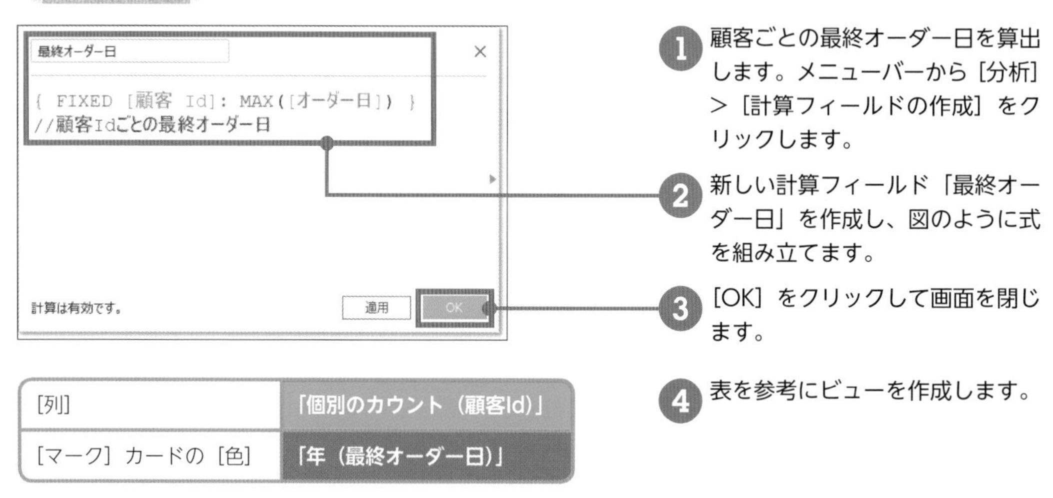

1. 顧客ごとの最終オーダー日を算出します。メニューバーから［分析］＞［計算フィールドの作成］をクリックします。
2. 新しい計算フィールド「最終オーダー日」を作成し、図のように式を組み立てます。
3. ［OK］をクリックして画面を閉じます。
4. 表を参考にビューを作成します。

［列］	「個別のカウント（顧客Id)」
［マーク］カードの［色］	「年（最終オーダー日)」

5. 顧客の人数を割合に変換します。［列］の「個別のカウント（顧客Id)」を右クリック＞［簡易表計算］＞［合計に対する割合］をクリックします。
6. ビューにラベルを表示します。［列］の「個別のカウント（顧客Id)」を、［Ctrl］キーを押しながら、［マーク］カードの［ラベル］にドロップします。ラベルが表示されなければ、ツールバーで［標準］から［ビュー全体］をクリックしたり、［標準］のまま横軸のタイトルの下あたりにカーソルを合わせてグラフの縦幅を広げてみたりしてみましょう。

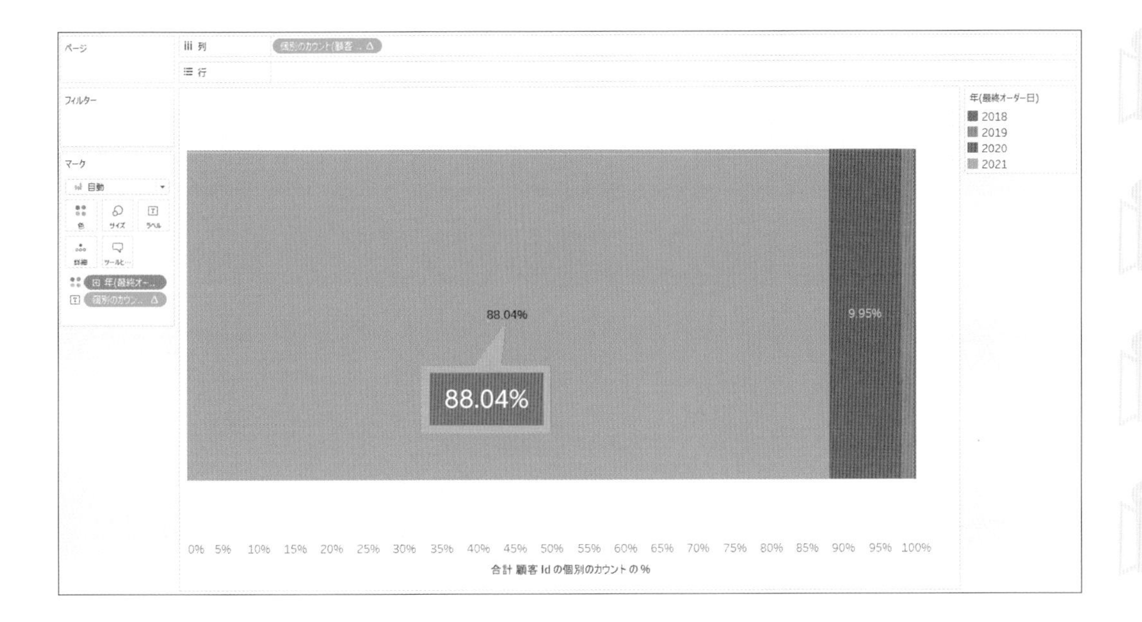

Point 計算フィールド内の計算式を、新たな計算フィールドとして作成する方法

計算フィールドの一部を選択して［データ］ペインにドラッグすると、新しい計算フィールドを作成できます。たとえば、次の図では、計算フィールドの編集画面で「MAX([オーダー日])」を選択して、それを［データ］ペイン上にドラッグしています。

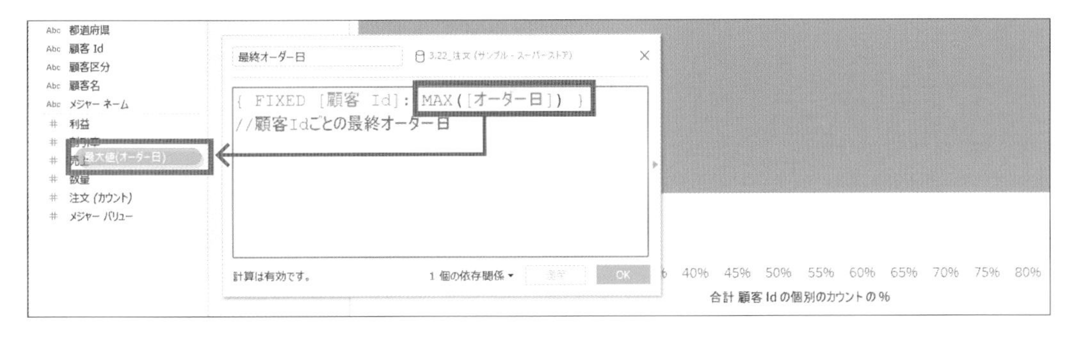

各区の中で不動産取引価格の割合が大きい最寄駅は?

¥Chap03¥3.23_trade_prices_tokyo(2020).csv

Technique

- ✔簡易的なLOD計算作成
- ✔FIXEDの式
- ✔計算式
- ✔検索テキストによるフィルター

問題

さまざまな「割合」を可視化することは、インサイトの発見につながりやすい重要な視点です。

2020年の東京都の不動産取引データから、区全体の不動産取引価格に対して、最寄り駅の取引価格の割合が、最も高い23区内の駅はどこですか？

解答　正解は、半蔵門駅

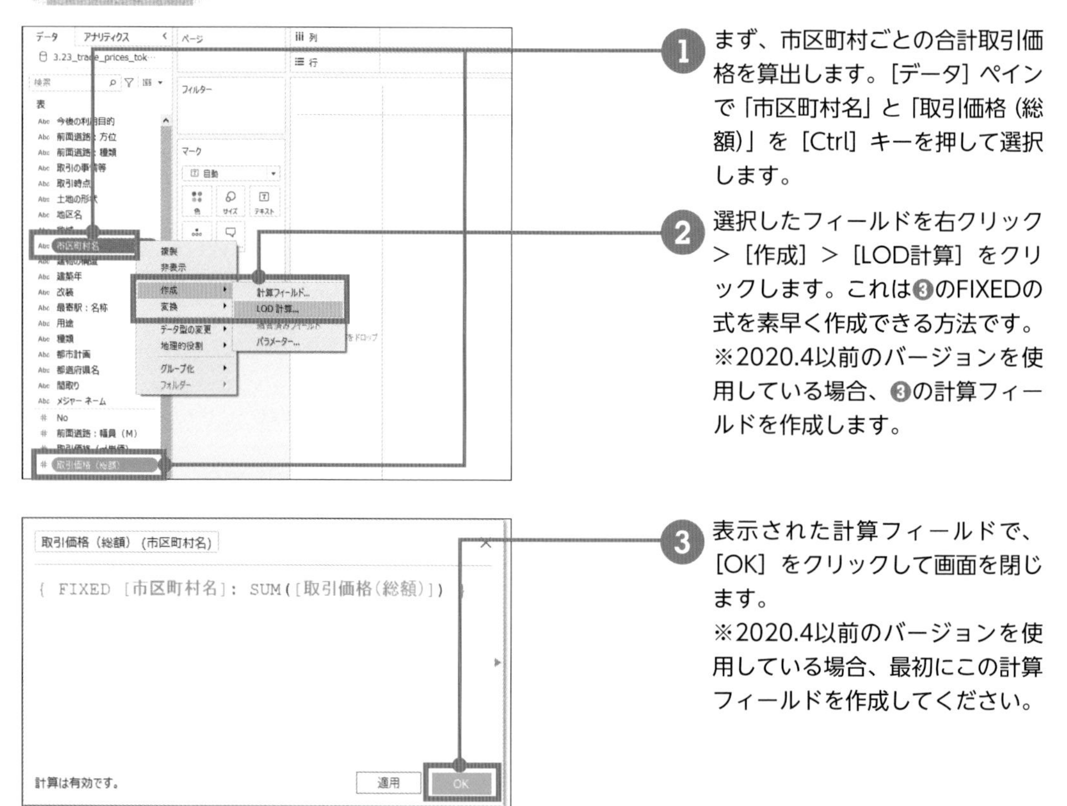

❶ まず、市区町村ごとの合計取引価格を算出します。［データ］ペインで「市区町村名」と「取引価格（総額）」を［Ctrl］キーを押して選択します。

❷ 選択したフィールドを右クリック＞［作成］＞［LOD計算］をクリックします。これは❸のFIXEDの式を素早く作成できる方法です。
※2020.4以前のバージョンを使用している場合、❸の計算フィールドを作成します。

❸ 表示された計算フィールドで、［OK］をクリックして画面を閉じます。
※2020.4以前のバージョンを使用している場合、最初にこの計算フィールドを作成してください。

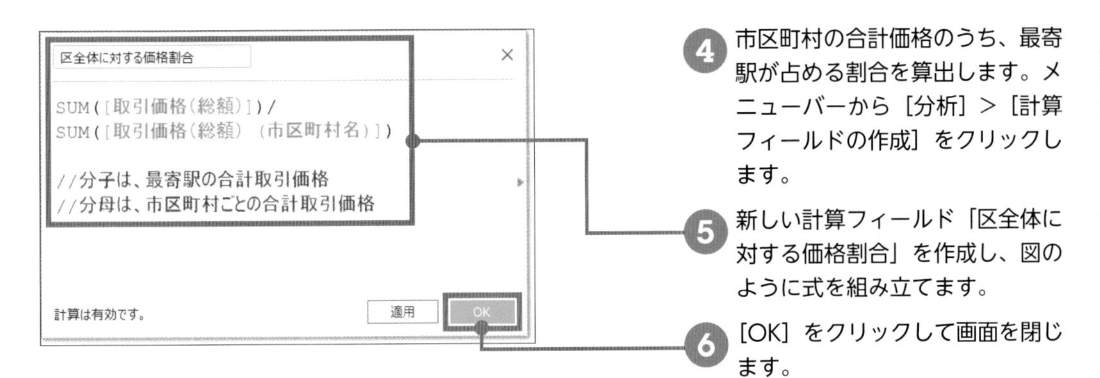

4 市区町村の合計価格のうち、最寄駅が占める割合を算出します。メニューバーから［分析］>［計算フィールドの作成］をクリックします。

5 新しい計算フィールド「区全体に対する価格割合」を作成し、図のように式を組み立てます。

6 ［OK］をクリックして画面を閉じます。

7 ［データ］ペインから「市区町村名」を［フィルター］シェルフにドロップします。

8 上部のテキストボックスに「区」と入力して［Enter］キーを押し、［すべて］をクリックします。

9 ［OK］をクリックして画面を閉じます。

10 ビューを作成します。［データ］ペインから「区全体に対する価格割合」を［列］に、「最寄駅：名称」を［行］にドロップします。

11 降順で並べ替えるボタンをクリックします。

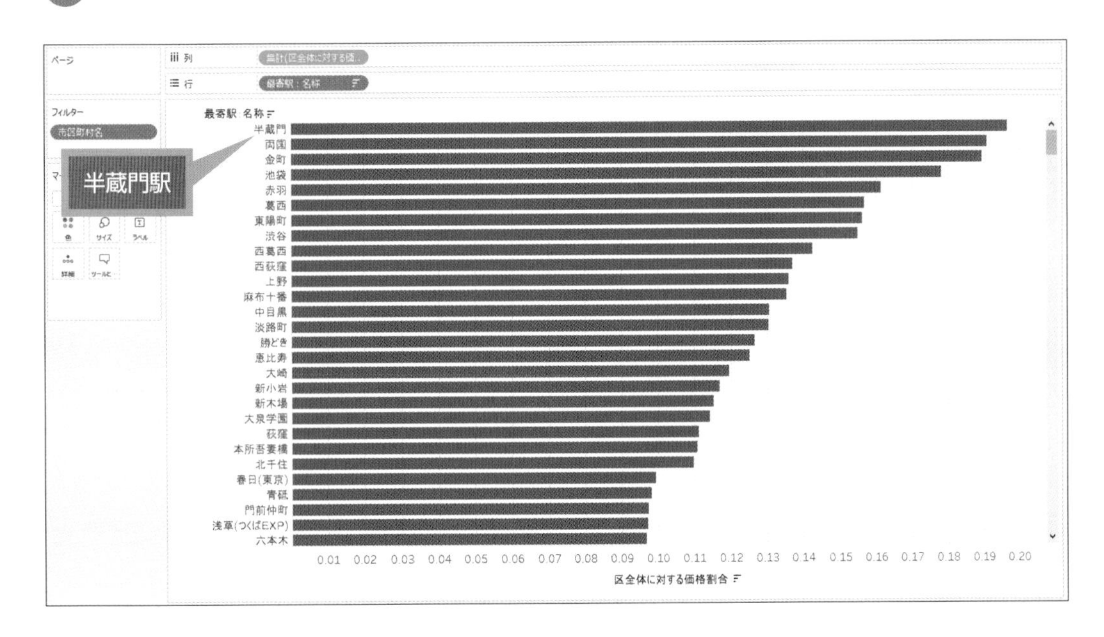

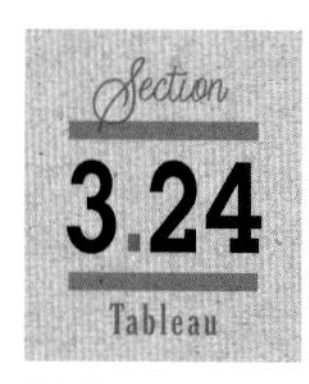

日本より自由度と社会支援は低いが、幸福度が高い国は?

Data Chap03¥3.24_world_hapiness(2020).csv

Technique ✔セット ✔選択したフィールドで並べ替え ✔選択したデータを保持

問題

その場その場で次々と分析するときは、ビュー上で値をフィルターする使い方も便利です。

2020年の世界幸福度報告のデータから、日本よりもExplained by: Freedom to make life choices（人生の選択肢の自由度）とExplained by: Social support（社会的支援）は低いが、Ladder score（幸福度）が高い国はどこですか？

解答

正解は、South Korea、Cyprus、Chile

[列]	「合計 (Ladder score)」
[行]	「Country name」
その他	降順で並べ替え

1. 表を参考にビューを作成します。

2. 日本を色で識別できるようにします。[データ] ペインの「Country name」を右クリック > [作成] > [セット] をクリックします。

3. 「日本」という名前にして、「Japan」にチェックを入れ、[OK] をクリックして画面を閉じます。

4. [データ] ペインの「日本」を [マーク] カードの [色] にドロップします。

5. 日本よりLadder scoreが高い国に絞ります。ビューに表示されている「Country name」の1行目に位置する「Finland」という文字（棒ではない）をクリックし、[Shift] キーを押しながら「Japan」をクリックして、「Finland」から「Japan」までを選択します。

❻ 表示されるツールヒントで、[保持] をクリックします。

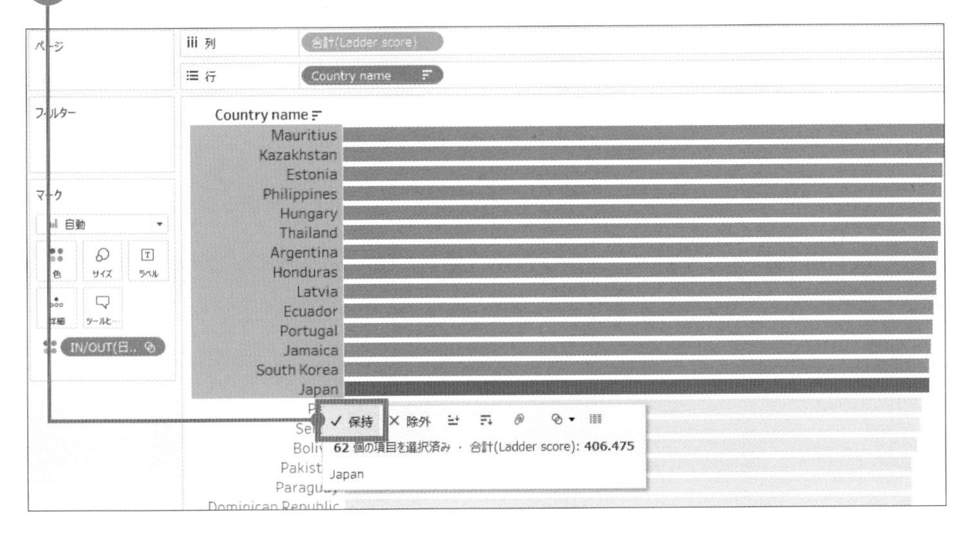

❼ 日本よりExplained by: Freedom to make life choicesが低い国に絞ります。[データ] ペインの「Explained by: Freedom to make life choices」を [列] にドロップします。

❽ [列] の「合計 (Explained by: Freedom to make life choices)」をクリックし、ツールバーの昇順で並べ替えるボタンをクリックします。

❾ ビューに表示されている「Country name」の1行目に位置する「South Korea」という文字（棒ではない）をクリックし、[Shift] キーを押しながら「Japan」をクリックして、「South Korea」から「Japan」までを選択します。

❿ 表示されるツールヒントで、[保持] をクリックします。

⓫ 日本よりExplained by: Social supportが低い国に絞ります。❼～❿を繰り返して、1行目に位置する「South Korea」から「Japan」までを保持します。

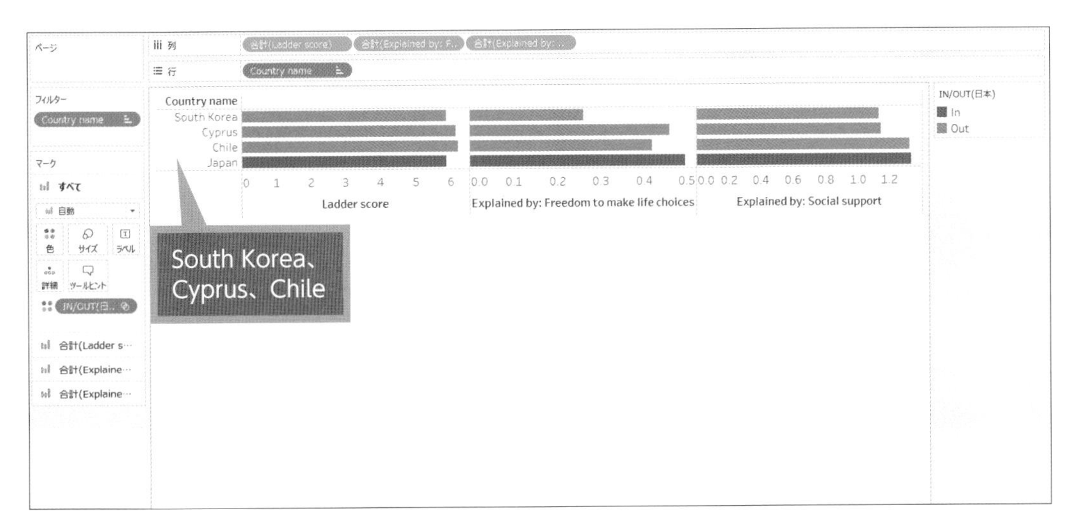

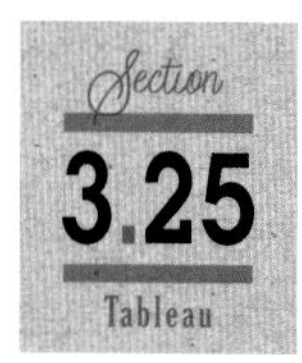

あるアニメ作品を観た人が他に最も多く観たアニメ作品は?

¥Chap03¥3.25_anime¥3.25_anime_rating.csv
¥Chap03¥3.25_anime¥3.25_anime_listings.csv

Technique

- ✔パラメーターの作成と表示
- ✔パラメーターを使用した計算式
- ✔フィールドを指定したフィルター

問題

同じ会計で購入した商品、同じ人が利用したサービスなど、人や行動、モノやサービスを結びつけた分析は興味深い気づきが得られる分析の一つです。Tableauでこのビジュアル表現を作成する思考の流れや、結果の見せ方には、さまざまなアプローチがあります。

アニメの視聴データ「3.25_anime_rating.csv」と、アニメごとの情報が含まれるデータ「3.25_anime_listings.csv」から、Majo no Takkyuubin（魔女の宅急便）を観た人が、他に最も多く観たName（アニメ作品）は何ですか？

解答　正解は、Sen to Chihiro no Kamikakushi（千と千尋の神隠し）

1. まず、2つのデータを組み合わせます。「3.25_anime_rating.csv」に接続します。
2. 左側のペインから「3.25_anime_listings.csv」をキャンバスにドロップします。
3. 「Anime_Id」で紐づいていることを確認して、画面を閉じます。

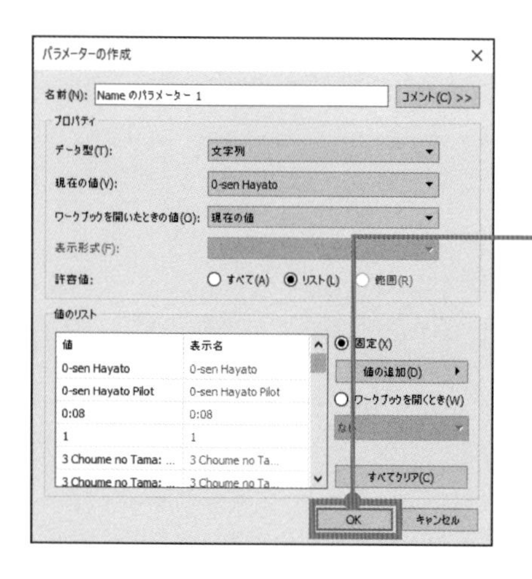

4. 視聴したアニメを選択するパラメーターを作成します。［データ］ペインの「Name」を右クリック ＞［作成］＞［パラメーター］をクリックします。
5. 変更を加えずに、［OK］をクリックして画面を閉じます。

6 パラメーターを表示します。［データ］ペインの「Name のパラメーター」を右クリック >［パラメーターの表示］をクリックします。

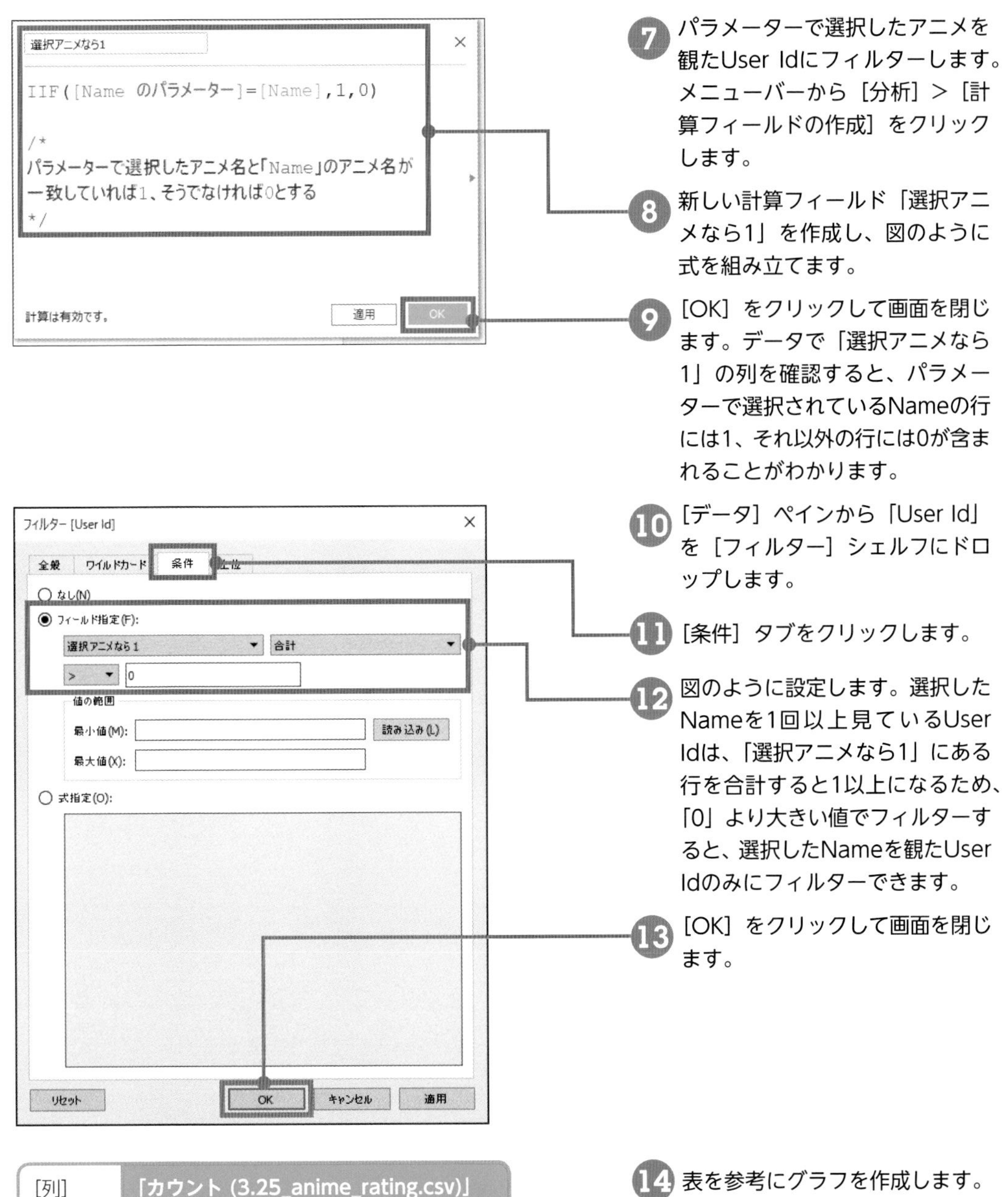

7 パラメーターで選択したアニメを観たUser Idにフィルターします。メニューバーから［分析］>［計算フィールドの作成］をクリックします。

8 新しい計算フィールド「選択アニメなら1」を作成し、図のように式を組み立てます。

9 ［OK］をクリックして画面を閉じます。データで「選択アニメなら1」の列を確認すると、パラメーターで選択されているNameの行には1、それ以外の行には0が含まれることがわかります。

10 ［データ］ペインから「User Id」を［フィルター］シェルフにドロップします。

11 ［条件］タブをクリックします。

12 図のように設定します。選択したNameを1回以上見ているUser Idは、「選択アニメなら1」にある行を合計すると1以上になるため、「0」より大きい値でフィルターすると、選択したNameを観たUser Idのみにフィルターできます。

13 ［OK］をクリックして画面を閉じます。

［列］	「カウント (3.25_anime_rating.csv)」
［行］	「Name」

14 表を参考にグラフを作成します。

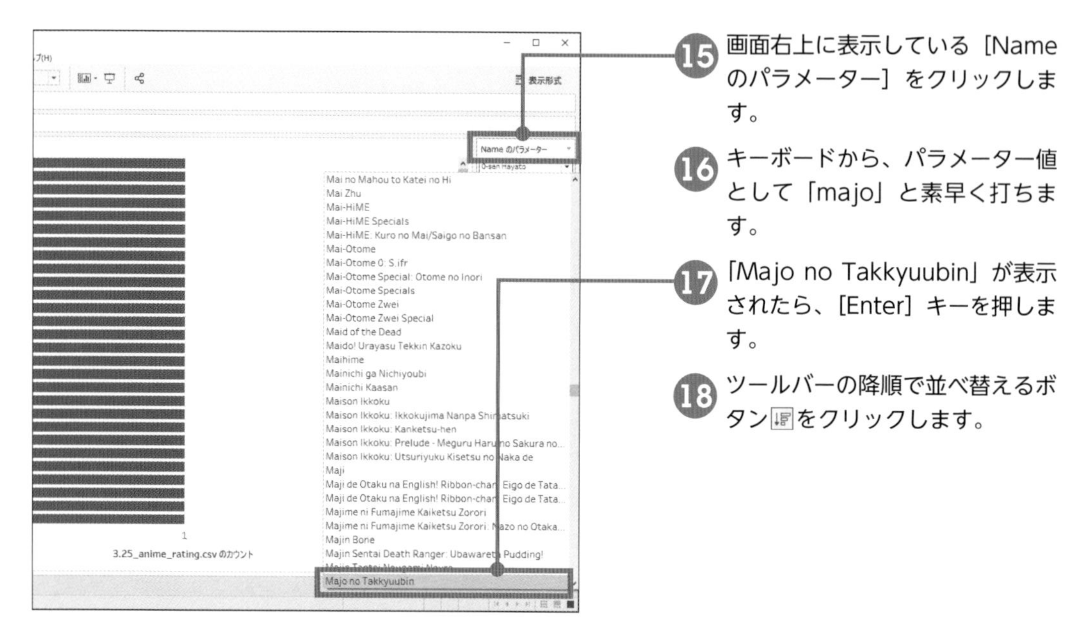

❶⑮ 画面右上に表示している［Name のパラメーター］をクリックします。

⑯ キーボードから、パラメーター値として「majo」と素早く打ちます。

⑰「Majo no Takkyuubin」が表示されたら、［Enter］キーを押します。

⑱ ツールバーの降順で並べ替えるボタンをクリックします。

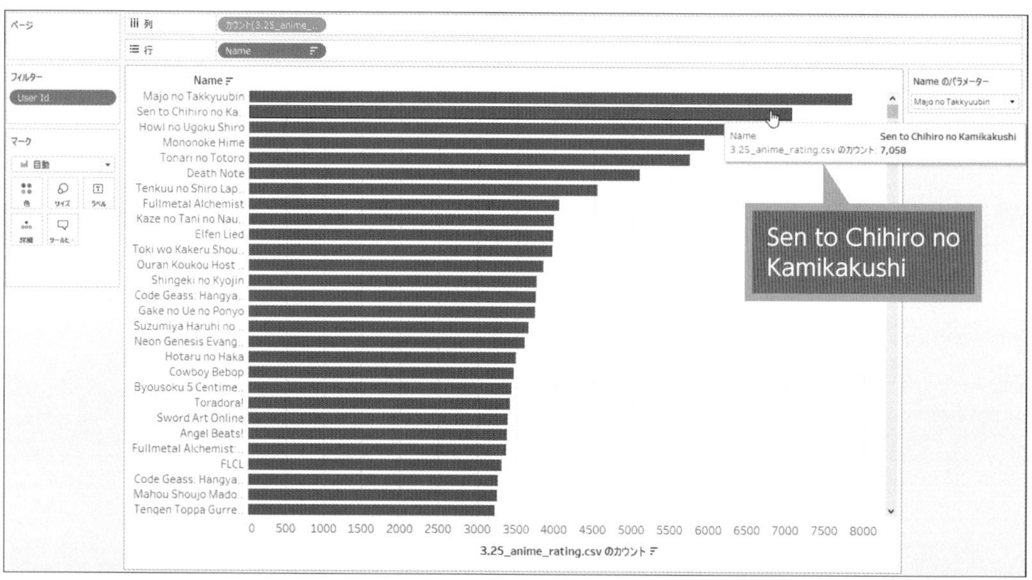

Point 計算フィールドの文字の大きさ

計算フィールドでは、[Ctrl] キーを押しながらマウスホイールでスクロールすると、表示する文字の大きさを変更できます。

 COLUMN

理想的なデータソースの形

ExcelやGoogle Sheetなどで人が作成したデータや、Webサイトやシステムからダウンロードしたデータを使用する際、Tableauによる分析に理想的なデータソースの形であるか判断し、必要に応じてデータを加工する必要があります。ふさわしいデータのもち方を把握しましょう。判断に迷うとき、理想のもち方である製品同梱の「サンプル - スーパーストア」を参照してみてください。

● フィールド名は1行目に1行のみ

フィールド名は、1行目のみに存在する状態が理想です。ただし、加工が必要なデータ例1の図のようにタイトルが含まれていたり、フィールド名が2行以上に段組みされていたり、セルが結合されていたりする場合、「データインタープリター」で整えられる場合もあります。フィールド名がないと、基本的にはTableauでひとつひとつ手作業で入力することになります。

● 1列に1種類のメジャーのみ

メジャーの内容1種類ごとに、1列で表すようにしましょう。図のようなもち方が理想です。

	A	B	C	D
1	カテゴリ	年月	売上	粗利
2	A	2021年1月	¥147,000	¥6,000
3	A	2021年2月	¥197,000	¥20,000
4	A	2021年3月	¥147,000	¥10,000
5	B	2021年1月	¥130,000	¥18,000
6	B	2021年2月	¥160,000	¥21,000
7	B	2021年3月	¥130,000	¥10,000

▲理想的なデータのもち方例

加工が必要なデータ例1の図のような横に広がるデータは、「ピボット」して縦に広がる形に変換し、理想的なデータのもち方例の図のように各メジャー1列ずつのデータに変換します。行列散布図の作成時やパフォーマンス問題に直面したときなど、一部例外はありますが、ほとんどの場合、縦型が適しています。

	A	B	C	D	E	F	G
1	スーパーストア売上目標						
2							
3		2021年1月		2021年2月		2021年3月	
4	カテゴリ	売上	粗利	売上	粗利	売上	粗利
5	A	¥147,000	¥6,000	¥197,000	¥20,000	¥147,000	¥10,000
6	B	¥130,000	¥18,000	¥160,000	¥21,000	¥130,000	¥10,000

▲加工が必要なデータ例1

加工が必要なデータ例2の図のような縦に広がりすぎているデータは、計算フィールドまたはTableau Prepの「ピボット（行から列）」で、理想的なデータのもち方例の図のように各メジャーを1列ずつ保持するデータに変換します。

	A	B	C	D
1	カテゴリ	年月	金額種類	金額
2	A	2021年1月	売上	¥147,000
3		2021年1月	粗利	¥6,000
4		2021年2月	売上	¥197,000
5		2021年2月	粗利	¥20,000
6		2021年3月	売上	¥147,0
7		2021年3月	粗利	¥10,000
8	B	2021年1月	売上	¥130,000
9		2021年1月	粗利	¥18,000
10		2021年2月	売上	¥160,000
11		月	粗利	¥21,000
12		月	売上	¥130,000
13		2021年3月	粗利	¥10,000

複数の種類のメジャーを列の値として保持

同上を空白で表現

▲加工が必要なデータ例2

● 必要なデータはすべて入力

セルの結合は避けましょう。ただし、「データインタープリター」で解決することは多いです。また、加工が必要なデータ例2の図のように、前の行と同じ場合、データが入力されていない（空白）ことがありますが、これはデータインタープリターでも対応できないため、同じ値で埋めておきましょう。

● 不要な情報は含めない

集計や注意書きは不要です。それら不要な行は、「データソースフィルター」でフィルターしてから分析しましょう。なお、集計はTableauで計算できます。また、文字の前後や間に、空白も含まないようにしましょう。空白が含まれてしまう場合は、Tableauで空白を削除できます。

●1シート1データ

1シートに複数のデータを含まないようにしましょう。ただし、複数の表があるとき、「データインタープリター」が読み取れることもあります。複数の表は、複数のシートに分けましょう。

●1セル1データ

1つのセルに、数字と単位など、複数の情報を含めないようにしましょう。ただし、カンマや括弧から、「カスタム分割」で除外や分割できることも多いです。

●数値は半角

数値として扱うフィールドの値は、必ず半角で保持しましょう。数値であるにもかかわらず、全角の文字列で入力されているデータは、整数型として読み取ることができません。

使用データの出典一覧

本書のChapter1～Chapter3では、次の表にあるデータを使用しています。ここに挙げたデータは、本書の「付属データ」に収録しています。

官公庁・外郭団体発表資料

出典	「PCR検査実施人数」 「PCR検査の実施件数」 「入院治療等を要する者等推移」 「重症者数の推移」（厚生労働省）	使用箇所	1.8, 1.15, 2.2, 2.10, 3.4, 3.10, 3.13
URL	https://www.mhlw.go.jp/stf/covid-19/open-data.html		

出典	「過去の気象データ」（気象庁ホームページより）	使用箇所	1.1
URL	https://www.data.jma.go.jp/gmd/risk/obsdl/index.php		

出典	「区部地域別・年代別推定投票率一覧（衆議院議員選挙）」 （東京都選挙管理委員会事務局）	使用箇所	1.5
URL	https://catalog.data.metro.tokyo.lg.jp/dataset/t000023d1700000006		

出典	「くらしと統計2020　区市町村統計表」 （東京都総務局統計部）	使用箇所	1.6
URL	https://www.toukei.metro.tokyo.lg.jp/kurasi/2020/ku20-23.htm		

出典	「年齢（各歳），男女別人口及び人口性比－総人口，日本人人口(2019年10月1日現在)」 「人口推計」（総務省統計局）	使用箇所	2.17
URL	http://www.stat.go.jp/data/jinsui/index.html		

出典	「国籍/月別 訪日外客数(2003年～2021年)」 （日本政府観光局）	使用箇所	1.18, 2.15
URL	https://www.jnto.go.jp/jpn/statistics/visitor_trends/index.html		

出典	「犯罪発生情報（年計）平成31年（令和元年）（ひったくり）」 （警視庁）	使用箇所	2.4
URL	https://catalog.data.metro.tokyo.lg.jp/dataset/t000022d0000000034		

出典	「不動産取引価格情報検索」(国土交通省)	使用箇所	1.6, 2.1, 2.6, 2.11, 2.12, 3.7, 3.20, 3.23
URL	https://www.land.mlit.go.jp/webland/servlet/MainServlet		

海外サイト

出典	Access to electricity (% of population)	使用箇所	1.20, 2.5
URL	https://data.worldbank.org/indicator/EG.ELC.ACCS.ZS		
ライセンス	Attribution 4.0 International (CC BY 4.0) https://creativecommons.org/licenses/by/4.0/deed.en		

出典	Anime Recommendations Database Recommendation data from 76,000 users at myanimelist.net	使用箇所	1.16, 1.19, 3.3, 3.25
URL	https://www.kaggle.com/CooperUnion/anime-recommendations-database?select=rating.csv		
ライセンス	CC0 1.0 Universal (CC0 1.0) Public Domain Dedication https://creativecommons.org/publicdomain/zero/1.0/		

出典	Apple (AAPL) Historical Stock Data Apple stock data for the last 10 years	使用箇所	1.7
URL	https://www.kaggle.com/tarunpaparaju/apple-aapl-historical-stock-data		
ライセンス	CC0 1.0 Universal (CC0 1.0) Public Domain Dedication https://creativecommons.org/publicdomain/zero/1.0/		

出典	Coffee Quality database from CQI A database scrapped from Coffee Quality Institute	使用箇所	1.14
URL	https://www.kaggle.com/volpatto/coffee-quality-database-from-cqi?select=merged_data_cleaned.csv		
ライセンス	Database: Open Database, Contents: Database Contents https://opendatacommons.org/licenses/dbcl/1-0/		

出典	Forbes Celebrity 100 since 2005 (for Racing Bar) Database of highest paid celebrities including actors, athletes, personalities	使用箇所	1.17, 2.14
URL	https://www.kaggle.com/slayomer/forbes-celebrity-100-since-2005		
ライセンス	CC0 1.0 Universal (CC0 1.0) Public Domain Dedication https://creativecommons.org/publicdomain/zero/1.0/		

出典	Full Emoji Database Emoji names, groups, sub-groups, and codepoints	使用箇所	1.10
URL	https://www.kaggle.com/eliasdabbas/emoji-data-descriptions-codepoints?select=emoji_df.csv		
ライセンス	CC0 1.0 Universal (CC0 1.0) Public Domain Dedication https://creativecommons.org/publicdomain/zero/1.0/		

出典	Hotel booking demand From the paper: hotel booking demand datasets	使用箇所	1.2, 1.11, 2.8, 2.13
URL	https://www.kaggle.com/jessemostipak/hotel-booking-demand		
ライセンス	Attribution 4.0 International (CC BY 4.0) https://creativecommons.org/licenses/by/4.0/deed.en		

出典	Inside Airbnb【listings】【reviews】	使用箇所	1.3, 2.16, 2.20, 2.9, 3.11, 3.16, 3.21
URL	http://insideairbnb.com/get-the-data.html		
ライセンス	CC0 1.0 Universal (CC0 1.0) Public Domain Dedication https://creativecommons.org/publicdomain/zero/1.0/		

出典	Japan Real Estate Prices Real Estate Transaction Prices in Japan from 2005 to 2019	使用箇所	1.9, 1.13, 3.1, 3.14, 3.18
URL	https://www.kaggle.com/nishiodens/japan-real-estate-transaction-prices		
ライセンス	Attribution 4.0 International (CC BY 4.0) https://creativecommons.org/licenses/by/4.0/deed.en		

出典	Japanese Jôyô Kanji List of common use kanji and their radicals.	使用箇所	3.17
URL	https://www.kaggle.com/anthaus/japanese-jy-kanji?select=kanji_radicals.csv		
ライセンス	Attribution-ShareAlike 3.0 Unported (CC BY-SA 3.0) https://creativecommons.org/licenses/by-sa/3.0/deed.en		

出典	S&P500_11year_History Stocks from 2010 through 2020	使用箇所	2.3
URL	https://www.kaggle.com/shawnseamons/sp500-11year-history?select=SP500_11year.csv		
ライセンス	CC0 1.0 Universal (CC0 1.0) Public Domain Dedication https://creativecommons.org/publicdomain/zero/1.0/		

出典	Spotify Multi-Genre Playlists Data Featuring Spotify's audio features for various songs from various playlists	使用箇所	1.12, 2.7
URL	https://www.kaggle.com/siropo/spotify-multigenre-playlists-data		
ライセンス	Community Data License Agreement ? Sharing, Version 1.0 https://cdla.dev/sharing-1-0/		

出典	Tsunami Causes and Waves Cause, magnitude, and intensity of every tsunami since 2000 BC	使用箇所	3.5, 3.15
URL	https://www.kaggle.com/noaa/seismic-waves?select=waves.csv		
ライセンス	CC0 1.0 Universal (CC0 1.0) Public Domain Dedication https://creativecommons.org/publicdomain/zero/1.0/		

出典	WORLD DATA by country (2020) Extracted data of Wikipedia's lists of countries by criterion	使用箇所	3.9
URL	https://www.kaggle.com/daniboy370/world-data-by-country-2020?select=GDP+per+capita.csv		
ライセンス	Attribution-ShareAlike 3.0 Unported (CC BY-SA 3.0) https://creativecommons.org/licenses/by-sa/3.0/deed.en		

出典	World Happiness Report up to 2020 Bliss scored agreeing to financial, social, etc.	使用箇所	1.4, 2.18, 2.19, 3.2, 3.6, 3.8, 3.12, 3.19, 3.24
URL	https://www.kaggle.com/mathurinache/world-happiness-report		
ライセンス	CC0 1.0 Universal (CC0 1.0) Public Domain Dedication https://creativecommons.org/publicdomain/zero/1.0/		

INDEX さくいん

著者プロフィール

松島 七衣（まつしま ななえ）

早稲田大学大学院創造理工学研究科修了。富士通株式会社を経て、2015年から6年半、Tableau Softwareにてセールスエンジニアとして従事。2018年、経済産業省主催「Big Data Analysis Contest」の初の可視化部門にて、Tableauを使って金賞を受賞。その作品は、Tableau社による優れたダッシュボードを紹介するViz of the Dayにも選出。2018年から2020年にかけて、日経クロストレンドで、効果的なビジュアル分析に関する記事を寄稿。Tableauの最上位認定資格「Tableau Desktop Certified Professional」の他、Salesforce、Dataiku、Alteryx、SAS、IBMなどの統計やAIに関する製品の資格を保有。

著書：「Tableauによる最強・最速のデータ可視化テクニック ～データ加工からダッシュボード作成まで～」（翔泳社）、「Tableauによる最適なダッシュボードの作成と最速のデータ分析テクニック ～優れたビジュアル表現と問題解決のヒント～」（翔泳社）

カバーデザイン　嶋健夫
本文デザイン・DTP　ケイズプロダクション

Tableau（タブロー）ユーザーのための
伝わる！わかる！データ分析×ビジュアル表現トレーニング
～演習で身につく実践的な即戦力スキル～

2021年10月20日　初　版　第1刷発行

著　　者　松島 七衣（まつしま ななえ）
発 行 人　佐々木 幹夫
発 行 所　株式会社翔泳社（https://www.shoeisha.co.jp）
印刷・製本　株式会社シナノ

※落丁・乱丁はお取り替えいたします。03-5362-3705までご連絡ください。

※本書へのお問い合わせについては、iiページに記載の内容をお読みください。

ISBN978-4-7981-6991-0　Printed in Japan